网站渗透测试实务入门

陈明照 著

清华大学出版社
北京

内 容 简 介

本书从实战的角度出发，以浅显的文字，让新入门者在短时间内，以最有效的方式一窥网站渗透测试的全貌。本书通过网站渗透测试工具的介绍，详述如何建立系统安全防范意识，强化渗透测试的概念，如何防范新的安全弱点等，以保证从业者能够保护网络系统的信息安全，尽可能降低新手的学习门槛。

本书主要包括渗透测试的基本程序、渗透测试的练习环境、网站弱点、信息搜集、网站探测及弱点评估、网站渗透、离线密码破解、渗透测试报告等内容。

本书内容全面，既适合广大渗透测试的入门者阅读，也可供大中专院校信息安全及相关专业的师生学习参考。

图书在版编目（CIP）数据

网站渗透测试实务入门 / 陈明照著.—北京：清华大学出版社，2020.7
ISBN 978-7-302-55684-8

Ⅰ.①网… Ⅱ.①陈… Ⅲ.①计算机网络－网络安全 Ⅳ.①TP393.08

中国版本图书馆 CIP 数据核字（2020）第 107221 号

责任编辑：夏毓彦
封面设计：王　翔
责任校对：闫秀华
责任印制：沈　露
出版发行：清华大学出版社
网　址：http://www.tup.com.cn，http://www.wqbook.com
地　址：北京清华大学学研大厦 A 座　　邮　编：100084
社 总 机：010-62770175　　邮　购：010-62786544
投稿与读者服务：010-62776969，c-service@tup.tsinghua.edu.cn
质 量 反 馈：010-62772015，zhiliang@tup.tsinghua.edu.cn
印 装 者：北京鑫海金澳胶印有限公司
经　销：全国新华书店
开　本：190mm×260mm　　印　张：15.5　　字　数：422 千字
版　次：2020 年 8 月第 1 版　　印　次：2020 年 8 月第 1 次印刷
定　价：69.00 元

产品编号：085531-01

前　言

信息技术行业的发展日新月异，从互联网（Internet）到物联网（Internet of Things）、万物互联网（Internet of Everything）。以前人们喜欢谈论网络，现在则更喜欢谈论云计算，数字通信技术更进步了，相应的用词也更炫酷了，但是基本的概念并没有太大改变。现在一部手机集成了以往的计算机、随身听、电视机、数码相机等设备的功能，不过在实际使用上只是一机扮演多个角色，并没有变成"计算机电视相机"这种新品类。这期间发生了不少与信息安全相关的事件，如 WannaCry 计算机病毒肆虐、券商遭受 DoS 攻击、通过银行 ATM 盗取现金的事件、一些网站的个人信息外泄等，但是仔细分析这些攻击或防御技术以及相关的概念，和以往的差异并不大，仔细探究事件原因，并非黑客使用了更高深的技术或者技巧，其实还都是几年前就有的手段，为什么依然有效呢？因为人类的经验需要通过学习才能传承，新一代人只能通过学习才能掌握既有的知识，所以 SQL Injection（SQL 注入）、XSS（Cross Site Scripting，跨站点脚本）、社交工程等依然是最有效的攻击手法。

初入渗透测试及数字验证团队时，我曾被委派参加外部机构举办的相关培训。授课老师们的生动讲解让我了解到黑客技术也可以反过来促进网站防御的能力提升，合理地运用黑客技术可以发现网站的弱点甚至漏洞、帮助网站建立防御系统和完善防御的措施，这种思路导正了我对黑客技术只是用于系统入侵的偏执想法。

刚踏入渗透测试这道门时，我曾努力自学，寻找相关的书籍及网络信息，但心中一直有一个缺憾，找不到几本有参考性的中文书。时光流转好几年，终于看到少量有关网站渗透测试实践相关的图书出版，对信息安全领域的从业者来说是好事，为想进入渗透测试领域的人提供更有价值、概念正确的学习教材。信息安全不是少数人能成就的事业，只有让更多的人真正参与信息安全项目，才能落实"防御工事"，否则口号喊得震天动地，信息防护依然是纸糊的"铜墙铁壁"!

本书从一个初次踏入渗透测试领域者的观点出发，以浅显的文字让新入门者在短时间内以最有效的方式一窥网站渗透测试的全貌，加入了我多年实施具体渗透测试项目所获得的经验和体会。

本书付梓得益于许多人的帮忙，在此感谢同事们的建议及领导的支持，让我持续精进网站渗透测试的技术；感谢出版社，让渗透测试新手多了一本参考图书；感谢我的妻子，她的鼓励维持了我对信息技术的热情；还要感谢许多网友的支持、建议和指正，及时修正我稍有偏差的概念。借用陈之藩大师的话：要感谢的人太多了，就感谢天吧！

虽然历经几年的磨炼，仍觉得未摸透渗透测试的底细，毕竟信息技术博大精深，个人才疏学浅，书中所述的方法、概念不免有疏漏之处，敬请各位读者不吝指正，我会不定期将应用心得发表到公开网站。

渗透测试的内容包罗万象，涉及多个专业领域，鲜少有人能同时精通各项渗透技术，我无法为读者悉数备妥所需的各种工具及技术，只希望本书所讨论的基本操作规则、技术及技巧能启发读者探索更深、更广的主题。

在人生路上虚长了几年，深深体会到：若想成功，必须下苦功。与读者共勉！

陈明照

2020年3月19日

改编说明

如今网站的安全几乎是所有机构或企业的头等大事之一，如何验收和检测一个网站是否足够安全，离不开“红客”的严谨、专业、全面的网站渗透测试工作。

“黑客”这个词听得比较多，那么什么是“红客”？区分“黑客（Hacker）”和“红客（Honker）”不是看他们是否掌握了黑客技术，而是看他们用黑客技术来做什么。从另一个角度来说，其实就是看“黑客”和“红客”对“矛”和“盾”钻研的角度和深度。“黑客”更关注目标系统“盾”的漏洞，一点漏洞就够了，之后就研发或者使用专用的“矛”攻击“盾”的这个弱点，黑客往往在暗处，所以防不胜防。“红客”则更关注来自暗处的各种各样的“矛”，考虑如何构筑起完备的“盾”来抵御这些“矛”对目标系统或者网站的攻击。

本书就是一本为“红客”而著的“红客网站渗透测试实战手册”，深入探讨各种各样的“矛”，并运用它们进行实际的网站模拟攻击，根据攻击的特点、特征和结果，找到网站的弱点或漏洞，而后提出重新构筑起网站“盾”的防御体系的建议和防御策略。在实战中的网站渗透测试就是为了检验用于保护网站安全的“盾”的坚固性和可靠性，因此“网站渗透测试”是评估、构筑和验收网站防御系统与策略的核心步骤。

本书从一个初踏入网站渗透测试领域的初学者出发，在较短的时间内，以最有效的方式让初学者一窥渗透测试的全貌，让读者在真实的网络环境中以标靶范例网站为目标，学习如何运用黑客技术和工具的“矛”进行“渗透”和“入侵”，来发现网站的漏洞和防御弱点，也就是将黑客技术用于网站“盾”的检测和检验，最终为构筑完备的“盾”提供思路和方向。

作者在书中介绍“渗透”和“入侵”的各种手段时都列出了相应工具软件的来源，并配备了图文来详细说明这些工具的使用方法和步骤，即使是初学者也完全可以依照本书的说明，依葫芦画瓢地运用到自己的网站渗透测试实际工作中。作者还细心地在附录中为读者提供了《渗透测试足迹搜集检查表》，读者可以参照着运用于自己的网站渗透测试工作中。

资深架构师　赵军
2020 年 4 月

目　　录

第1章

关于渗透测试

本章重点

- 关于信息安全
- 渗透测试的目的
- 渗透测试与漏洞扫描
- 用语说明
- 理论中的渗透测试
- 我眼中的渗透测试
- 渗透测试入门知识
- 只谈网站渗透测试
- 本书的目的
- 不要沮丧
- 重点提示

渗透测试（Penetration Testing，简写成 Pentesting）一般是指机构（如政府机关或企业）雇请信息安全专业人员（一般称为红客或道德黑客），在合法范围内，以真实攻击者（黑帽黑客）的观点、技术、工具及手段，对机构所拥有的资产施行拟真攻击的一种过程，目的在于验证该机构的安全措施，以便实现下列目标：

- 正确监控和处理网络威胁。
- 实时修补系统漏洞，使系统维持最佳状态。
- 落实信息安全教育，使员工具备足够的信息安全风险认知。
- 对应用系统进行缜密的安全性审查，防范潜在漏洞或弱点。
- 遵循安全最佳典范来部署系统和服务，维持系统最佳配置。

渗透测试人员必须适当地模仿（拟真）恶意攻击者的行为，以便提供可靠的评估结果，在整个渗透测试活动的生命周期中，不断对目标系统执行各种测试，尽可能找出各种系统漏洞，让受测机构能抢先其他黑客发现及利用这些漏洞之前完成修补工作。

上面提到的“目标系统”不全指信息系统，也可能是实体建筑（如办公场所或机房）、员工、委外人员或计算机设备实体，只是一般都将重心放在应用系统和信息平台的安全漏洞上，很少对员工或实体建筑办理渗透测试。

为了精准模仿黑帽黑客，渗透测试人员通常会以“实弹”进行演练，所使用的工具、API 及脚本也时常被应用在非法行为上，本书的目的在于带领新手进入渗透测试园地，并不是教导读者从事犯罪行为，介绍工具的用法是为了让合法的渗透测试人员能够利用这些技术检验系统弱点，为委托者（甲方）找出常见的系统漏洞。

前面提到渗透测试的对象包括员工、建筑、实体设备、操作平台及应用系统，范围实在太广了，我的能力无法涵盖所有这些领域，然而作为一本入门图书，又必须让读者有一定的收获，因此选择网站作为渗透测试的训练目标。

当我们把 Web 应用系统部署到网站上时，系统就要面对成千上万的测试，其中不乏来自有心人士的“恶意”攻击，系统提供的服务越多，遭受攻击的概率就越高。虽然就“安全系统开发生命周期（SSDLC）”的问题而言，系统从一开始规划就必须注重相关的安全防护，但一组系统的成型要经过多人之手，如何保证每个人都尽到安全防护的责任呢？我们又该怎么验证呢？况且每天都有新的弱点、漏洞被发现，要如何得知我们原本安全的系统是否也存在新的漏洞呢？要发现这些漏洞，就需要依靠测试来完成——良性的测试，也就是所谓的渗透测试。

1.1 关于信息安全

信息安全领域同样适用“三分技术，七分管理”这样的实践经验和原则。对于信息安全而言，不仅应该不断提升技术层面的水平，更应该加强管理，包括 4 个方面：管理、防御、攻击、鉴别。

- 管理：是指信息安全治理，具体包括定方针、设规矩、立准绳、行稽核（定期检视执行成果），也就是事先设定目标政策、执行流程、评估准则。例如，每个机构都制定有信息安全政策、信息安全基本认知，并且要求定期稽查和审核，这些都属于管理层面的活动。
- 防御：是指利用各种安全设备及手段阻挡不良分子的入侵，包括设置防御设备（防火墙、入侵检测、防病毒软件、防垃圾邮件等），定期执行漏洞扫描、信息安全“健康诊断”，对员工进行信息安全教育与培训，提升人员的信息安全意识。
- 攻击：是指不良分子对机构信息系统的威胁。攻击的目的不外乎为名、为利、为报复，不论规模如何，多少都会对机构造成影响。面对敌暗我明的攻击，机构无不戒慎恐惧。如果没有威胁，就不需要防御。攻击与防御就如同矛与盾，是一场技术竞赛。
- 鉴别：是指事件发生之后的分析工作，通过剖析信息安全事件，了解事件的发生时机（When）、入侵来源（Who）、造成漏洞的原因（Why）、黑客的手法（How）、被利用的设备（Where）、受损的数据（What），以作为事后补救的参考建议与依据。

可以从两个角度来看待这 4 个层面的关系，由下往上看，管理是防御、攻击和鉴别的指导方针（图 1-1 的左图），防御、攻击、鉴别不能脱离管理所制定的规则，否则便是违规，违规便会影响安全。由上向下看，管理是用来监管防御、攻击和鉴别的活动（图 1-1 的右图），所以管理不单纯只是静态的限制条款，还具有实质的稽查和审核活动，可以定期或不定期稽查和审核各项活动的结果。

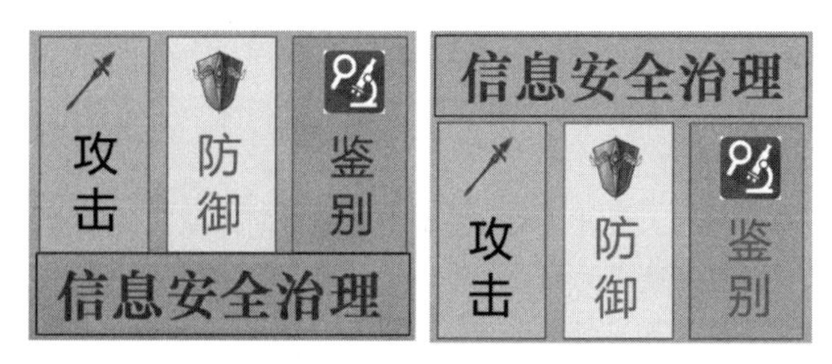

图 1-1　信息安全的 4 个层面

以信息安全事件发生的时序来看，防御是事前的守备工事，攻击是事件当下的敌我战况，鉴别是战后的原因分析，管理则应为信息安全事件的处理准则。

制定游戏规则的人多为机构高层的管理人员，管理专业远胜于信息安全专业，或者他们根深蒂固的观念已和现实信息技术脱节，造成某些政策窒碍难行，但在机构内“官大学问大”的氛围下，基层人员因为“位微言轻”而无力反对，所以常导致实际成效流于表面（所谓上有政策、下有对策），这也是我们常见的现象——政策原则多如牛毛，却因人员配置不当，以致行礼如仪、虚应了事。因此，要落实信息安全，高层管理人员必须接地气，和实务操作的技术人员真诚讨论政策方针，而不是站在云端以“想当然耳”的心态闭门造车。

1.2　渗透测试的目的

信息安全的 4 个层面似乎没有渗透测试的角色，本章一开始就提到“以真实攻击者的观点、技术、工具及手段，对机构所拥有的资产进行拟真攻击的一种过程，目的在于验证该机构的安全措施”，其实渗透测试横跨攻击与防御，七成属于攻击形态、三成属于防御目的（见图 1-2），由此可知渗透测试在信息安全上的重要性。

图 1-2　渗透测试在信息安全 4 个层面的位置

有人说“攻击是最好的防御”，渗透测试就是利用黑客的攻击手法找出自身的缺失，通过改善缺失来强化防御能力，所以渗透测试有下列目的：

- 了解入侵者可能利用的途径
  - 信息泄露或被篡改
  - 网络架构的设计问题
  - 防火墙的设置问题
  - 系统及应用程序的漏洞
  - 系统及应用程序的设置问题
- 了解系统及网络的安全强度
  - 评估具有同等能力的入侵者大约需花费多久的时间才能入侵成功
  - 评估遭到入侵后可能造成的影响
  - 评估信息安全政策的落实程度
- 了解弱点、强化安全
  - 修补漏洞，强化系统及网络的安全
  - 减低遭到入侵后的损失
  - 提高防御工事，阻断攻击途径

业界有一套潜规则“信息安全无绝对，只求比邻强”，只要我的防御能力比其他人强，黑客自然会转移攻击目标，因此企业需要投入大量经费部署防御设备、漏洞扫描工具，可惜许多管理高层不明白“养兵千日，用在一时”的道理。对于设备的投资远高于人才培养，家家户户架设一层又一层的防火墙、入侵检测，总以为上了锁，一切就安全了，殊不知我们买得到的设备，别人也买得到，我们能用的扫描工具，别人也能用。船坚炮利也要有会用的人才能发挥功效，否则不过是一件1:1的模型而已。

1.3 渗透测试与漏洞扫描

其实有很多人分不清渗透测试与漏洞扫描有何不同，就最终结果来看，两者都是提出一份漏洞报告作为结案依据，但在执行层面却有很大差异。套句营销用语：一个机器制造，一个纯手工打造。

漏洞扫描工具对目标系统发送预先准备好的请求（Request），再将响应结果（Response）与漏洞特征码（或称漏洞指纹）进行对比或与启发式准则比较，只要符合所定义的阈值，就认定漏洞存在。这些预先设置的请求通常都有规则性，很难达成弹性组合，因此误判（False Positive）或漏判（False Negative）情况相当严重。既然这么不可靠，为什么机构还要执行漏洞扫描？因为：

- 执行速度快：由计算机自动发送请求，并可以并行处理，能在很短时间内得到结果。
- 识别广泛的漏洞：只要添加请求载荷（Payload）及判定用的特征码就能让漏洞扫描识别新型的漏洞或弱点。
- 日程调度执行，减少人力介入：可以按预设的日程调度执行扫描操作，不受日期或时间的限制，晚上或假日依然能够进行扫描操作。

- 自动分送结果：依照事先设置，扫描完成后，能将报表主动通知受信人员。
- 价格相对便宜：商用漏洞扫描工具一般按租用授权，在租用期间可以无限次地执行（根据租用类型而定），每一轮次的执行费用远低于专业渗透测试。
- 成效也不差：漏洞扫描工具集成了大量已知的漏洞形态和类型，能够找出许多真正存在的漏洞，对主管而言，基层员工负责修补漏洞，误判根本无关紧要。

前面已介绍过渗透测试，它是由红客执行拟真攻击的，因此掺杂了许多人为因素，例如知识专长、技术深浅、时间体力、情绪专注等。在系统条件不变的情况下，重复执行漏洞扫描会得到相同的结果，渗透测试就不一定了，渗透测试员会累、会丧失专注力、会受外在因素的影响，因此渗透测试结果的一致性相对较低，况且渗透测试通常由一组人（2 至 8 人）执行，所费不赀。

渗透测试费用高，测试结果又不稳定，那什么是渗透测试的价值呢？

- 实战性高：渗透测试不是单纯对比特征，必须真正验证可达成某种程度的危害或入侵效果。
- 灵活的战术组合：渗透测试人员能够根据不同的情况组合各类攻击工具，实施量身定制的验测手段。
- 因地制宜，抽丝剥茧：依照测试人员的经验、智慧及技巧，能够利用看似不相干的轻微漏洞，搭配组合出有效的攻击向量。就算到了快结案时才检测到漏洞或发现新的攻击模式，依然能回溯测试。
- 全面性战略：人类可以借助系统的活动方式判断两个系统之间的互动影响，有时分开来看无法找出系统的漏洞，但从整体来看时就会发现可用的攻击向量，这是一般漏洞扫描所不及的。
- 实地作战：渗透测试人员可以通过实地访查（谈）、亲身操作，找出系统潜在的漏洞。例如，机构具有特殊文化，虽然具有强密码原则，却采用固定的默认密码，测试人员可以借助这种特征寻找可利用的账号及密码。

拿考试相比拟，漏洞扫描就像有固定答案的选择题或者是非题，渗透测试则类似于论述题，漏洞扫描借助某种现象来判断漏洞的严重程度，重组漏洞的能力正好是渗透测试的优势，不过组合多个轻微漏洞往往无法找到重大漏洞。

漏洞扫描具有自动、快速、广泛的特性，渗透测试则有精密、深入、灵活的特点，两者相辅相成，不可偏废，正因如此，才有渗透测试存在的空间。

1.4　用语说明

为了让书中文字读起来不太绕口，有些用语会交替使用，为避免读者混淆或误解，特说明如下：

- 受测方、客户、委托方：都是指委托、聘请我们进行渗透测试的人、单位或机构，当然也可以是你自己，常用“甲方”表示。
- 标靶、受测系统、受测目标：都是指我们要进行渗透测试的网站。
- 测试方、测试端：实际执行渗透测试的人，也就是我们，常用“乙方”表示。

1.5 理论中的渗透测试

维基（WiKi）对于渗透测试的说法是：具备信息安全知识、经验及技术的人员受甲方所托，为甲方的信息环境以仿真黑客的手法进行攻击测试，为的是挖掘系统可能存在的漏洞，并提出改善方法。渗透测试以找出系统的弱点或漏洞为目的，并为客户提供修补的建议，作为系统强化的手段，所以渗透测试不是要击垮系统，而是要找到强化安全、降低漏洞风险的依据。

前文提到过渗透测试的目标不单指信息系统，但因本书的测试目标为“网站”，所以本书后文将以此应用场景来描述测试操作。

按照甲方与乙方对此次测试操作内容了解和熟悉的程度，渗透测试大致可分为下列几种：

- 黑箱测试：甲方只提供受测目标的名称或 URL，乙方必须在测试活动期间自行搜集其他相关信息。感觉上，除了知道敌人是谁外，其他（如敌人的部署、配备、数量）全部未知，就像拿到一只看不透的黑箱子。使用黑箱测试，是在考验乙方的黑客技巧，因为这种模式最接近实际黑客攻击的情况。
- 白箱测试：甲方会尽可能提供标靶的信息，让乙方尽可能将精力放在找出受测系统的弱点或漏洞上，因为乙方知晓受测目标的部署情形，可以事先拟好策略。就像拿到一只透明的箱子，可以知道箱子里放的是什么东西。使用白箱测试，是在考验系统的安全防护能力。
- 灰箱测试：有的时候甲方并不是那么清楚受测系统的信息（例如外包开发的系统），无法主动提供完整的受测目标信息，乙方则无法事先取得系统信息，不过甲方还是会尽可能协助乙方取得相当多的信息，所以灰箱是介于黑箱与白箱之间的测试方法。
- 双黑箱测试：有时甲方想尽可能以模拟黑客攻击的情景进行测试，不仅要测验系统的防护能力，还要测试乙方人员的警觉性或应变能力，在对内部人员保密的情况下，暗地委托乙方进行渗透操作，相关人员并不知晓渗透测试的进行，而乙方亦无法得到详细的受测系统信息，因此攻防双方都在暗地里较劲，故称为双黑箱（或双盲）测试。
- 双白箱测试：与双黑箱测试相对，双方都知道彼此的存在，最主要的目的是乙方协助甲方找出并确认系统漏洞。

1.6 我眼中的渗透测试

实际上黑客的攻击没有时间、地点、目标、工具、手法的限制，为了达到目的，可以不择手段、持续不断、用尽任何可能的方法（APT 攻击）。渗透测试却必须在有限的时间内（一般是 7～14 日），在双方（委托者与测试者，即甲方与乙方）确定的目标范围、执行的时间（例如晚上 8:00 至凌晨 6:00）、攻击的手法（如可否进行社交工程）、认可的工具等限制下进行，故渗透测试无法完全反映黑客的攻击强度，就连攻击的手法也大有不同。例如，渗透测试大多不会进行社交工程、阻断服务（Denial-of-service，DoS）攻击，不会（也不该）对受攻击系统注入木马或留下后门，甚至发现与受测目标有关的卫星系统漏洞，若该系统不在测试范围内，则必须征得甲方同意才可以利用这项漏洞。因为测试操作有所限制，所以不要期望渗透测试可以帮我们找到所有的系统漏洞，除非甲方自身持续进行渗透测试。

就我个人看来，渗透测试应该：

- 是“健康检查”，而不是攻击：渗透测试是为了提升甲方系统的安全性，尽早挖掘现存的漏洞，作为改善的依据，而进行渗透测试必须兼顾系统服务的持续进行，要事先拟妥因进行测试造成系统停止服务的处理对策。
- 是稽查，而不是窃取：渗透测试可以印证甲方在信息安全政策方面的落实程度，是一种稽查行为，渗透测试结束后，相关信息必须完全交给甲方，作为甲方持续改进信息安全的策略参考，除非经甲方同意，否则乙方不能私自留存副本。
- 防护是测试的目的：渗透测试发现的漏洞必须提出相应的防护对策，以供甲方参考。

渗透测试是概念验证（Proof of Concept，POC），只要证明有弱点、漏洞存在即可，不一定要对目标系统进行致命的攻击，就这一点来看渗透测试对系统的危害比黑客攻击来得轻，渗透的深度也来得浅一些。

1.7　渗透测试入门知识

渗透测试是技术，也是艺术，必须要有创意，更需要耐力，不能只具备常规的想法，不按常理出牌也是很必要的，漏洞常常不是一个步骤就可以找出来的，收集到的数据需要依靠经验仔细地交叉分析，测试的程序也需要反复执行，这些都是漏洞扫描工具所不能涉及的地方，千万不要以为用工具扫描没问题就认为系统没有漏洞了，漏洞往往是由“创意”制造出来的！

本书仅就渗透测试操作的步骤及常用的工具提供给读者参考，但在测试过程中所得到的信息如何解读必须依靠读者对系统操作原理的了解程度及想象力了，渗透测试过程中涉及的每一项技术都是一门专业，其内容可以说是包罗万象，会得越多，能使用的渗透手法就越丰富，如 JavaScript、http/https 的运行原理、AJAX、SQL 等，这方面的技能只能请读者自我充实了！

这不是一本教你做黑客的书，本书的内容只是带你跨进渗透测试这道门，不要期待看完本书就能成为专家。知难行易，因此本书不会传递太多的学术理论，而是以实战的角度看待入门学习，从实战攻击中得到的成果会增强成就感。相信我，如果先叙述各种渗透测试的理论，大部分的初学者在学完第 1 章就萌生退意了，毕竟实战比说教更有趣！

虽然本书是以实战的角度切入，但是信息安全终究不同于一般的程序设计或系统操作，有些基本知识还是必备的，书中不会详细介绍这些知识细节，有关下列的议题尚请读者自我学习：

- HTML 语法与 Web 运行原理
- JavaScript
- Command Line Interface（命令行界面）的操作（Windows、Linux）
- SQL 语法
- 有关网络操作指令（Telnet、Ping、nslookup、Tracert）

- TCP/IP 网络基本原理
- 程序的下载及安装
- 脚本语言（Python、Ruby、Perl）的部署与执行

1.8 为什么只在网站中进行渗透测试

渗透测试涵盖的领域非常广，平台、网络、防火墙甚至实体环境，一个人的能力实难面面俱到，我自认为不是渗透测试方面的专家，实在无法写出兼顾各种情景的测试教学文件，诚如书名《网站渗透测试实战入门》所言，我只打算聚焦于网站的渗透测试。

另一方面，网站是开放的，以供不特定人使用，也就是说每个人都可以对你的系统进行攻击，而网站的弱点或漏洞往往来自于应用程序设计不良，或系统设置不完善（可参考 OWASP Top 10，网址为 http://www.owasp.org.cn/），平台的漏洞必须等待供货商发布补丁程序（如 Windows 的漏洞要靠微软的 Hot Fix 发布），但网站的漏洞却是需要由我们自己负责，也是我们可以掌控的部分。简单地说，网站就是站在被攻击的第一线，如果有漏洞该由我们自己修补，在一般的渗透测试操作中，网站测试大多自成一格，而且网站的漏洞比较容易衡量，初学者可从中得到成就感，进而持续精进其他部分的测试技巧。

通常情况下，只要懂得开发 Web 应用程序的设计者就能进行 Web 渗透测试，相较其他领域，Web 渗透技术门槛低，入门相对简单，对初学者来说容易有成就感，可以激起学习兴趣，学习成果较显著。

目前很多公司（或机构）都有自己的网站，不论利用现成套件架设或者以定制方式开发，只要是人做出来的系统都不可能十全十美、毫无破绽，为了修补系统漏洞而委托外部专业公司进行渗透测试所费不赀，难以恒常办理，如果自己能执行渗透测试，至少一些浅显的漏洞可以及早发现，让专业公司专注较具深度的信息策略。

1.9 本书的目的

这是一本入门书，目的在于引起更多人对网站安全的关注，并以实际渗透来验证网站的安全性，或许你的网站应用程序都经过黑、白箱的漏洞扫描，但自动化扫描程序是依照特定的规则（Policy）来解读回应的结果，经常有误判或漏判的情况，我们可通过知识和智慧来判断响应的结果，再进一步做细微的攻击策略调整，通过实际的测试操作，可以弥补自动化扫描程序的不足，亦可作为漏洞扫描的结果验证程序。

渗透测试的技术并无止境，施测者通常会整理自己惯用的工具组，有关书中介绍的工具均是我个人的偏好，不表示只有这些工具可以用，如果读者有志走渗透测试这条路，应该整理出属于自己的工具组，我会在介绍工具时提供下载网址。

安全不能只靠政策、设备，不是安装了防火墙，使用账号、密码机制，就能说系统够安全，

必须经过实际检验，才能做出安全等级评断，应让更多人了解系统的弱点、从中挖掘出安全漏洞，才能有效地修补漏洞，真正强化系统的安全，不然大家还以为系统有多么牢靠！

警　告

渗透测试的手法如同黑客攻击，在渗透过程中难免接触到甲方的敏感数据，因此在没有得到甲方授权之前千万不要擅自进行，以免触犯刑法。

1.10　不要沮丧

本章最后要给读者一点心理安慰，虽然新闻不时出现网站遭入侵的消息，好像网站存在许多漏洞，但亲身进行渗透测试时却像“鬼挡墙”，时常找不出弱点或漏洞，这是很正常的现象，重视信息安全的机构才会花钱进行渗透测试，因此这些系统可能都已经进行过几轮的漏洞扫描及渗透测试，每次发现的漏洞也都修补了，隐藏的漏洞自然会越来越少，渗透测试时找不出重大漏洞也就无可厚非了。

最怕的是别人找得出来，我们却找不出来，遇到这种情况也别灰心，如同其他技能，只有经过一次又一次的演练，才能不断提高测试技巧和增加对漏洞的敏感度，不要沮丧，它只会让你消沉！

1.11　重点提示

- 渗透测试是以黑客的角度检验系统的安全性，属于信息安全防护的手段。
- 渗透测试可以印证信息安全政策的落实程度，属于稽核活动。
- 漏洞扫描与渗透测试两者相辅相成，无法彼此取代。
- 渗透测试的手法与黑客入侵无异，执行前必须先取得客户授权。
- 借助一遍又一遍的练习和实战才能提升技巧与能力。

第2章

渗透测试基本步骤

本章重点

- 执行步骤
- 记得先取得甲方的同意书（授权书）
- 摘录《刑法》第二百八十五条和第二百八十六条
- 测试过程的 PDCA
- 重点提示

2.1 执行步骤

渗透测试经过了若干年的发展，其执行步骤大致已形成一种特定的顺序，现整理如下。

步骤 1. 测试前预备

进行渗透测试之前，应先跟甲方协商测试范围、测试期间及时段、测试方法或使用工具、测试判定条件等，并拟写执行计划书。

虽然是测试，但是因手法类似于黑客攻击，所以要事先向甲方说明系统宕机或数据毁损的可能性，并提出应对策略，以免影响甲方的正常业务活动。测试期间对系统施予的攻击或传送的载荷也可能恰巧被外部黑客利用，因此要做好监控工作，如发现其他入侵迹象时，必须及时向甲方汇报，为使渗透测试过程平顺，甲乙双方必须建立 24 小时的联系方式，以便处理各种突发状况。

上述协商结果应整理成渗透测试同意书及执行计划书（作为渗透测试同意书的附件），渗透测试同意书必须经甲方主管（或授权签署人）、乙方团队主管共同签署（必要时亦可由参与本项目的双方相关人员签名），乙方取得签署完成的渗透测试同意书后才可以真正执行渗透测试的操作。

相信渗透测试人员都不喜欢书面的工作，不过我建议渗透测试人员还是应该花些时间好好了解渗透测试同意书的内容，它可是我们乙方的“保命符”，可以证明在同意书规定范围内的工作已得到甲方授权，这里强调规定的范围，就是要渗透测试人员仔细确认同意书中的各个条款，以免误触地雷，如果对内容有疑虑，应该向法务人员请教，不可用自己薄弱的法律知识去臆测或“自以为是”地解读。

步骤 2. 启动会议

依据执行计划书规划的时间，在进行测试之前由甲方与乙方的相关人员共同召开会议，乙方于会议中说明预计进行事项及时间规划，甲方对乙方的说明事项无异议时，即宣布测试操作正式开始。

步骤 3. 信息搜集

测试操作的第一步就是从 Internet 上搜集受测目标的相关信息。使用黑箱模式时，甲方只告知乙方受测目标的 URL，乙方必须想方设法找出受测目标对应的信息及外围设备的 IP，或者通过系统的历史页面探索已被发现的漏洞等。

当然，受测目标若是甲方的内部系统（Intranet），则这个步骤可略过，因为这些信息从外部 Internet 是找不到的，这时只能依靠对甲方网络系统的扫描（下一个步骤）去搜集了。

步骤 4. 网络与主机扫描（漏洞评估）

确定受测目标的 IP 后，可尝试跟受测目标互动，以取得打开的端口列表、使用的操作系统、网络应用程序的名称与版本、是否存在已知的漏洞，如果可以，甚至可以找出网站的负责人、维护人员，或潜在用户的信息（如 E-mail），这将对猜测系统的账号、密码有所帮助。

在此阶段，乙方也会使用漏洞扫描工具执行初步的漏洞探索，但作为称职的渗透测试人员，不可直接将漏洞扫描所发现的漏洞当成渗透测试的成果，必须仔细验证漏洞的真实性，并留存完成的验证步骤，以便于甲方进行复测。

若乙方是由甲方的内部人员扮演，通常此步骤可免，既然测试人员本身即为受测机构的员工，怎会不了解甲方内部的架构及相关人员的信息呢？因此自行办理内部系统渗透测试时，大部分情况（也有例外）是直接从漏洞扫描下手，而跳过外部数据搜集及主机扫描的步骤。

步骤 5. 漏洞利用

在上一步骤中找到任何可疑的漏洞，都是我们在此阶段可加以验证的地方，利用这些可能的漏洞，尝试取得系统的控制权限或存取敏感数据。

为什么要对漏洞进行验证呢？

- 排除误判：将确定的漏洞写入测试报告书，并给予风险等级，若为误判亦应提供说明请甲方注意，千万不要自以为是误判，就将它忽略。甲方通常还会进行系统复测，为避免前后结果不一致，测试过程的结果都应该详加记录。
- 证明漏洞可以形成威胁：依据威胁造成的危害程度，给予不同的风险等级，并尽量保留造成危害的现象，最好有图为证，并记录证明的过程，以便于日后重现或复测时进行对比。
- 利用漏洞提升权限：不同权限可存取的功能不同，接触到的系统范围及数据等级也不一样，通过权限提升，可以进一步探测其他漏洞，扩大攻击面。
- 尝试跨域渗透：取得其中一台主机的控制权限，测试平台跨域渗透的可行性，从而评估整体信息架构的风险程度。

注 意

取得控制权是为了做更深层的测试，而不是执行真正的攻击，这与黑客入侵的目的不同。当取得某系统的控制权时，为了进行横向或纵向的跨域渗透，可能需要在此系统中添加工具、后门或高权限的账号，如果采用这些手法，就必须留下详细记录，以便在项目结束后可执行复原操作。

依照渗透测试同意书赋予的授权，有时会要求添加工具、后门或高权限的账号，因而必须先向甲方汇报，并取得同意。对于此类情况，必须以书面方式获得甲方的同意，并要求甲方人员在同意书上签字、盖章。

- 渗透测试应用的手法或使用工具与真实的黑客攻击相差无几，无论如何，在进行漏洞利用的同时可能会造成下列影响，必须事先拟妥相应对策：
  - ➢ 应用程序无法响应或严重延迟
  - ➢ 系统宕机或网络中断
  - ➢ 数据内容损毁或数据库系统失效
  - ➢ 第三方（如黑客）可能顺着工具打开的通道进行实质入侵

步骤 6. 入侵之后

记住：渗透测试不一定要执行这个步骤，如果真要执行，应事先跟甲方说明潜在的风险，任何植入的后门或行踪隐藏动作，都可能会成为黑客入侵的通道或无意间覆盖了黑客入侵的痕迹。

当黑客真正入侵系统之后，为了持续控制系统，会用各种手段来隐藏自己的行踪并维持随时可连入系统的机制，常用的手法是植入后门、建立管理员权限的账号、抹掉系统日志等（见图 2-1）。

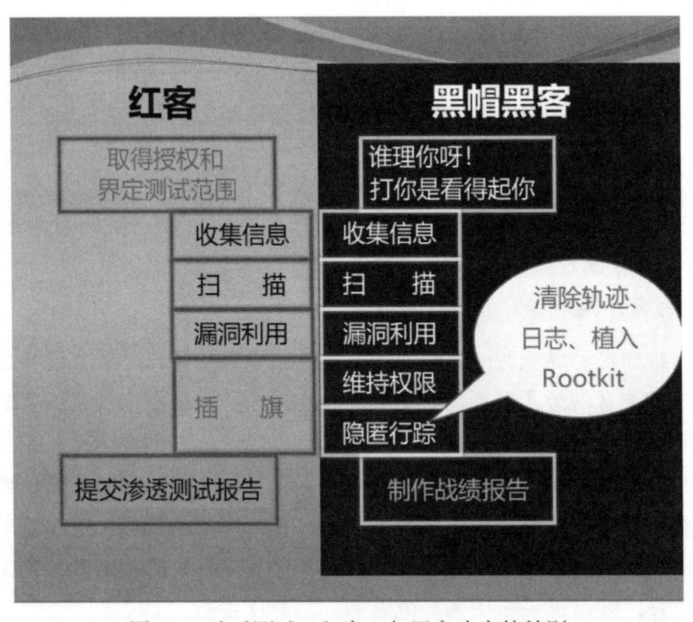

图 2-1 渗透测试（红客）与黑客攻击的差别

渗透测试只需完成上一个步骤，证明系统存在弱点、漏洞，并且可以利用找到的漏洞进行相关操作即可，千万不要在系统中植入后门，以免不慎被黑客拦截、操控，反而对系统或甲方造成更大的危害。若真有需要植入后门或建立高权限账号，一定要如实记录并说明，以便于复原操作。

步骤 7. 撰写渗透测试报告

渗透测试操作完成后，需提交一份报告书给甲方，渗透测试报告必须详细列出如下内容：

- 测试的过程记录（最好有截图证明）
- 所有漏洞及其造成的影响，若为误判，亦应说明无法达成渗透的测试步骤
- 弱点或漏洞的风险等级及修补建议

渗透测试报告书可以说是甲方真正接触到的测试结果，内容的好坏会直接影响此次测试的评价，“平凡的测试+好的报告>好的测试+平凡的报告”，渗透测试报告书的内容必须要能表现出此次测试的成果，不要在报告书中“塞入”一些已知的理论介绍（如各种漏洞说明）或测试成员的丰功伟绩，这些数据虽然可以扩充报告的版面，但跟测试结果无直接关系，反而稀释了测试结果的重要性。

步骤 8. 结案会议

如同项目开始时双方共同召开会议一般，测试完成后，亦由双方召开结案会议，由乙方在会议中报告执行的过程及结果，并提出修正或防护建议，也就是将渗透测试报告书的内容摘录成简报，由甲方确认测试成果，若甲方对报告内容无异议，即可完成渗透测试项目。

对甲乙双方而言，结案会议后，若没有待解决的事项，即表示项目结束。

步骤 9.　修补后复测

为了证明完成漏洞修补及强化防御成果，有时甲方会在项目中提出复测要求，如果合同中包括复测条款，乙方则需要对更新后的系统按照测试报告书中的内容重新检测之前找到的漏洞。

2.2　记得先取得甲方的同意书（授权书）

就如第 1 章所言，渗透测试的手法如同黑客攻击，在未取得甲方正式授权前，千万不要擅自进行测试操作，以免触犯《中华人民共和国刑法》第二百八十五条非法侵入计算机信息系统罪和第二百八十六条破坏计算机信息系统罪。有关同意书（或授权书）必须经双方法人签署，这是经过系统拥有者同意的授权书，也是我们进行合法渗透测试的法律文件。

不过，要特别注意同意书的有效范围，不是有了同意书就可以肆意妄为，它只在渗透测试计划书所规范的界定范围内有效，如果涉及界定范围之外的活动（包括系统、手段、工具等），则都必须重新取得授权。

2.3 摘录《刑法》第二百八十五条和第二百八十六条

第二百八十五条

【非法侵入计算机信息系统罪】违反国家规定，侵入国家事务、国防建设、尖端科学技术领域的计算机信息系统的，处三年以下有期徒刑或者拘役。

【非法获取计算机信息系统数据、非法控制计算机信息系统罪】违反国家规定，侵入前款规定以外的计算机信息系统或者采用其他技术手段，获取该计算机信息系统中存储、处理或者传输的数据，或者对该计算机信息系统实施非法控制，情节严重的，处三年以下有期徒刑或者拘役，并处或者单处罚金；情节特别严重的，处三年以上七年以下有期徒刑，并处罚金。

【提供侵入非法控制计算机信息系统程序、工具罪】提供专门用于侵入、非法控制计算机信息系统的程序、工具，或者明知他人实施侵入、非法控制计算机信息系统的违法犯罪行为而为其提供程序、工具，情节严重的，依照前款的规定处罚。

单位犯前三款罪的，对单位判处罚金，并对其直接负责的主管人员和其他直接责任人员，依照各该款的规定处罚。

第二百八十六条

【破坏计算机信息系统罪】违反国家规定，对计算机信息系统功能进行删除、修改、增加、干扰，造成计算机信息系统不能正常运行，后果严重的，处五年以下有期徒刑或者拘役；后果特别严重的，处五年以上有期徒刑。

违反国家规定，对计算机信息系统中存储、处理或者传输的数据和应用程序进行删除、修改、增加的操作，后果严重的，依照前款的规定处罚。

故意制作、传播计算机病毒等破坏性程序，影响计算机系统正常运行，后果严重的，依照第一款的规定处罚。

单位犯前三款罪的，对单位判处罚金，并对其直接负责的主管人员和其他直接责任人员，依照第一款的规定处罚。

2.4 测试过程的PDCA

上面虽然列出了渗透测试执行的步骤，但这些步骤除了头尾的会议外，并不是单行道，如果有需要，可以重回上一个步骤或上几个步骤进行更深入的处理，就像警察办案一样，只要发现新的线索，就要重启鉴别操作，所以在测试期间将一再执行 PDCA 循环（参考图 2-2）。

- P（Plan）：对应前文讲述的步骤 3 “信息搜集”，依照信息分类的结果，拟定测试策略。
- D（Do）：对应步骤 4 “网络与主机扫描（漏洞评估）”，依照策略对测试目标的可能接触点进行扫描，以扩大测试范围，或挖掘可能存在的漏洞。
- C（Check）：对应步骤 5 “漏洞利用”，确认漏洞是否存在以及可利用的程度。

- A（Action）：对应步骤 6“入侵之后”，如果此漏洞可以被利用进而可扩大（或深入）测试范围，就可以再从新发现的接触点执行信息搜集操作。

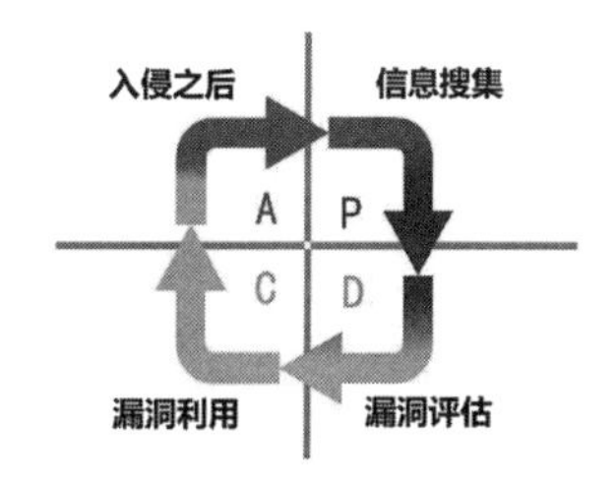

图 2-2　渗透测试的 PDCA 循环

好比在进行漏洞评估（步骤 4）时未发现的注入点，因利用漏洞，成功突破目前的关卡后，发现新的注入点，就必须再对此注入点执行信息搜集操作及进行漏洞评估。

2.5　重点提示

- 执行渗透操作的各阶段都有对应的文件产出，数据应核实后呈现。
- 执行计划书应依据双方协商议定的项目执行范围进行编撰，并作为渗透测试同意书（授权书）的附件，渗透测试同意书必须经双方法人签署方可生效。
- 渗透测试员必须了解并谨记渗透测试同意书记载的内容，才不会在执行项目时误触“地雷”，招致囹圄之灾。
- 如有必要，渗透测试的执行过程应该回溯处理。

第 3 章

渗透测试练习环境

本章重点

- 在线提供的渗透测试网站
- 自建模拟测试环境
- 更多练习资源
- 准备渗透工具的执行环境
- 重点提示

学习渗透测试时总不能直接拿正式环境“开刀”吧？为方便初学者的自我修炼，以下介绍一些可供练习的网站，有些是在线的，有些可以安装在自己的机器上。

除了受测环境外，要执行测试时还需要相对应的工具软件，我会尽量以免费的工具为主，同时本书是以入门学习为目标，全部选择可在 Windows 10 环境中执行的渗透工具。不过，我个人衷心建议：利用虚拟机的方式，准备 Linux 及 Windows 双环境的渗透工具，许多开源（Open Source）工具在 Linux 上执行的效率会略优于 Windows，而图形化操作的工具在 Windows 上的表现则比 Linux 好。

如果读者对 Linux 的工具环境有兴趣，可参考 http://www.kali.org/downloads/，这里有一组已经预先安装好各种工具的执行环境 ISO 文件（Kali Linux），可以用 VMware Player 直接挂载执行，或挂载后安装到硬盘中。若不想自己执行安装，也可以直接下载 VMWare 或 VirtualBox 镜像文件。

既然大家选择本书，想必已经对个人计算机的操作相当熟悉，所以假设大家可以自行进行 JRE（Java Runtime Environment）、VMware Player 或 VirtualBox 的安装和使用，以及建立虚拟机（VM），书中不会再讲述 JRE 及 VMware Player 的安装步骤。为了将自己的计算机当成测试环境，我建议安装一台 Windows 10 虚拟机。

接下来，将介绍几组可在线进行渗透测试的网站及可独立安装的测试环境。

3.1　可在线进行渗透测试的网站

下面介绍的几个网站是厂商公布的测试环境，读者在阅读本书时，可以将这些网站作为各章节的练习目标。

1. Testfire 网站（见图 3-1）

网址：http://demo.testfire.net。

由 IBM 提供的测试环境，作为测试自家漏洞扫描工具（AppScan）之用。后续的章节我们将以此网站作为渗透测试目标，展示相关工具的使用方式。

图 3-1　demo.testfire.net

若想了解 AppScan，可以到 https://www.ibm.com/developerworks/cn/downloads/r/appscan/下载试用版，不过这个试用版只能用来扫描 Testfire 网站。

2. Webappsecurity 网站（见图 3-2）

网址：http://zero.webappsecurity.com。

类似于 Testfire，zeroBank 是 HP 提供的测试网站，可作为 Fortify WebInspect 漏洞扫描工具的测试评估目标。Fortify 公司成立于 2003 年，主要产品有白箱（Fortify SCA）及黑箱（WebInspect）扫描工具。该公司于 2010 年被 HP 并购，并入 HP（惠普）的企业产品部门，SCA 与 WebInspect 就变成了 HP 的产品，名称仍维持 Fortify SCA 与 Fortify WebInspect，在业界常将 Fortify SCA 称为 Fortify 白箱、把 Fortify WebInspect 称为 HP WebInspect。

2015 年 HP 将企业产品部门独立出来，成立 HPE（惠普企业）公司，SCA 与 WebInspect 随之冠上 HPE 商标。到 2016 年，HPE 将软件资产事业部（包括 Fortify）与 Micro Focus 合并成立独立的 Micro Focus 公司，因此 Fortify 相关产品也移转到 Micro Focus 公司。所以，Fortify WebInspect、HP WebInspect、HPE WebInspect 或 Micro Focus WebInspect 其实是同一套工具。

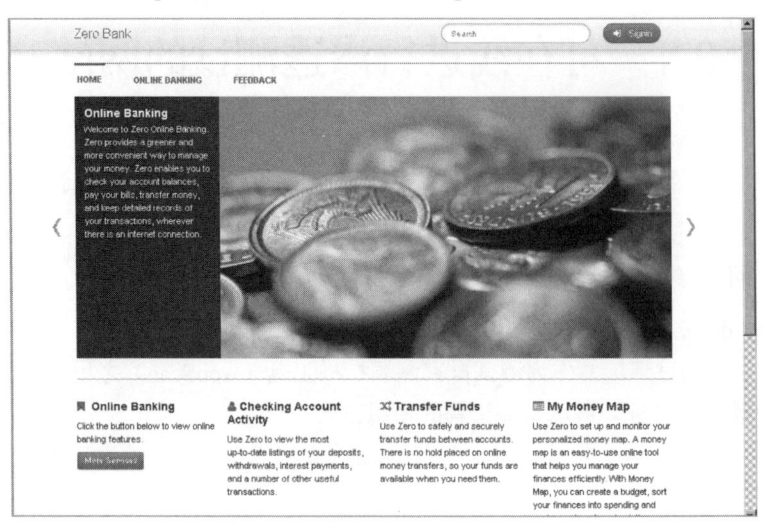

图 3-2 zero.webappsecurity.com

若想了解 WebInspect，可以到 https://www.microfocus.com/products/webinspect-dynamic-analysis-dast/free-trial 下载试用版，不过这个试用版只能用来扫描 zero.webappsecurity.com 网站。

3. Crackme 网站（见图 3-3）

网址：http://crackme.cenzic.com。

这是一套仿真网络银行的网站，是 Cenzic 公司（一家为企业提供应用程序安全性测试的信息安全公司）产品的测试目标。

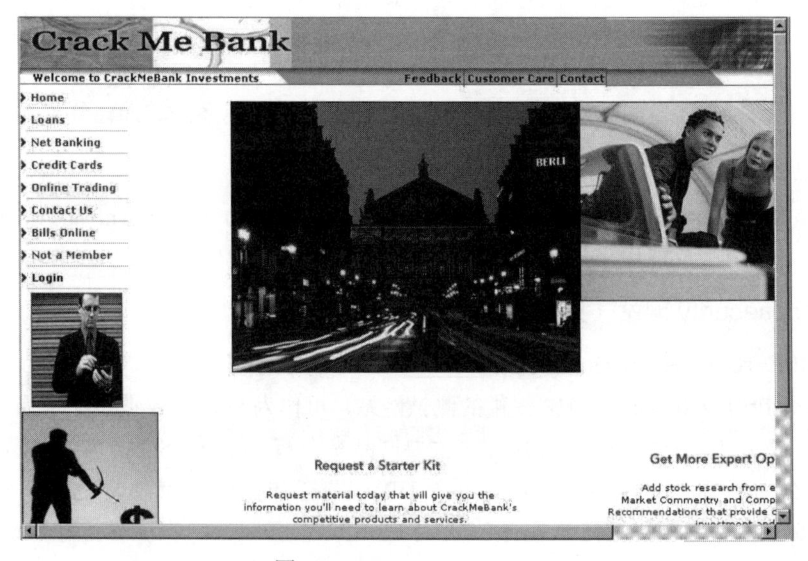

图 3-3 crackme.cenzic.com

4. Vulnweb 网站（见图 3-4）

网址：http://testasp.vulnweb.com

http://testphp.vulnweb.com

http://testaspnet.vulnweb.com

Vulnweb 是由 Acunetix 提供作为该公司的黑箱扫描工具的测试网站，分别提供 ASP、PHP 及 ASP.NET 所开发的系统。

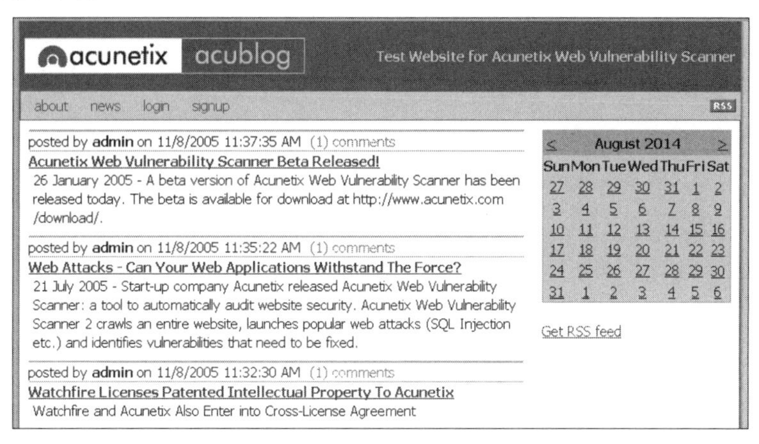

图 3-4　testaspnet.vulnweb.com

若想了解 Acunetix Web Application Security Scanning，则可到下列网址下载试用版：https://www.acunetix.com/vulnerability-scanner/acunetix-14-day-trial/。

3.2　自建模拟测试环境

在线网站都是厂商为了演绎自家产品而设计的，具有很高的练习价值，而且不需要处理额外的安装程序，随时可以拿来练功。如果你不喜欢或觉得挑战度不够高，也可以自己建立受测环境，本节将介绍 4 套用来学习 Web 应用程序安全的环境：WebGoat、Mutillidae II、DVWA 及 HacmeBank。

3.2.1　WebGoat

1. WebGoat 8.x

WebGoat 是 OWASP 提供的一个实习平台，是在开办相关培训时常被拿来作为练习的项目，有关 WebGoat 的信息可以参考：https://www.owasp.org/index.php/Category:OWASP_WebGoat_Project。

它是一组 JSP 开发的测试网站，本身即安排了许多安全漏洞，以供我们练习、测试。有关 WebGoat 的最新版网站程序可以从 https://github.com/WebGoat/WebGoat/releases 下载。

将下载的 WebGoat-Server-XXX.jar（XXX 是版本号）放到任选目录中，例如 WebGoat 目录中，启动“命令提示符”窗口，并切换到 WebGoat 目录，然后执行下列指令：

```
java -jar WebGoat-Server-XXX.jar
```

启动 WebGoat 后，在浏览器中开启“http://localhost:8080/WebGoat”（注意字母大小写），如果是第一次使用 WebGoat，则需注册一组账号，如图 3-5 所示。

图 3-5　注册账号

- *启动 WebGoat 时也可以使用--server.port 和--server.address 来指定侦听端口及地址，例如：*

```
    java -jar WebGoat-Server-XXX.jar --server.port=9999
--server.address=0.0.0.0
```

其中，--server.port=9999 是指定 WebGoat 的连接端口为 9999（默认为 8080），--server.address 指定连接地址必须是计算机的网卡所配置的 IP 地址（默认为 127.0.0.1 或 localhost），表示只有特定网卡可以接受连接请求，若设为“0.0.0.0”则表示计算机上的每一块网卡都可以接受连接。

当然，每次练习都要输入这么长的指令，效率就太低了，可以在命令提示符使用下列命令将它存成批处理文件（do.bat）。

```
    echo java -jar WebGoat-Server-XXX.jar --server.port=9999
--server.address=0.0.0.0
> do.bat
```

上面命令中的 XXX 是 WebGoat 版本号，记得根据具体使用的版本进行修改。

下次执行时，直接在文件资源管理器中用鼠标双击 do.bat 就可以启动 WebGoat，不用再费事启动“命令提示符”窗口。

注　意
不同版本的 WebGoat 对 Java Runtime 版本要求也不一样，新版的 WebGoat 版本要求较高版本的 Java Runtime，若下载后无法顺利启动，则自行选择较低版本的 WebGoat 或更新 Java Runtime 版本。

2. WebGoat 5.4

考虑许多人还在使用 Windows 7，甚至 Java 的版本也没有及时更新，初学阶段其实可以从 https://code.google.com/p/webgoat/downloads/list 下载 2012 年 4 月发表的 5.4 版，只要 Java 1.7 以上

就能顺利启动。下面是 5.4 版的安装步骤：

> **备　注**
>
> 若系统中安装了 VMWare 或 Virtual Box 等虚拟环境，可以考虑使用 OWASP-BWA 平台。OWASP-BWA 提供了 30 个左右的练习系统，其中也包含 WebGoat。

（1）解开压缩文件

将下载得到的压缩文件直接解开到你想放置的文件夹，例如解压缩后放在 D:\WebGoat-5.4（见图 3-6，以下简称 WebGoat 目录）。

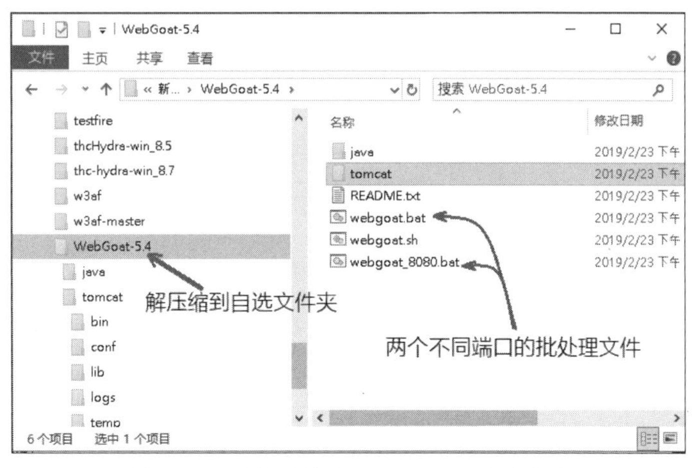

图 3-6　解压缩后放至 WebGoat-5.4 文件夹中

（2）启动 WebGoat

在 WebGoat 目录中可看到两个批处理文件：webgoat.bat 和 webgoat_8080.bat。webgoat.bat 会使用端口 80 作为连接端口，webgoat_8080.bat 则使用端口 8080，启动前请确认你的计算机端口 80 或端口 8080 没有被别的程序（如 IIS 或 Skype）占用。执行其中一个批处理文件，看到“Server startup in……”即表示启动完成（见图 3-7）。

图 3-7　启动 WebGoat

（3）测试 WebGoat 连接

假设执行 webgoat_8080.bat 批处理文件来启动 WebGoat，在浏览器网址栏中输入“http://127.0.0.1:8080/WebGoat/attack”（注意区分字母大小写），若无误，则会出现要求输入账号和密码的界面，账号和密码皆为“guest”（见图 3-8），登录成功后，即可看到 WebGoat 的测试网站。

图 3-8 连接到 WebGoat 网站并进行登录，账号和密码皆为 guest

和新版 WebGoat 不同，5.4 版的账号和密码都默认为“guest”，登录成功后即可看到 WebGoat 测验网站（见图 3-9），单击“Start WebGoat”按钮即可挑战 WebGoat 的各个关卡！

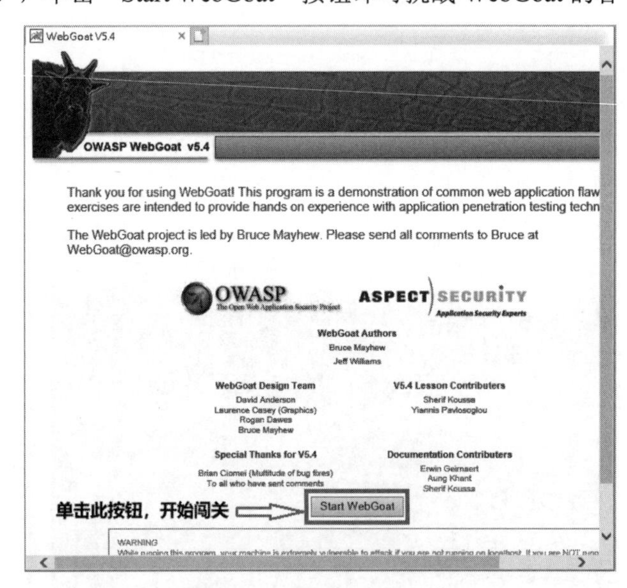

图 3-9 开始 WebGoat 闯关

（4）如何开始

进入 WebGoat 挑战页面，第一页是操作说明，这里会有每项功能的详细说明，我们要挑战的关卡罗列在左边的清单中，选项前有绿色的对号表示已经完成（过关），仔细看 Introduction 下的关卡，只要单击即可过关。如果要将已过关状态恢复成初始状态，可以在选择该关卡后再单击右上角的“Restart this Lesson”（见图 3-10）。

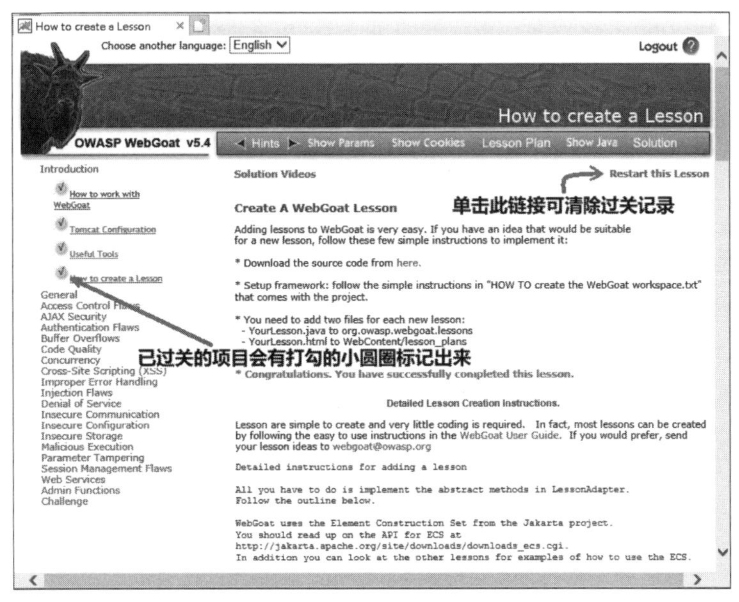

图 3-10　仔细阅读 WebGoat 说明

由于在初始设计 WebGoat 时，OWASP 正在推广 WebScarab 工具，因此在 General 关卡的第一项“Http Basics”过关条件中即要求用户利用 WebScarab 拦截往来的 Request / Response 信息和数据。

至于 WebGoat 设计的关卡，有些甚至不算是漏洞，不用每一项都做。个人建议不必尝试逐项人工操作，除非读者想要印证自己的想法、理解程度或纯粹为了学习，不然应该看完本书后使用书中介绍的工具来进行相应的操作 6，这样更能熟练、有效地完成渗透测试操作。

（5）设置团队连接

WebGoat 5.4 默认只能通过本地连接（通过本机进行连接），如果想以团队合作的方式来练习，就必须授权从别的计算机来建立连接，因此需要修改相关设置，在 WebGoat 目录下可发现 tomcat\conf 文件夹里有 3 个 XML 文件，分别为 server.xml、server_80.xml、server_8080.xml，其中 server_80.xml 提供端口 80 用于连接、server_8080.xml 提供端口 8080 用于连接，查看批处理文件内容时会发现，切换端口的方式是将 server_80.xml 或 server_8080.xml 复制成 server.xml 再启动 WebGoat，所以我们必须分别修改这两个 XML 配置文件，请用文本编辑器打开 server_80.xml 和 server_8080.xml，找到下面这段文字：

```
<Connector address="127.0.0.1" port="8080"
maxThreads="150" minSpareThreads="25"
maxSpareThreads="75"
enableLookups="false"
redirectPort="8443"
acceptCount="100"
connectionTimeout="20000"
disableUploadTimeout="true"
```

```
    allowTrace="true" />
```

若要修改连接位置，就将 127.0.0.1 改成 WebGoat 机器的地址（例如：192.168.1.10）；若想换成不同端口，将端口号 8080 改成新的端口号即可（例如：8888）。记得将设置存盘后再重新启动 WebGoat。

> **警　告**
>
> 当 address 的内容换成特定网卡的 IP 地址后，在本机就不能使用 127.0.0.1 进行连接了，而要用修改过的新 IP 地址。以上例来说，就是要在浏览器网址栏中输入“http://192.168.1.10:8080/WebGoat/attack”。如果想要让机器上的所有网卡都可以接受连接，则要将 address 的内容改成 0.0.0.0。
>
> 把地址设置成 0.0.0.0 后，“http://192.168.1.10:8080/WebGoat/attack”和“http://127.0.0.1:8080/WebGoat/attack”都可以连接。

（6）结束 WebGoat 服务器

若不想练习了，直接关闭 WebGoat 服务器所在的终端窗口（命令提示符窗口），即可结束 WebGoat。

（7）建立虚拟机环境

接下来要介绍的练习环境需要安装在虚拟机中，因笔者习惯使用 VMWare，下面将以 VMWare Workstation Player 为例，说明如何建立虚拟机及安装下列两项练习平台。

首先到 https://www.vmware.com/下载 Workstation Player。在笔者撰写本书时下载的版本是 VMware-player-15.0.2-10952284.exe，由于 VMWare 更新版本的速度较快，因此读者下载的版本可能比本书所用的版本还新。不过，安装过程很简单，只要用鼠标双击执行文件，随后跟着提示逐步进行操作即可完成安装（见图 3-11）。完成 VMWare Workstation Player 安装之后，桌面就会多出 Workstation Player 图标。

图 3-11　完成安装

第一次启动 Workstation Player 时系统会要求选择“for free for non-commercial use”（用于非商业用途的免费版）或“Enter a license key to allow commercial use”（输入商业用途的授权密钥），若不是用于正式的渗透测试项目，则可选择免费版（见图 3-12）。

图 3-12 初次启动 Workstation Player 会要求选定授权模式

建立虚拟机是为了挂载实验用的虚拟镜像文件，除此之外，也可以用于日后扩充其他环境。完成 Workstation Player 安装，接下来就可以动手建立我们的练习平台了。

3.2.2 Mutillidae II

OWASP 有一个以 PHP+MySQL+Apache 为基础的 OWASP TOP 10 练习项目（用于测试的网站），如果读者已经拥有使用 PHP 架设的 Web 服务器，则可从 https://github.com/webpwnized/mutillidae 下载这个练习项目的网站源代码，然后挂载到现有的 PHP 网站，并设置 MySQL 数据库。不过，程序有点复杂，为了让初学者专注在渗透测试操作中，这里提供一组 OWASP-BWA（OWASP Broken Web Applications Project）虚拟机，OWASP-BWA 中有 30 个左右有漏洞的测试网站，包括 Mutillidae II 和 WebGoat。

备 注

OWASP-BWA 虚拟机上的 Mutillidae II 通常不是最新版。在笔者撰写本书时，GitHub 上已有最新版本的 Mutillidae 2.7.8，但 OWASP-BWA 中的 Mutillidae 只到 2.6 版，版本虽然旧了些，但对入门学习并没有太大影响。

1. 下载安装 OWASP-BWA 虚拟机镜像文件

到下列网址下载 OWASP_Broken_Web_Apps_VM_1.2.ova 镜像文件（开放格式的虚拟机镜像文件），可以挂载于各种虚拟环境：

https://sourceforge.net/projects/owaspbwa/

下载后，用鼠标双击这个镜像文件，会直接以 Workstation Player（以下简称 Player）启动该文件，并进入安装步骤。第一步会询问新虚拟机的名称及安装目录，可以选择默认值或另外指定名称，笔者将虚拟机重新命名为“OWASP_BWA”，并将安装目录指定为“D:\OWASP-BWA”（见图 3-13），确定名称和路径无误之后，单击“Import”按钮，Player 就会安装虚拟机，安装完成后会自动启动。千万记住，这是一组充满漏洞的测试网站，千万不要部署到正式环境中使用。

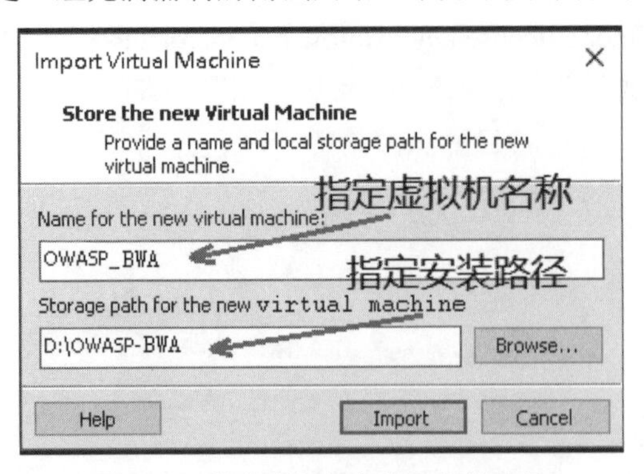

图 3-13　指定虚拟机名称及安装路径

在 BWA 虚拟机启动过程中，有一个步骤会停驻较久时间（约 1 到 3 分钟），千万不要以为是宕机了，去泡杯咖啡或热茶，等到屏幕显示下方出现“owaspbwa login：”（见图 3-14）时即表示 OWASP-BWA 启动完成。

图 3-14　OWASP-BWA 启动完成

完成虚拟机的启动后，在提示符的上一行就有说明登录这个系统使用的账号及密码：root/owaspbwa，同时屏幕上有操作网址的信息，其中的 IP 地址会随不同的机器而不同，本例为“192.168.18.168”。

OWASP-BWA 主要有 3 个进入点：

- “http://192.168.18.168/”是此项目的 Web 应用程序进入点，主要用来练习 Web 漏洞的渗透测试。
- “\\192.168.18.168\”是 SMB 连接的进入点，可以通过 Windows 文件资源管理器来管理此台虚拟机中的文件。
- “http://192.168.18.168/phpmyadmin”是台虚拟机的 MySQL 数据库管理程序，有关 phpMyAdmin 的操作并非本书探讨的内容，如有需要，请读者自行研读相关信息。

若要关闭虚拟机，则先在终端以“root/owaspbwa”账号及密码登录，然后执行 poweroff 即可。

2. 再次启动 OWASP-BWA

安装操作只需执行一次，下次启动 Player 就可以在虚拟机列表（Virtual Machine Library）看到已安装的虚拟机（见图 3-15），只要双击列表中的虚拟机就能启动。

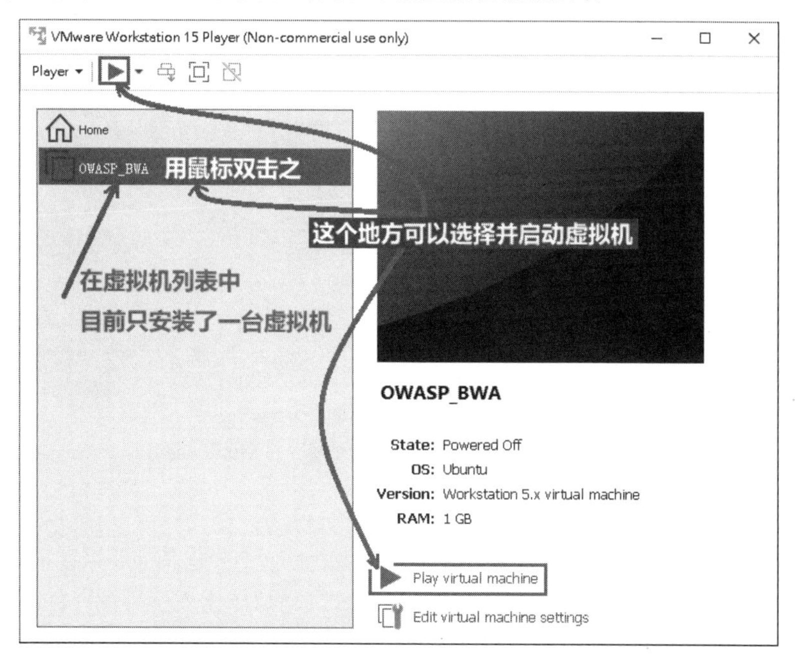

图 3-15 Workstation Player 虚拟机列表中的虚拟机

> **注 意**
>
> 如果再次双击 OWASP_Broken_Web_Apps_VM_1.2.ova 镜像文件，则表示要安装另一台 OWASP-BWA 虚拟机。除非真的想要创建第二台 OWASP-BWA，否则镜像文件就用不到了，可以直接删除。

3. 开启 Mutillidae

在执行渗透操作的虚拟机中用浏览器打开 http://192.168.18.168/（在读者的运行环境中，IP 地址可能不同，请自行切换），此虚拟环境约有 30 个练习环境。

“OWASP Mutillidae II”算是比较容易渗透的目标，建议读者先从 Mutillidae 入手，在 owaspbwa 的测试网站中单击“OWASP Mutillidae II”，进入首页（见图 3-16）。

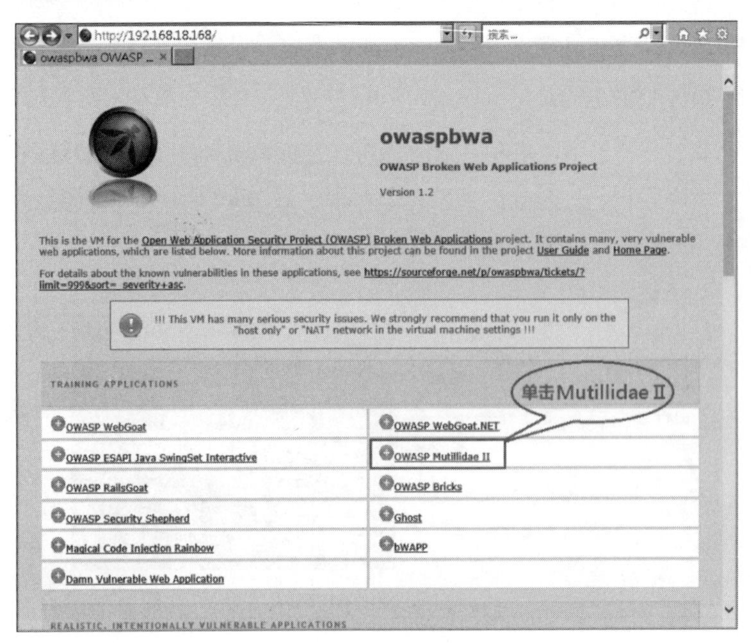

图 3-16 选择 OWASP-BWA 所提供的 Mutillidae II

4. Mutillidae 基本操作

进入 Mutillidae 的首页，只要光标移到可输入的字段时就会弹出信息，以便提示在这个字段有哪些漏洞可以利用，如果觉得这些弹出信息会干扰操作，可以单击右上方的"Hide Popup Hints"以关闭提示信息的弹出功能（见图 3-17）。

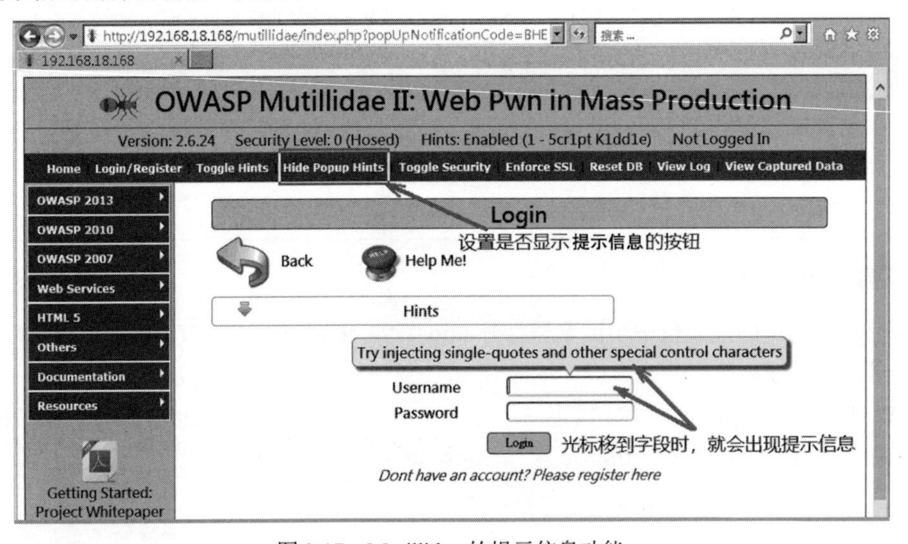

图 3-17 Mutillidae 的提示信息功能

除了上面提到的用于设置是否启用弹出式提示信息（Popup Hints）的按钮之外，同一栏的其他按钮的功能分别为：

- Home：回到 Mutillidae 的首页。
- Login/Register：登录或注册新账号，它本身就是一项关卡，可以利用 SQL Injection 绕过身份认证，如果成功，此按钮就会变成“Logout”。

- Toggle Hints：是否在页面显示关卡数据，提示等级分成 1、2 以及关闭，此项功能只有在安全等级 0（Security Level 0）时才有效。
- Toggle Security：切换系统的安全等级，等级越高就越不容易发现漏洞，最低为 0，最高为 5。
- Enforce SSL/Drop SSL：是否启动 SSL 加密传输的设置按钮。
- Reset DB：重置数据库的内容，回到初始使用状态。
- View Log：显示系统日志。仔细查看日志记录的内容，日志也是可以被攻击的漏洞之一。
- View Capture Data：以 POST 或 GET 传送的数据会被记录到数据库及 captured-data.txt 文本文件，通过此功能可以看到传送的内容。

一开始可以先从安全等级 0 切入，尝试利用 SQL Injection 登录看看，在 Name 字段输入“admin' OR 1=1--”，结果无法成功登录，并出现如图 3-18 所示的错误信息（Mutillidae 的错误信息有的显示在页面的上方，有的显示在页面的下方）。

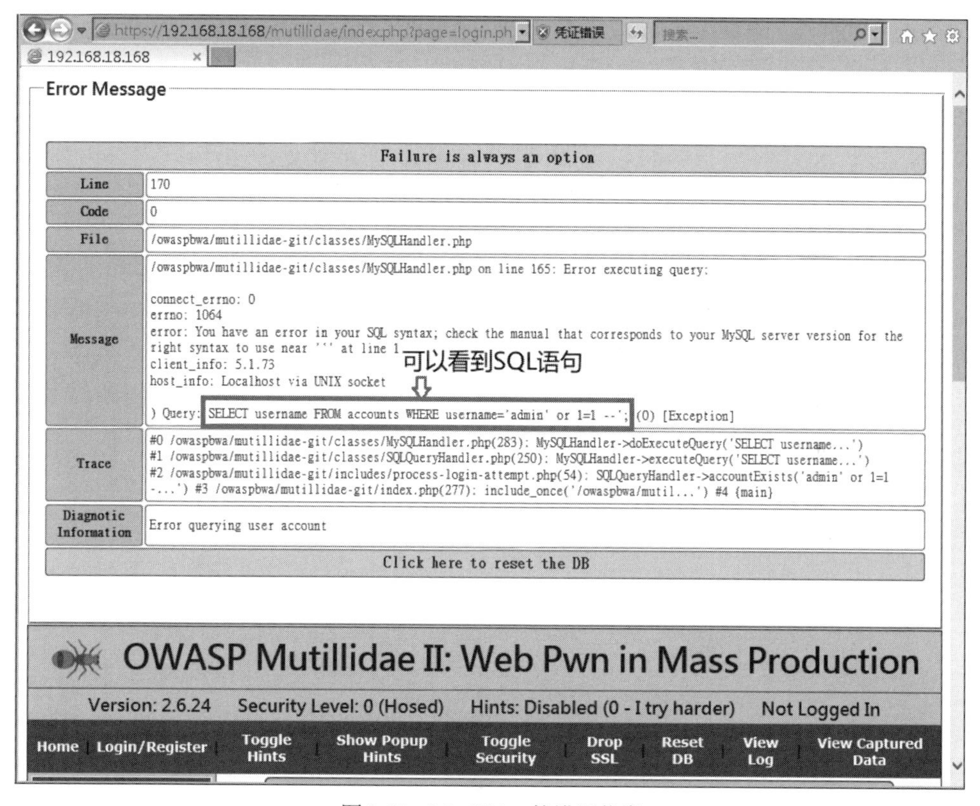

图 3-18　Mutillidae 的错误信息

5. 诡异的 SQL Injection 注解

诡异吗？笔者初次使用时觉得很诡异，从信息中的 SQL 语句来看并无异常，但为什么会出现错误？难道 Mutillidae 的 SQL Injection 是骗人的？

```
SELECT * FROM accounts WHERE username='admin' OR 1=1--' AND password=''
```

原来“admin' OR 1=1--”必须在“--”的后面加一个空格符，变成“admin' OR 1=1-- △”（△

表示空格符），才能通过 SQL 语法验证，修正后，就能顺利通过这一关。

其他关卡请读者自行练习，每一关卡可能不止一种漏洞。

6. 重设关卡

跟 WebGoat 不同，Mutillidae 过关后，并不会在关卡上留下任何标记，所以同一关卡可以尝试使用不同的破解方法。因为不会留下任何标记，更贴近渗透测试的真实环境，所以同一关卡可以反复练习。至于对系统的操作都会记录在日志（Log）中，只要单击“View Log”就可以看到全部的日志内容。

如果想恢复到未破解前的状态，可以单击菜单选项的“Reset DB”，Mutillidae 就会清除用户的操作记录（包括上面提到的操作日志）。

3.2.3 DVWA

除了 WebGoat 外，颇受欢迎的练习平台还有 DVWA（Damn Vulnerable Web App）。DVWA 以 PHP、MySQL 为执行环境，可以从 https://github.com/ethicalhack3r/DVWA/下载最新版本的源代码。不过，就如 Mutillidae 一样，要利用 DVWA 源代码建立测试网站可不是一件轻松的事，幸好前面安装的 OWASP-BWA 虚拟机已经收录了 DVWA 网站（见图 3-19），在浏览器中打开 OWASP-BWA 后选择“Damn Vulnerable Web Application”就可以开始练习了。

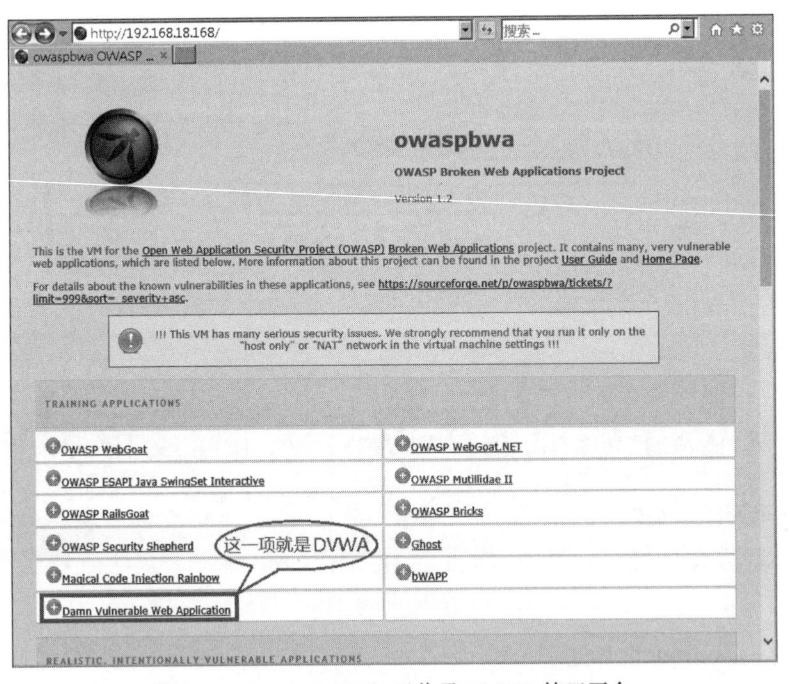

图 3-19 OWASP-BWA 已收录 DVWA 练习平台

打开 DVWA 登录页面，默认的账号/密码为“admin/admin”，如图 3-20 所示。

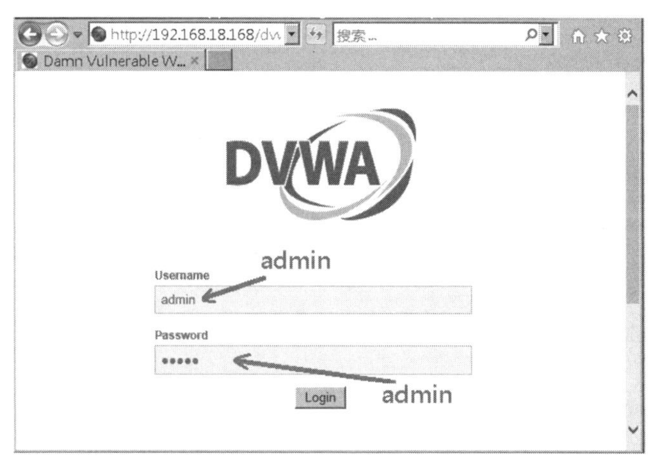

图 3-20 连接到 DVWA 网站并登录该系统

DVWA 的关卡难度分低、中、高三级，登录后可以使用左边的“DVWA Security”选项进行调整（见图 3-21），建议初学者从低难度下手。

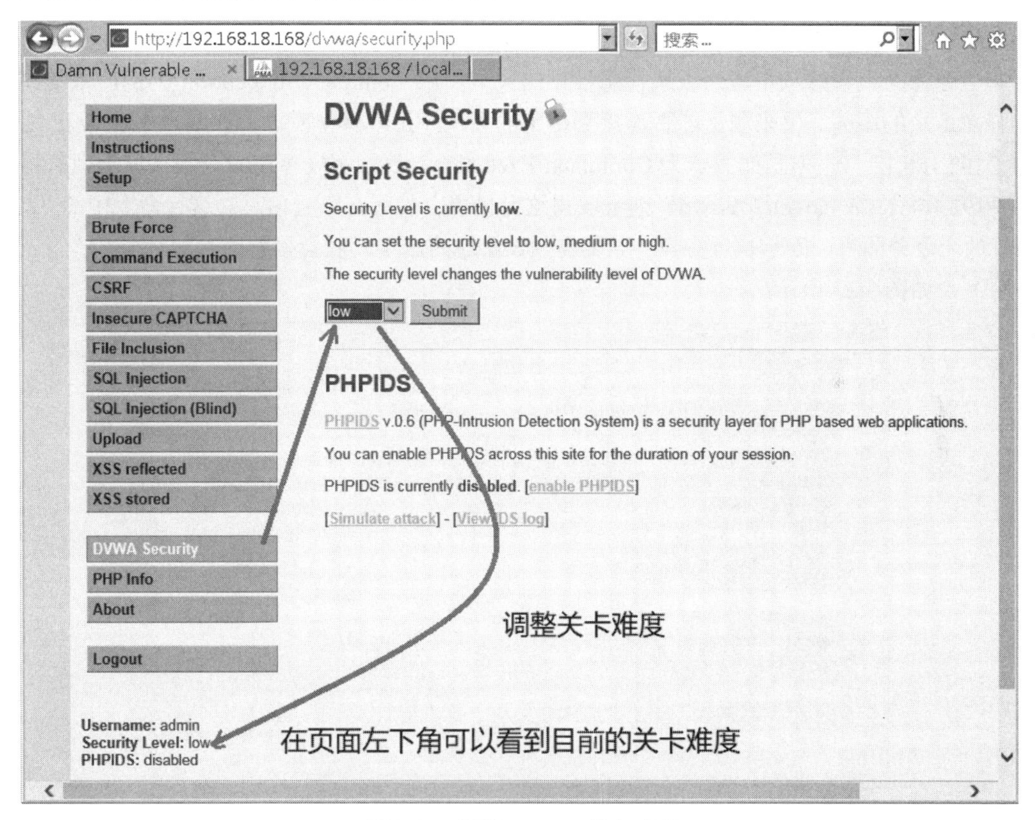

图 3-21 调整 DVWA 关卡难度

1. 基本操作

对于每个关卡，都可以通过右下角的“View Source”按钮来查看关卡网页的源代码，源代码的内容会随关卡的难易度而变动（见图 3-22）。如果不明白目前关卡的任务内容，可以单击“View Source”按钮右边的“View Help”按钮，以获取关卡任务的说明。

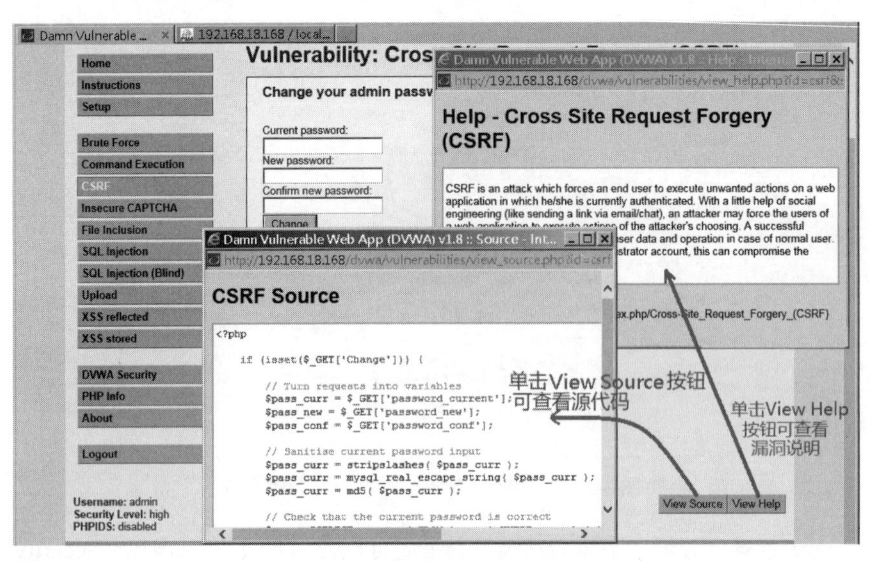

图 3-22　查看程序代码及漏洞说明

2. 选择关卡

可以依照个人喜好从左边列表选择想尝试的关卡。以 Command Execution 为例，系统提供了 Ping 任意地址的服务，用来测试能否连接到指定的主机，正常操作应该是在字段中输入 IP 地址，例如“192.168.1.1”，但是此关卡为 Command Execution，表示字段存在命令注入漏洞，若将输入改为“192.168.1.1 & cat /etc/passwd”则可取得这台机器上的所有账号信息。这行命令中的“&”是 Linux 的命令分隔符，表示执行完第一条命令（&左边的命令）后会接着执行第二条命令（&右边的命令），如图 3-23 所示。

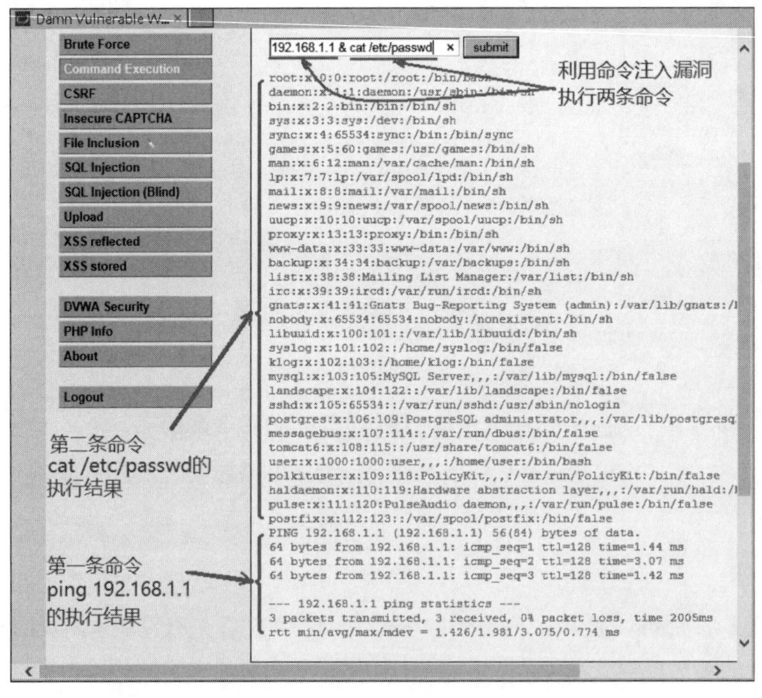

图 3-23　利用命令注入漏洞来获取本机的所有账号信息

3. 重置数据库

DVWA 的设置功能显示在屏幕的左边，过关信息都记录在数据库中，要将过关信息清除，只要单击菜单“Setup”进入设置页面，在设置页面选择“Create/Reset Database”，就可以恢复到初始状态，如图 3-24 所示。

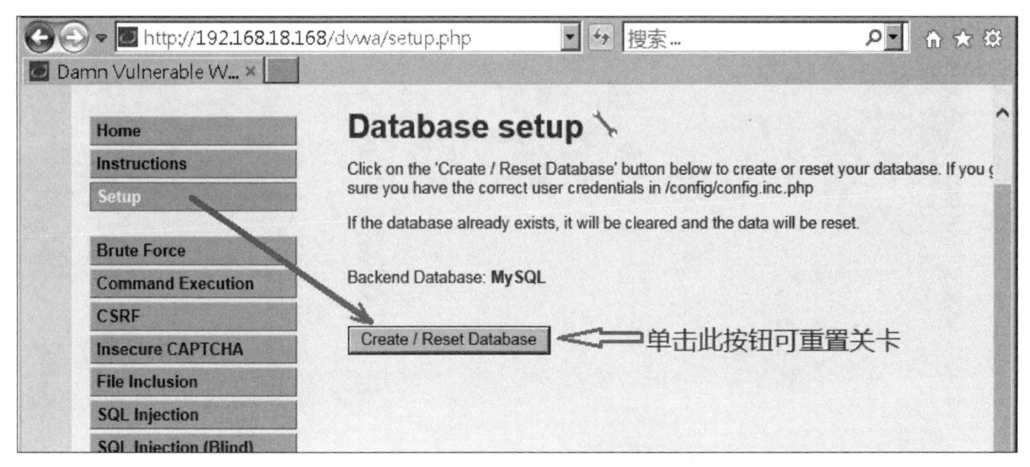

图 3-24　重置 DVWA 数据库的内容

3.2.4　在 IIS 安装 HacmeBank

前面介绍了 3 种练习环境，主要用于练习如何利用特定的漏洞，接下来要构建一个模拟真实网站的挑战环境。几年前，迈克菲（McAfee）曾发布了一套 ASP.NET 网站安全教学套件（HacmeBank），目前已从 McAfee 官网下架了，幸好在 GitHub 上还找得到，读者若有兴趣可通过下列网址取得：

https://github.com/pibt/owasp-hacmebank

下载得到的压缩文件有两个版本，本书选用的是 HacmeBank_V2.0，由于它是用.Net 2.0 开发的，而本书是以 Windows 用户为目标读者，因此该网站将构建于 Windows 10 内建的 IIS 服务器上。下面是这个网站的安装和设置步骤，由于 Windows 10 的安全管制较严格，因此要先确认已获得当前在使用的计算机的系统管理员权限，否则可能无法顺利完成本节的后续操作。

1. 安装 IIS

Windows 10 专业版默认会安装 IIS，但为了进一步确认所使用的环境，请读者用浏览器开启“http://localhost/”，如果看到类似于图 3-25 的屏幕显示界面，就表示 IIS 已顺利运行，可以直接跳到下一步。

若出现连接失败或无法显示出网页，请通过 Windows 的控制面板检查 IIS 是否已安装。利用搜索功能搜索“控”（或 control），应该会出现“控制面板”（见图 3-26），单击该图标即可启动 Windows 的控制面板。

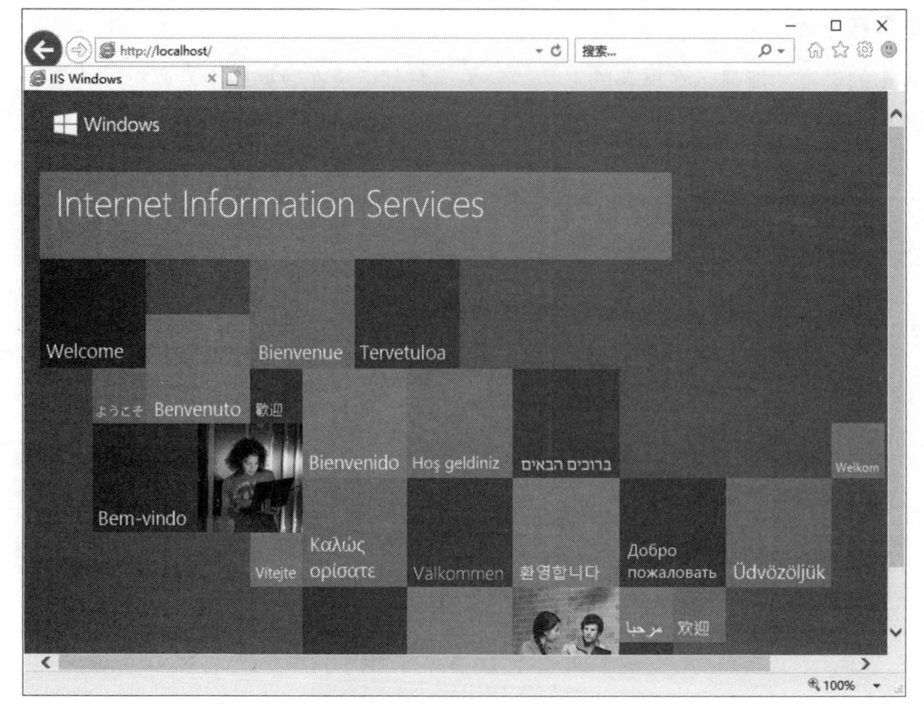

图 3-25　IIS 服务器的首页

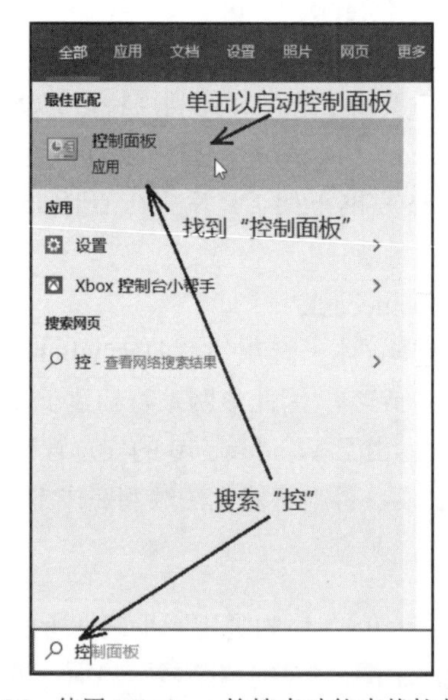

图 3-26　使用 Windows 的搜索功能查找控制面板

依次选择“控制面板 →程序 → 程序和功能 → 启用或关闭 Windows 功能”来检查是否已安装 IIS 服务器及管理控制台，如图 3-27 所示。“IIS 管理控制台”和“万维网服务”要启用，若未启用，则在手动勾选后单击下面的“确定”按钮，Windows 就会补安装。

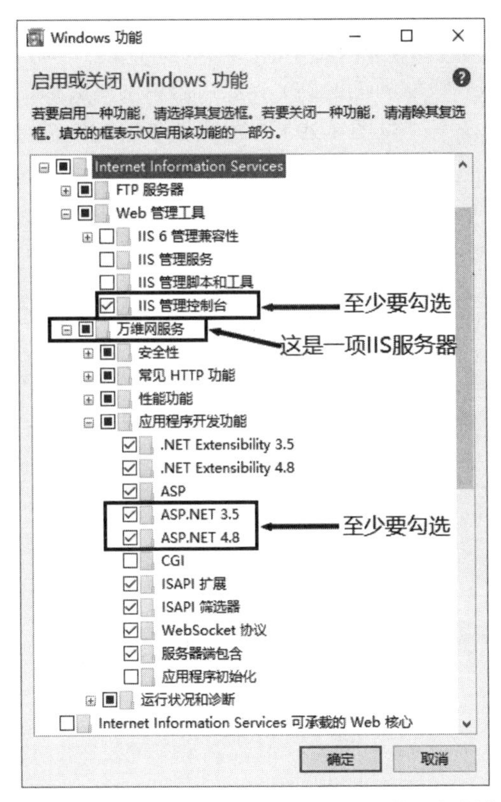

图 3-27　检查是否已安装 IIS 服务器及管理控制台

2. 管理IIS

若确认“万维网服务”（IIS 服务器）已安装，但还是无法顺利开启如图 3-25 所示的 IIS 首页，则依次启动“控制面板 → 系统和安全 → 管理工具 → Internet Information Services (IIS)管理器”，查看右边管理服务器窗格的服务器状态（见图 3-28）。如果“启动”项呈现灰色，就表示 IIS 已启动；若呈现蓝色，则单击它以启动 IIS。

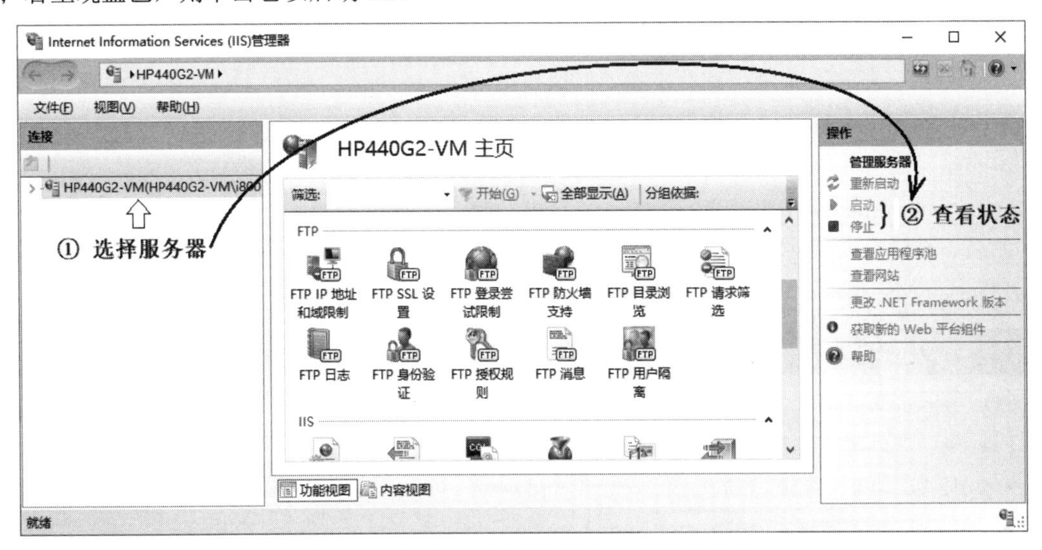

图 3-28　使用 IIS 管理器查看 IIS 服务器状态

若 IIS 已正常运行，但仍然无法连接到 http://localhost/，可以进一步展开左边连接窗格内的树结构，找到“Default Web Site”（默认的网站），然后启用网站的绑定，查看它的 http 类型是不是对应到端口 80，且 IP 地址是 * 号（见图 3-29）。如果读者看到的描述和书中描述的不一致，例如端口被设成 8080，则连接网址就要改成 http://localhost:8080/，或者读者可以将绑定的端口改成 80，以便和本书一致。

图 3-29　查看或编辑网站的绑定信息

若参照本书介绍的方式安装 IIS，并且没有特别调整 IIS 的配置，那么到这一步应该可以顺利浏览 IIS 的首页了。

3. 下载及安装 SQL Express

为了让 HacmeBank 顺利使用自带的 MS SQL 数据库，系统上需要有 SQL Server，若读者的计算机已有 SQL Server，则可跳过此步骤，但请找出 SQL Server 的实例（Instance）名称，在设置 HacmeBank 的连接字符串时会用到。

本书建议使用免费的 SQL Server Express，安装程序可由下列网址取得：

https://www.microsoft.com/zh-cn/sql-server/sql-server-downloads

如果还需要管理数据库（本书不探讨这部分），除了下载安装程序，建议从上面的网址下载“SQL Server Management Studio (SSMS)”（SQL Server 的图形化管理工具）。

警　告

SQL Server Express 2017 无法安装到 Windows 7 中，如果需要其他版本的 SQL Server Express，可参考下列网址：

- 2012 版：https://www.microsoft.com/zh-cn/download/details.aspx?id=29062
- 2014 版：https://www.microsoft.com/zh-cn/download/details.aspx?id=42299

启动安装程序后，屏幕界面右边会出现 3 个安装选项（见图 3-30），本书建议使用最右边的“下载介质(D)”以获取独立安装文件。这样的话，若要离线安装、重新安装或想在其他计算机安装 SQL Server，就不必再次从网络下载 SQL Server 了。

图 3-30　SQL Express 安装工具的初始界面

独立安装文件有 3 种版本，本书选用“Express Code”，指定下载文件存储的文件夹，再单击右下角的“下载(D)”按钮开始下载（见图 3-31）。下载后得到可执行文件“SQLEXPR_x64_CHT.exe”，也就是 SQL Server EXPRESS 独立安装文件。

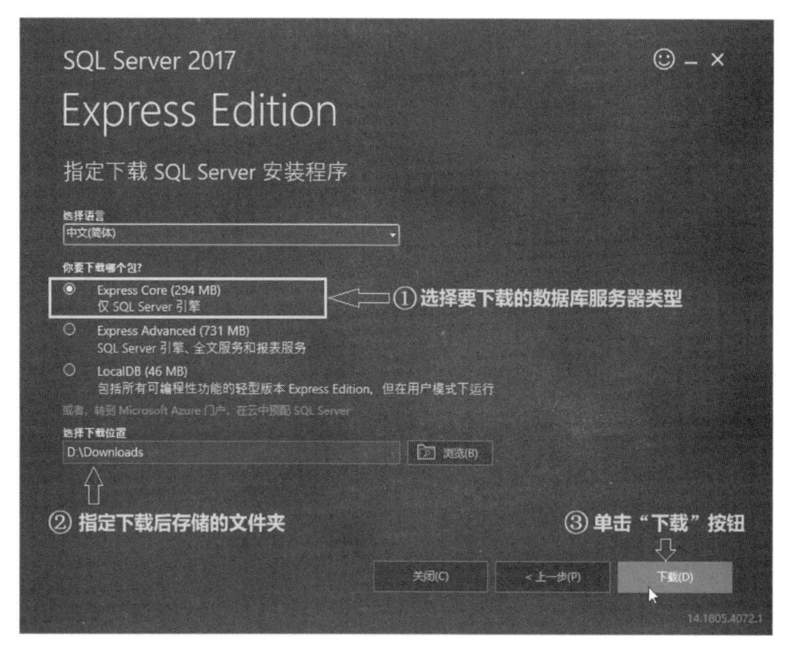

图 3-31　选择要下载的 SQL Express 服务器类型

接下来执行独立安装文件，它会先自我解压缩后再进行安装。启用 SQL Server 安装中心正式进入安装程序，请单击“全新 SQL Server 独立安装或向现有安装添加功能”（见图 3-32），执行过程几乎只要单击“下一步”按钮，但在“实例配置”及“数据库引擎配置”阶段需要特别注意，请看后续说明。

图 3-32　选择新安装或添加功能

当执行到“实例配置”阶段时，注意“命名实例”字段的内容，后面设置连接字符串时会用到，以本书为例，命名实例是“SQLExpress”（见图 3-33）。

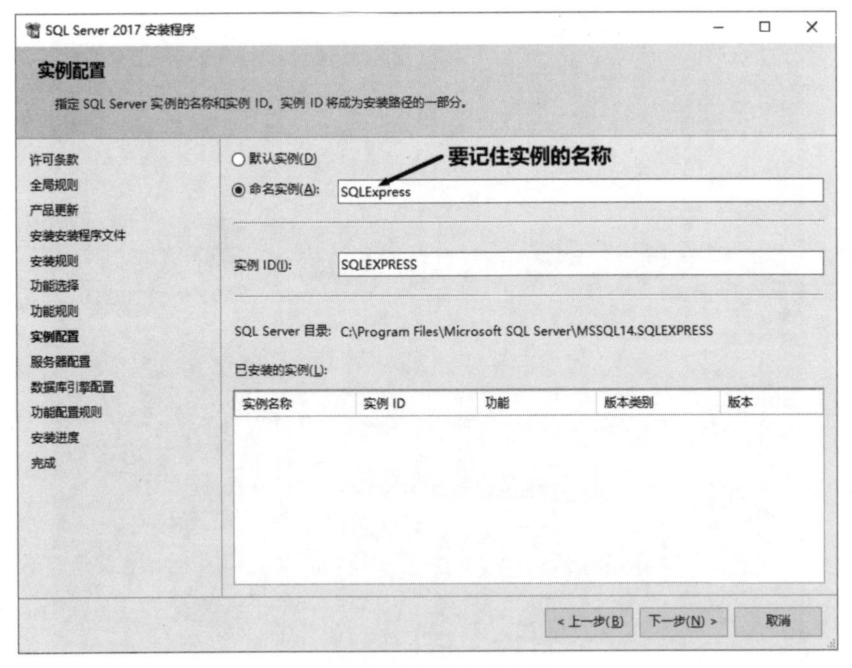

图 3-33　命名实例的名称

执行到“数据库引擎配置”阶段时，改选“混合模式”，并自行指定 SQL Server 系统管理员（sa）的密码，本书将密码设置为“Admin2017”（见图 3-34）。接下来的步骤只要一直单击“下一步”按钮即可完成安装。

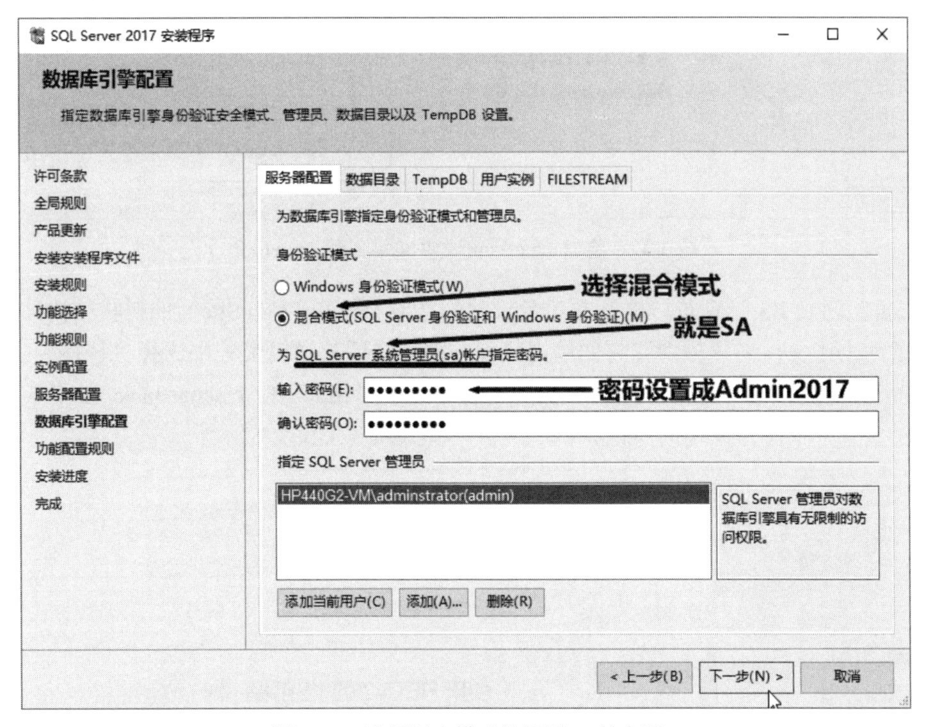

图 3-34　选择混合模式并设置 sa 的密码

备　注

SQL Server 安装中心（见图 3-32）的第三项是“安装 SQL Server 管理工具”，但必须要连接因特网才能下载安装程序。

之前下载 SQL Express 时建议顺便下载“SQL Server Management Studio (SSMS)”（SSMS-Setup-CHT.exe），它是管理工具的独立安装文件，可以利用此文件离线安装 SQL Server 管理环境。

4. 挂载 HacmeBank 应用系统

HacmeBank 仿真真实网络银行的部分功能，原本是为程序开发和安全构建教学而设计的软件安全训练教材，程序中存在许多安全漏洞，因此千万不要用它作为正式网站来使用。HacmeBank 的安装步骤如下：

（1）从 GitHub 下载 HacmeBank（压缩文件为 owasp-hacmebank-master.zip），解压缩后将“HacmeBank_v2.0(XXX)”（XXX 是笔者注记的日期）目录中的“HacmeBank_v2_Website”和“HacmeBank_v2_WS”两个子文件夹复制到“C:\inetpub\wwwroot\”文件夹（见图 3-35）。

图 3-35　将 HacmeBank 文件夹复制到 wwwroot

（2）再次回到 IIS 管理员，展开左边预设网站（或 Default Web Site）的树状结构，会看到刚刚新复制的两个子文件夹，分别对它们单击鼠标右键，然后从弹出菜单中选择“转换为应用程序”（见图 3-36），将两个子文件夹变成 IIS 的应用程序。在图 3-36 中，HacmeBank_v2_WS 是已转成应用程序的状态，请注意图标的变化。

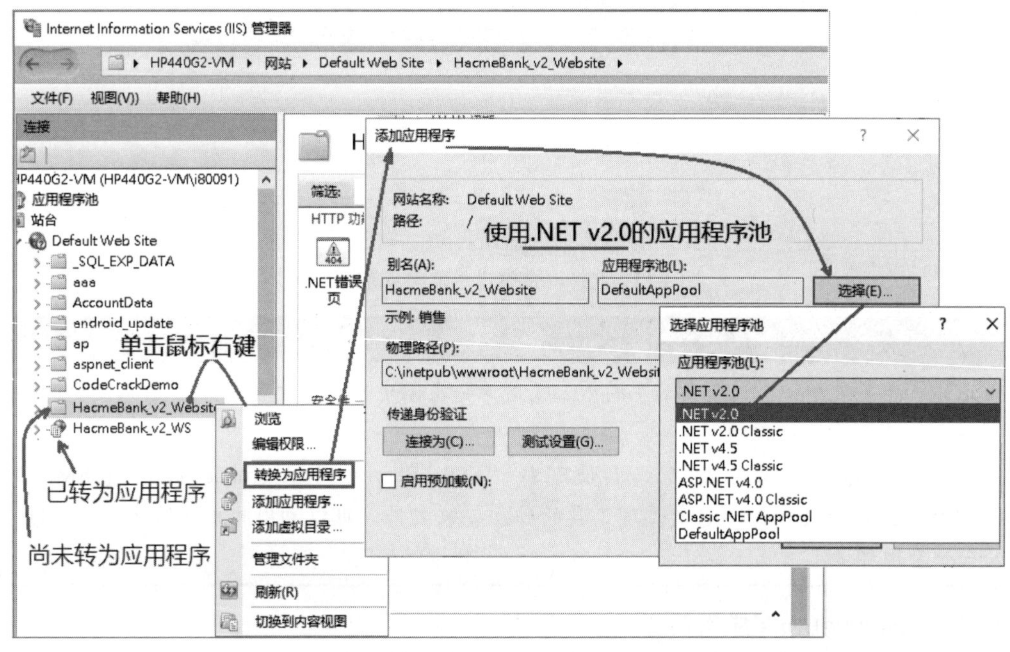

图 3-36　将文件夹转换为应用程序并选用.NET v2.0 应用程序池

（3）单击“转换为应用程序”后会出现“添加应用程序”对话框，此处要变更应用程序池，请将它改成“.NET v2.0”以符合 HacmeBank 执行所需运行环境对应的版本。

备　注

若转换应用程序时忘了选择正确的应用程序池，事后仍可通过应用程序的基本设置去修改。

使用文件资源管理器给 IIS_IUSRS 账号对应的“C:\inetpub\wwwroot\HacmeBank_v2_WS\App_Data”文件夹赋予完全控制的权限，否则就会出现数据库无法存取这个文件夹的错误（操作系统错误 5：存取被拒绝）。请在 App_Data 文件夹单击鼠标右键，从弹出的快捷菜单中选择“属性”，再切换到属性对话框的“安全”选项卡。单击“组或用户名”列表右下角的“编辑”按钮打开权限编辑对话框（见图 3-37），选择“IIS_IUSRS”并勾选下方的“完全控制”选项。

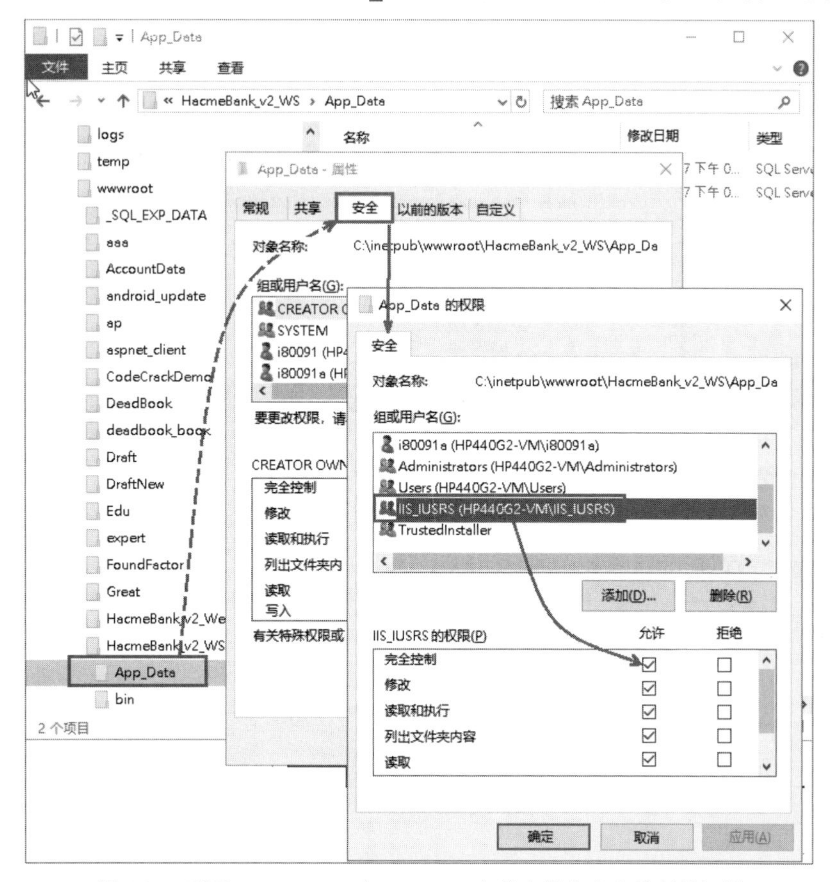

图 3-37　赋予 IIS_IUSRS 对 App_Data 文件夹具有完全控制的权限

5. 修改数据库连接字符串

当完成上述各项设置后，打开网站“http://localhost/HacmeBank_v2_Website”，终于可以看到 HacmeBank 2.0 网站的首页了，但是在尝试登录时却出现连接 SQL Server 的错误信息（见图 3-38）。

这是因为 HacmeBank 无法顺利存取数据所致，需要通过变更连接字符串来修正此项错误。以系统管理员身份启动文本编辑器，然后打开“C:\inetpub\ wwwroot\HacmeBank_v2_WS\Web.config”文件。本书使用 Notepad++编辑器，读者也可使用 Windows 自带的“记事本”应用程序来修改 Web.config。

注释掉原本 Web.config 文件中的第 79 和 81 行，并加入下列连接字符串：

```
<add key="FoundStone_Connection" value="Server=.\SQLEXPRESS;
 “AttachDbFilename=|DataDirectory|\HacmeBank_Database.mdf;
User Id=sa;password=Admin2017"/>
```

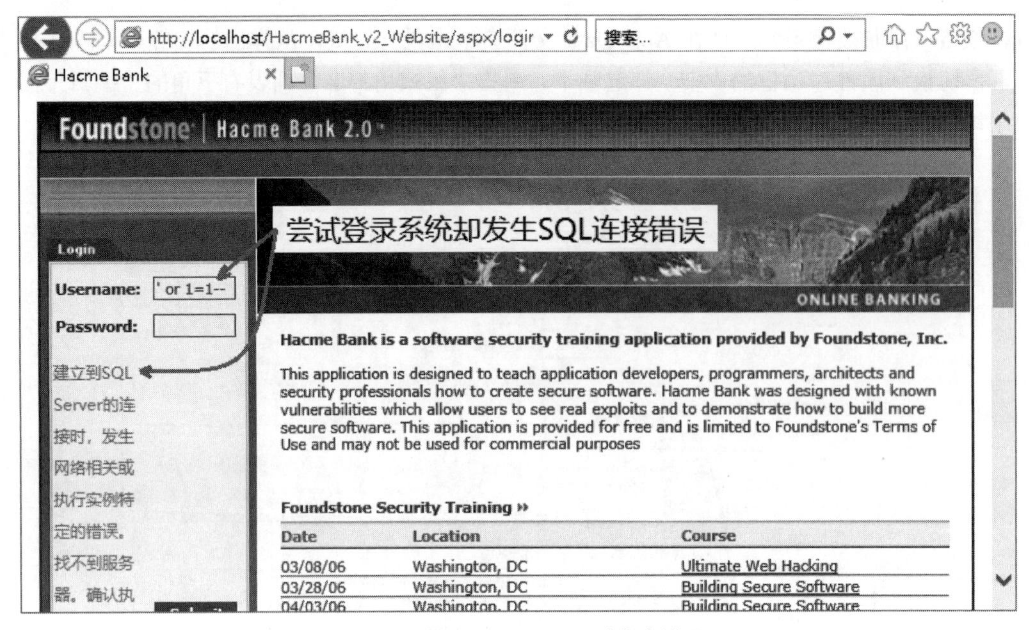

图 3-38　登录 Hacme Bank 时发生错误

Web.config 修改前后的对照如图 3-39 所示。

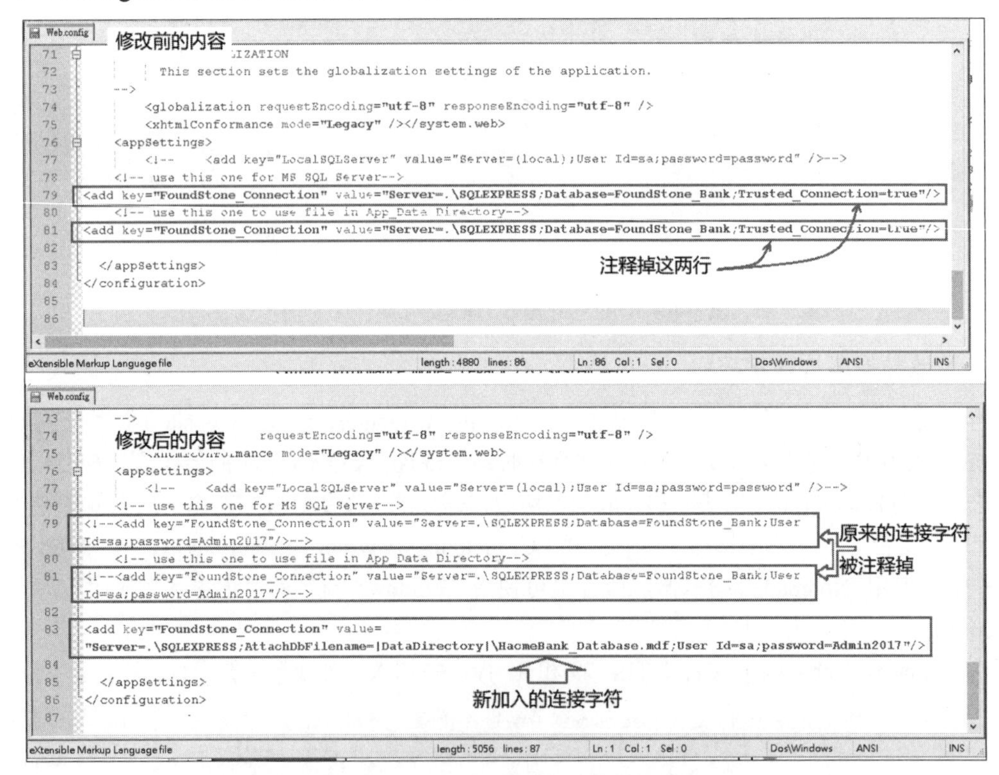

图 3-39　Web.config 修改前后的对照

完成 App_Data 文件夹权限设置和修改 Web.config 文件之后重新浏览网页（http://localhost/HacmeBank_v2_Website），就可顺利以“jv/jv789”账号和密码登录这个网络银行了。

6. 修正 HacmeBank 日期格式的问题

终于可以上线了，顺利登录 HacmeBank 后，在执行交易（如 Transfer Funds、Request a Loan 或 Posted Messages）时却发生应用程序错误，显示的错误信息为“System.Data.SqlClient.SqlException：从字符串转换成日期和时间时，转换失败”（见图 3-40），这是从早期版本就存在的问题，因为中文版的 Windows 在产生系统日期时会根据中文语言的习惯使用中文的“上午”“下午”，所以会造成格式转换的错误。

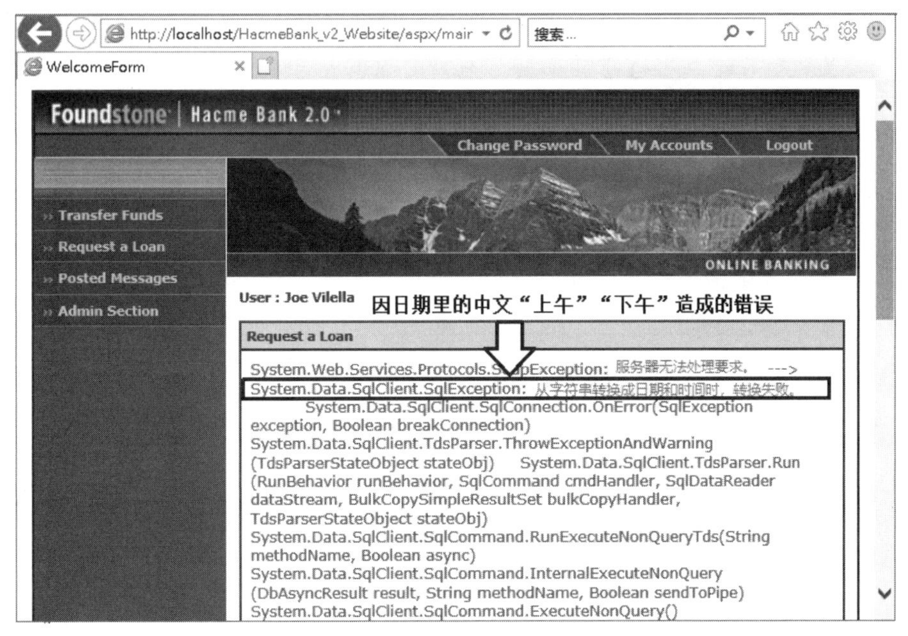

图 3-40　因日期的中文“上午”“下午”造成应用程序的错误

只要修改 HacmeBank_v2_WS 的 Web.config 文件（在上面的第 5 点说明过了）的第 74 行，增加“culture="en-US"”属性，即可解决日期字符串的这个问题，修改后如下所示：

```
<globalization requestEncoding="utf-8" responseEncoding="utf-8"
culture="en-US" />
```

7. 关于 HacmeBank 的一些信息

可喜可贺！HacmeBank 终于架设完成了，它是以教学为目的故意设计的有漏洞的网站，在该网站中已事先建立了 3 组测试账号（如表 3-1 的 3 位银行客户），每组账号都有两个银行账户，读者可以“试玩”这些账号之间彼此转账或贷款的游戏，但这不是我们的目的，我们的目标是要取得管理员权限，也就是进入“Admin Section”的后台管理功能。

表 3-1　测试账号

账号	密码
jv	jv789
jm	jm789
jc	jc789

在之前的版本中，单击“Admin Section”选项后，页面左上角会出现 Response 字段要填的密码，目前笔者已取消了提示功能（见图 3-41），读者必须自行破解密码产生的逻辑。

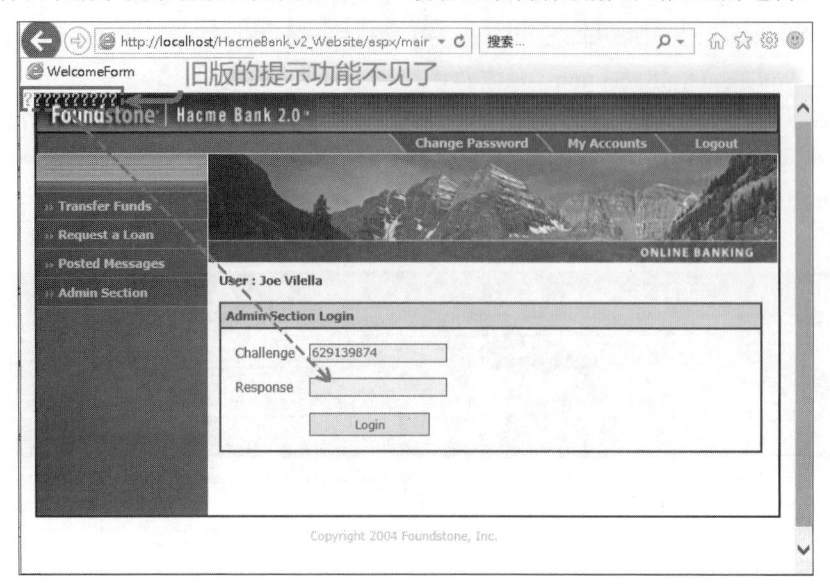

图 3-41 新版已不提示密码了

在此提供 3 种方式：

（1）单击“Admin Section”后，浏览器网址栏中的 URL 为 http://localhost/HacmeBank_v2_Website/aspx/main.aspx?function=AdminSectio，只要在 URL 后面加上“&ShowPassword=yes”，就可以在界面左上角看到密码，只是文字颜色很浅，不容易看清楚，按【Ctrl+A】组合键全选界面上的元素就能清楚地看到（见图 3-42）。

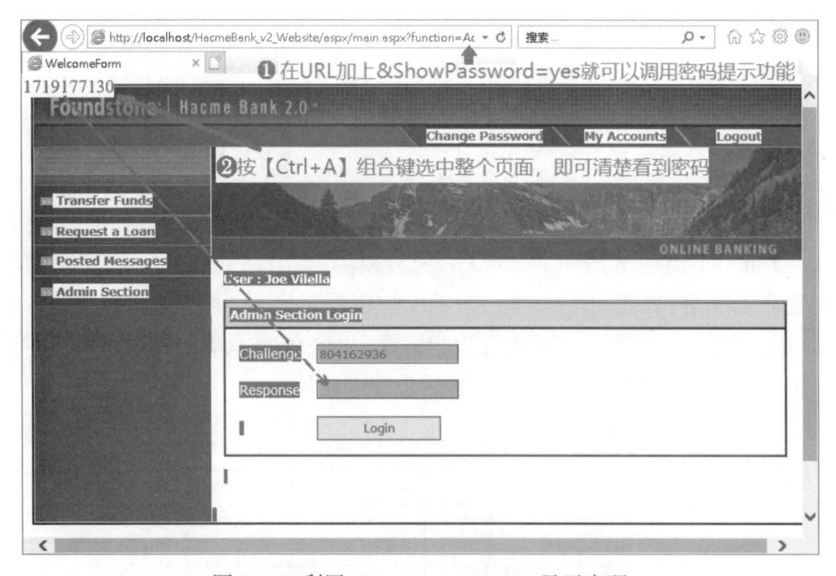

图 3-42 利用 ShowPassword=yes 显示密码

（2）其实密码是由 Challenge 字段的值和“1234567890”进行 XOR（异或）运算而生成的，

只要使用计算机上的小计算器算一下就可以得到答案了。如图 3-42 中的 Challenge 字段值为“804162936”和“1234567890”进行 XOR 运算后得到的结果为“1719177130”。

备　注

读者或许会问如何得知这些规则，其实是利用登录页的 Username 字段的 SQL Injection 漏洞，但执行步骤很繁复，简而言之，就是先找出/aspx/main.aspx.cs 的源码，发现它会根据“function=”的值调用不同的自定义控件（ascx），function=AdminSection 就是调用/ascx/AdminSession.ascx。接着，再利用导出 main.aspx.cs 的相同方法来导出 AdminSession.ascx.cs 源码，因而得知可利用 ShowPassword=yes 让页面显示出密码。
从 AdminSession.ascx.cs 得知 Challenge 的值是和 ConfigurationSettings.AppSettings.Get("AdminSectionKey")的值进行 XOR 运算，因此再导出 Web.config 的值，从<add key="AdminSectionKey" value="1234567890"/>得知 XOR 运算的对象是“1234567890”。

（3）当登录 HacmeBank 后，查看 Cookie 有一个字段“Admin=false;”，直觉它是用来判断用户是否具备管理员身份的，试着将它改成“Admin=true;”，结果发现果然可以取得管理员身份，之后自然就能操作 Admin Session 的功能了。

8. 已知的 HacmeBank 漏洞

下面列出 HacmeBank 已知的漏洞，这些并不是 HacmeBank 的全部漏洞，读者还可以深入挖掘，应该可以找出更多：

（1）可利用暴力破解尝试猜测用户账号和密码。

（2）登录字段的 SQL Injection（SQL 注入）。

（3）转账页、贷款页及信息页存在 SQL Injection 和 Cross Site Scripting（XSS 跨站点脚本）漏洞。

（4）为限制账户余额查询功能，导致可以查到其他账户的余额。

（5）访问控制缺乏权限分级功能，导致利用银行客户身份登录都可以不经 Admin Section 登录流程就能使用后台管理功能。

（6）不正确的商业逻辑，可以利用负数金额将转出功能变成转入功能。

3.3　更多练习资源

作为推动 Web 应用程序安全的社群，OWASP（Open Web Application Security Project，开放式 Web 应用程序安全项目）组织不遗余力地想提升 Web 相关人员（系统设计、应用程序开发、网站管理及安全人员）的安全能力。若想要更多的练习目标，OWASP 网站还维护了一份资源列表，可利用此份列表寻找自己感兴趣的练习目标，由于数量太多，在本书中不便于逐一介绍，如有需要，可参考网址 https://www.owasp.org/index.php/OWASP_Vulnerable_Web_Applications_Directory_Project。

在这个网站中将练习环境分成在线类（On-Line apps）、离线类（Off-Line apps）及虚拟机或镜像文件类（Virtual Machines or ISOs）等页面，读者可根据个人喜好从不同页面找到想要的练习项目。

3.4 准备渗透工具执行环境

由于本书的定位为入门图书，为了方便读者取得工具并顺利执行这些工具，本书的测试实验将以 Windows 10 作为测试工具的执行环境，本书的实验都是在 Windows 10 专业版上完成的，不过这些工具同样也适用于 Windows 10 家庭版及 Windows 10 企业版。

本书尽量使用免费的渗透测试工具，有用 Java 开发的，也有用 Python 开发的，所以渗透测试工具的执行环境需要安装 JRE 及 Python 解释器（建议安装 2.7 及 3.7 版）。关于 JRE，可以从 http://java.com/zh_CN/download/下载安装；而 Python 则可以从 https://www.python.org/downloads/windows/下载安装。

为了方便使用，可以将 Python 工具统一安装到 C 盘的 Python 目录下，在 Python 目录下准备 Python27（2.7 版）及 Python37（3.7 版）两套执行环境。若正确安装 Python，可在 C:\Windows 或 C:\Windows\System32 目录下找到 py.exe，我们可以使用“py-版号程序.py”的方式指定使用哪一个版本的 Python 环境来执行 Python 程序。

通过安装程序建立好 Java 和 Python 解释运行环境时，工具会自动将它们的路径加到 PATH 环境变量中。在调用 Java 或 Python 时，正确的路径可以让我们在执行程序时省去输入路径名的工作。如果发现 PATH 的内容不正确，可以手动调整，步骤如下：

（1）使用 Windows 10 的搜索功能搜索“高级系统设置”，找到并启动它（见图 3-43），以便修改环境变量。

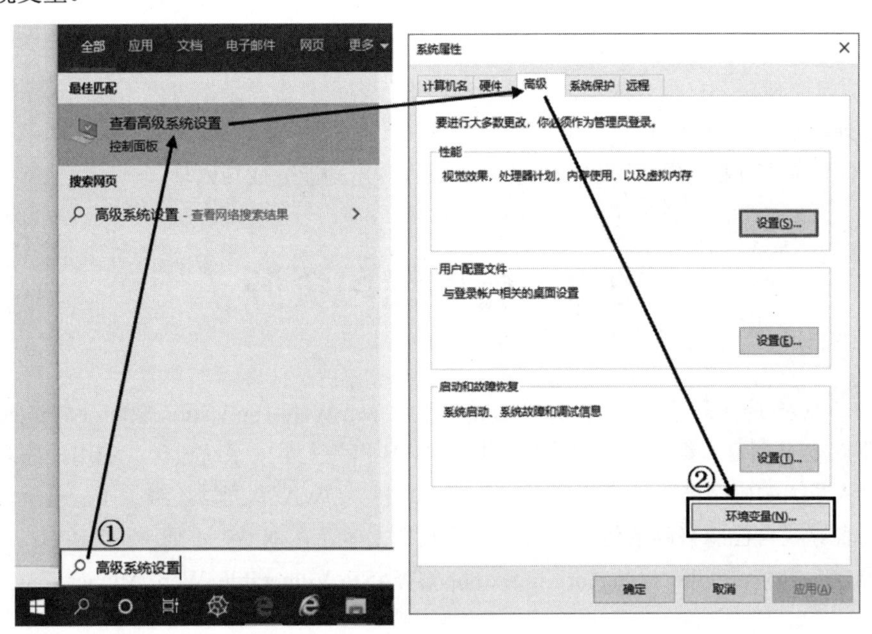

图 3-43　启动“高级系统设置”

（2）通过右下方的“环境变量(N)...”按钮打开环境变量设置对话框。

（3）找到用户变量或系统变量的 Path 项，然后单击“编辑”按钮。

（4）编辑或新建 Path 环境变量的内容（见图 3-44）。

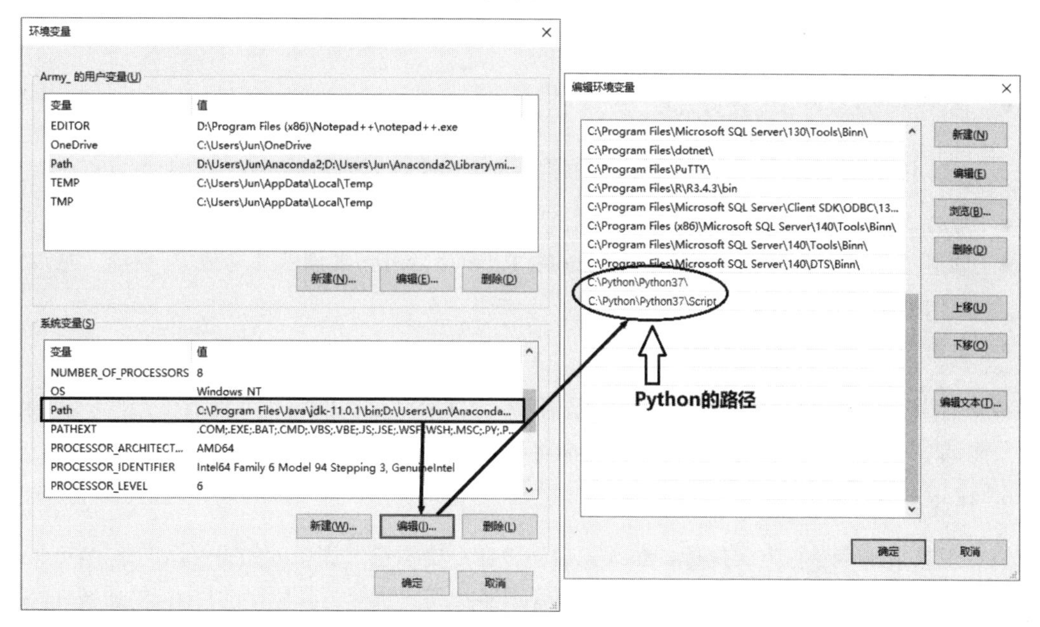

图 3-44　编辑或新建 Path 环境变量

> **备　注**
>
> 用户变量的设置和目前登录的账号有关，切换用户就会切换到当前登录用户对应的用户变量设置；系统变量则是整体性的，适用于每位登录的用户。按照程序设计语言的说法，用户变量是局部变量，而系统变量则为全局变量。

1. 关闭部分安全选项

由于有些工具的功能特殊，可能会被防病毒软件判定为木马程序，因此建议用来执行渗透工具的计算机不要安装防病毒软件，以免程序无法正确执行而影响渗透测试的进行。

在渗透测试的过程中也可以利用浏览器（以 IE 为例）来查验执行结果，这时就需要把 IE 安全方面的设置适当降低，不然的话一些有害的测试数据（如 Cross Site Scripting 语法）在 IE 端就被封锁了，根本到不了服务器的后端程序，这样就无法达到测试的效果。因此，在设置用于执行渗透测试工具的计算机运行环境时，要注意下面几点：

（1）Windows 不要安装防病毒软件，如果可以选用 Windows 7，就不要用 Windows 10。

（2）在 IE 浏览器的“Internet 选项”窗口中选择“安全”选项卡，再单击“自定义级别”按钮，修改安全防护机制方面的下列设置：

- 启用所有 ActiveX 程序。
- 将“启用 XSS 筛选器”设为禁用。
- 将“允许脚本启动窗口，不受大小或位置限制”设为启用。

- 将“在 IFRAME 中加载程序和文件”设为启用。
- 将“通过域访问数据源”设为启用。
- 将“使用 Windows Defender SmartScreen”设为禁用。
- 将“跨域浏览窗口和框架”设为启用。
- 将“提交非加密表单数据”设为启用。
- 将“显示混合内容”设为启用。

（3）在 IE 浏览器的“Internet 选项”窗口中选择“高级”选项卡，再修改如下设置：

- 勾选“使用 SSL 2.0”和“使用 TLS 1.0”（迫使服务器使用较低的加密机制）。
- 取消“禁用脚本调试（Internet Explorer）”和“禁用脚本调试（其他）”两项，可以方便我们查看网页错误的详细信息。
- 取消“显示友好 HTTP 错误信息”。

或许有人会问“用户会这么乖地将浏览器的安全性降到这么低吗？”可能不会，但我们的目的是要测试网站的安全性，而不是测试用户浏览器的安全性，不该寄期望于浏览器帮我们防护。

2. 快速启动“命令提示符”窗口

有些工具采用命令行方式执行，必须先启动“命令提示符”窗口。如果使用的是 Windows 7 操作系统，可以运用一个小技巧：先从文件资源管理器找到欲执行工具所在的目录，然后按住【Shift】键，用鼠标右键单击文件资源管理器左栏的目录或右栏的空白处，而后从弹出的快捷菜单中选择“在此处打开命令窗口”选项（见图 3-45），即可快速启动“命令提示符”窗口，并将工作目录切换到此目录，省去了之前的烦琐操作。

图 3-45　在目标目录启动命令窗口

3. 找回 Windows 10 的“在此处打开命令窗口”

至于 Windows 10，按住【Shift】键再用鼠标右键单击文件资源管理器左栏的目录或右栏的空白处，可以看到只有“在此处打开 PowerShell 窗口”可选，“在此处打开命令窗口”的选项不见了。为了方便后面的测试，想办法恢复快捷菜单中的“在此处打开命令窗口”选项，操作步骤如下：

（1）用鼠标右键单击 Windows 10 的“开始”图标，从弹出的菜单中选择“运行”。

（2）在“运行”框中输入 regedit，然后单击“确定”按钮，若正确运行，则会打开“注册表编辑器”。

（3）在“注册表编辑器”的网址栏输入“\HKEY_CLASSES_ROOT\Directory\shell”，接着按【Enter】键，就会直接移到此项指向的位置。

（4）用鼠标右键单击“\HKEY_CLASSES_ROOT\Directory\shell\”，从弹出的快捷菜单中依次选择“新建”→“项”（见图 3-46）。

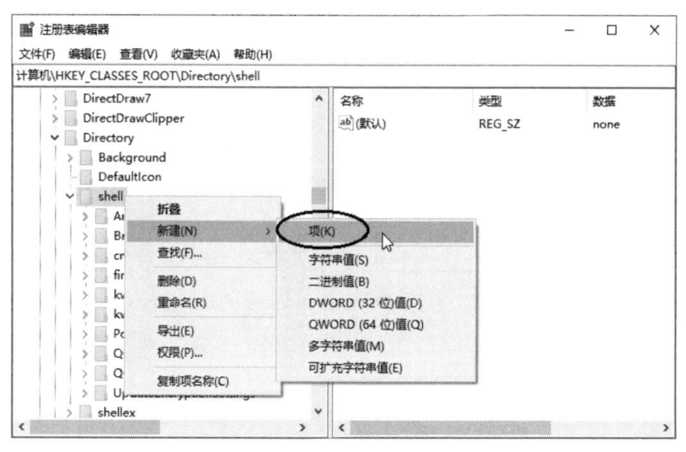

图 3-46 新建一项

（5）将此项命名为“OpenCmdHere”。

（6）新建“OpenCmdHere”项之后，用鼠标单击此项，右边窗格会有一个名称为“(默认)”的 REG_SZ 类型的字段，双击“(默认)”将打开“编辑字符串”对话框，在“数值数据”字段中输入“在此处打开命令窗口”，然后单击“确定”按钮。

（7）用鼠标右键单击“OpenCmdHere”，再从弹出的快捷菜单中依次选择“新建”→“字符串值”，将此字符串命名为“Icon”。

（8）创建“Icon”项之后，用鼠标双击此项，打开“编辑字符串”对话框，在“数值数据”字段中输入“cmd.exe”。

（9）再次用鼠标右键单击“OpenCmdHere”项，并从弹出的快捷菜单中依次选择“新建”→“项”，将项命名为“Command”，此时“Command”项看上去就像是“OpenCmdHere”项的一个子目录。

（10）用鼠标单击“Command”项，它也有一个“(默认)”字段，照样用鼠标双击此“(默认)”字段以打开“编辑字符串”对话框，并在“数值数据”字段中输入“cmd.exe /k "Pushd %L"”（不要忽略了双引号）。

（11）至此操作完成，此时“注册表编辑器”的结构应该如图 3-47 所示。

上述步骤完成后，只要用鼠标右键单击文件资源管理器的目录（不必再按住【Shift】键），就可以看到在弹出的快捷菜单中多了一项“在此处打开命令窗口”（见图 3-48）。

有了这个新建的项之后，就能快速在特定的工作目录启动“命令提示符”窗口了。

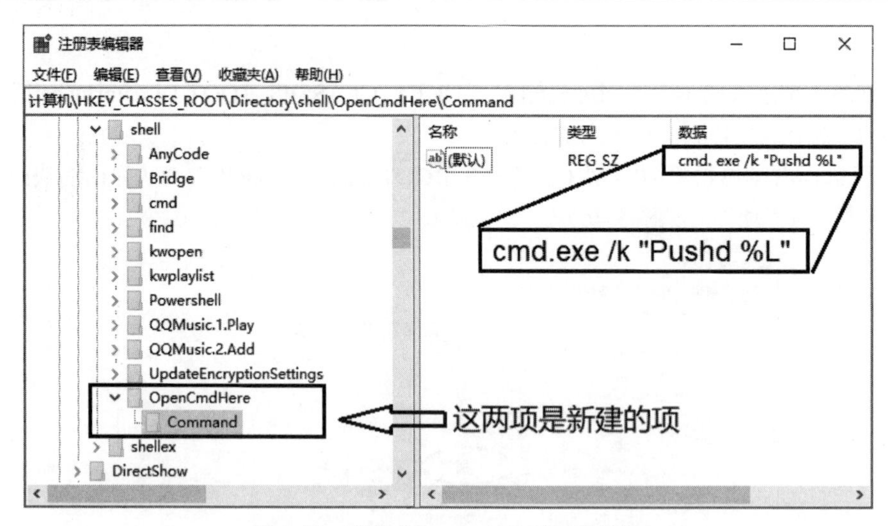

图 3-47　设置“Command”项的默认值

图 3-48　在弹出的快捷菜单中出现“在此处打开命令窗口”选项

3.5　重点提示

- 为自己备妥顺手的工具，做起事来才能得心应手、事半功倍。
- 网络上有许多测试资源可供应用，千万不要在别人的官方网站上练功、祭刀。
- 用来渗透的机器不要过度防护，不然会干扰渗透工具的执行。
- 不是只有最新版的软件才是好的，应保留不同版本的工具，以应对不同网站的环境。

第 4 章

网站漏洞概述

本章重点

- Web 平台架构与基本原理
- OWASP TOP 10（2017）
- 其他年度的 TOP 10 漏洞
- 其他常见 Web 程序漏洞

4.1 Web 平台架构与基本原理

早期只有少数企业和机构有能力搭建网络，大部分企业采用的都是单机操作方式，应用程序和数据都放在同一台个人计算机上，因为没有网络相连，数据无法直接通过网络与其他人共享。随后网络搭建的费用降低了，大家也体会到了通过网络进行数据共享的优点，于是开启了局域网络应用的时代。之后应用程序也走向网络化，Client/Server（客户端/服务器）架构虽然打破了数据孤岛的局面，让企业从此走向协同操作的方式，不过应用程序改版更新或升级成了新的挑战，当面对数以百计的用户时，如何让大家在有效期限内完成版本更新或升级是当时管理人员最为困扰的一件事。

随着交互式 Web 盛行，Web 应用程序采取集中化的管理模式，只要新版应用程序一上线，用户即可实时体验最新功能。加上标准化的技术规范，Web 应用程序几乎可以在各家（主流）浏览器上顺利运行。现今 Web 应用已成为系统开发的主流技术。Web 仍旧是一种 Client/Server 架构，只是 Client 端成了用户可以自由选择的浏览器，而应用程序又被拆分成浏览器端执行的前端程序以及服务器端执行的后端程序。其实用户并不在意应用系统是网页式还是 Client/Server 架构，但信息安全专业人员需要了解两者的差异，这攸关防御工事的部署架构，也影响渗透测试的手法。

4.1.1 Web平台架构

Web 应用程序是在 TCP/IP 上运行 HTTP 协议，在谈论 HTTP 时常说它是一种无状态（Stateless）协议，也就是说客户端对服务器的每一次请求（一个 TCP 回合）都被视为唯一且独立的连接，彼此并不会记住最后一次的连接状态。Web 服务器为了辨别操作中的用户，采取 SessionID 匹配机制，利用用户每次请求时所提交的 SessionID 来确认身份。想一想，如果有两个人提交相同的 SessionID，会有什么结果呢？那就是：服务器会将他们视为同一个人。

图 4-1 是 Web 操作示意图。目前市场占有率最大的浏览器应该是 Chrome，其他主流浏览器则有 IE、Firefox、Safari 及 Opera。用户使用浏览器向 Web 服务器要求指定的资源称为请求，为了让服务器了解请求的是哪一份资源，浏览器必须提供正确的 URL。当 Web 服务器收到请求的 URL 后会判断资源类型，如果是静态资源（如不需额外运算的图片），就直接响应给浏览器；若需经特别运算才能得到结果（如读取数据库的内容），就会转交给应用服务器去处理，应用服务器完成操作后将结果回传给 Web 服务器，Web 服务器将结果组装成 HTML 类型的网页内容再响应给浏览器。由此可知，浏览器始终只处理 HTML 内容，无法直接触及应用服务器的程序。

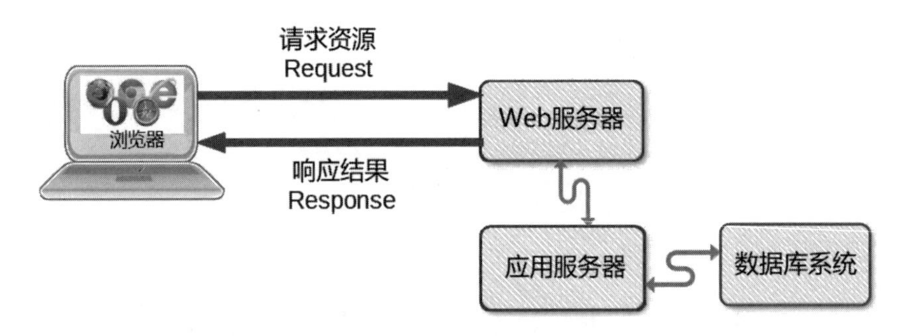

图 4-1 Web 操作示意图

从图 4-1 可以看到 Web 服务器和应用服务器的功能并不相同。常见的 Web 服务器有 Apache、IIS、Nginx。应用服务器则与选用的程序设计语言有关，常见的有 Tomcat（本身也具备 Web 服务器功能）、PHP 及 .NET Framework。实践应用上，常将 Web 服务器和应用服务器安装在同一台计算机上，例如 IIS 就内建整合的.Net Framework，不过 IIS 也可以和 Tomcat 及 PHP 整合应用。

4.1.2 Web 基本原理

上面提到 Web 服务器利用 SessionID 识别用户，浏览器通过指定 URL 来请求资源。我们可以借助浏览器的开发模式来观察请求与响应的内容，图 4-2 即为利用 Firefox 的“Web 开发者”→“Web 控制台”来观察浏览器和服务器的互动过程，从左边窗格可看到一张网页会发起许多组请求，每组请求都是一个独立的 TCP/IP 连接，由此可知一张网页是由许多独立的资源组合而成的。浏览器借助请求标头（Request Header）告知服务器请求内容，服务器则利用响应标头（Response Header）

告知请求是否成功并响应内容的相关属性。

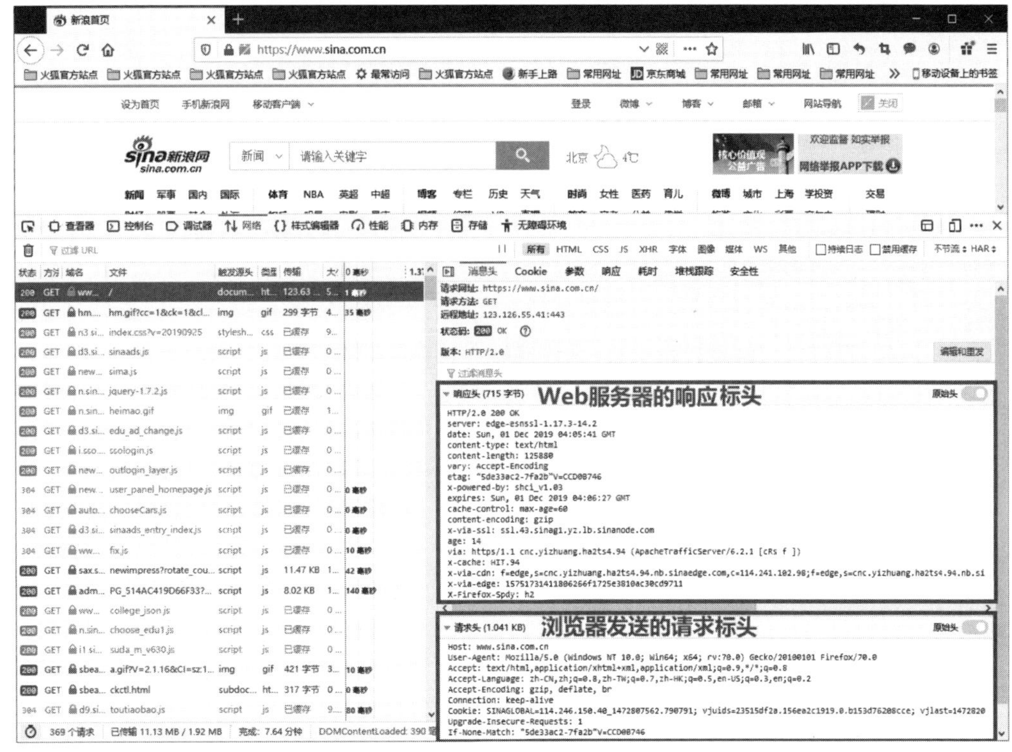

图 4-2　利用开发工具箱观察网页的请求与响应

当使用 GET 方法请求资源时，发送给服务器的参数（数据字段）直接串接在网址的后面（用 ? 隔开），每个字段以“名称 = 值”的形式来表示，字段与字段之间则用 & 分隔，如图 4-3 所示。采取 POST 方法请求资源，字段数据仍然是以 & 分隔的“名称 = 值”形式表示，如图 4-4 所示。

图 4-3　GET 请求标头的内容

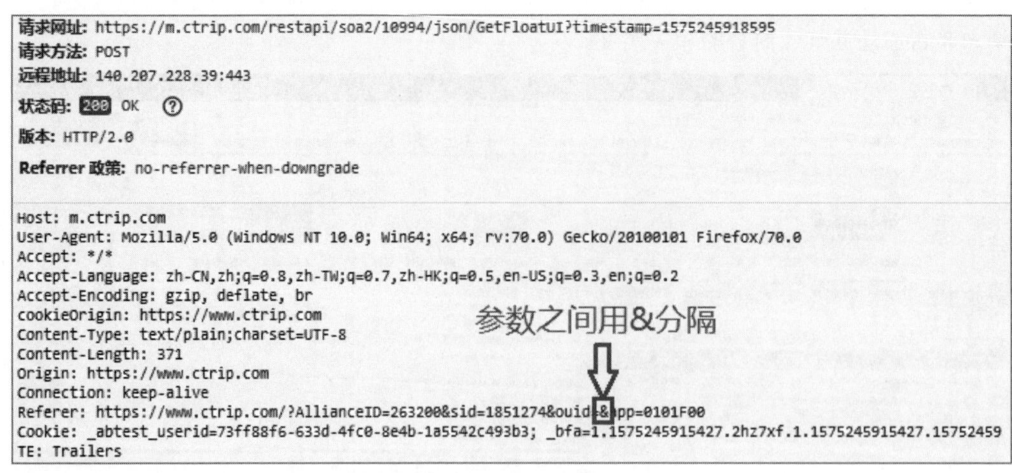

图 4-4 POST 请求标头的内容

请求标头也是相当易于被攻击的焦点之一，有许多针对请求标头的攻击手法，例如在上传文件时，服务器若只利用 Content-Type 字段来判断文件类型，就可以通过修改 Content-Type 字段的值来欺骗服务器，绕过文件类型的限制，达成上传恶意软件的目的。了解请求标头的结构，在操作 ZAP 或 Burp suite 等工具时更能得心应手。

再来查看网页的源代码（见图 4-5），可以发现网页主要由 html 标签、CSS 样式表单及 JavaScript 脚本这 3 种组件所组成。html 是网页的主体，其中 body 标签是网页数据的本体，也是和用户互动最多的部分，CSS 可用来美化及布置网页内容，而 JavaScript 则提供了动态管理网页元素的能力，一个友好的网页绝对少不了 CSS 与 JavaScript。网页渗透最主要的就是操控这 3 种组件的内容。

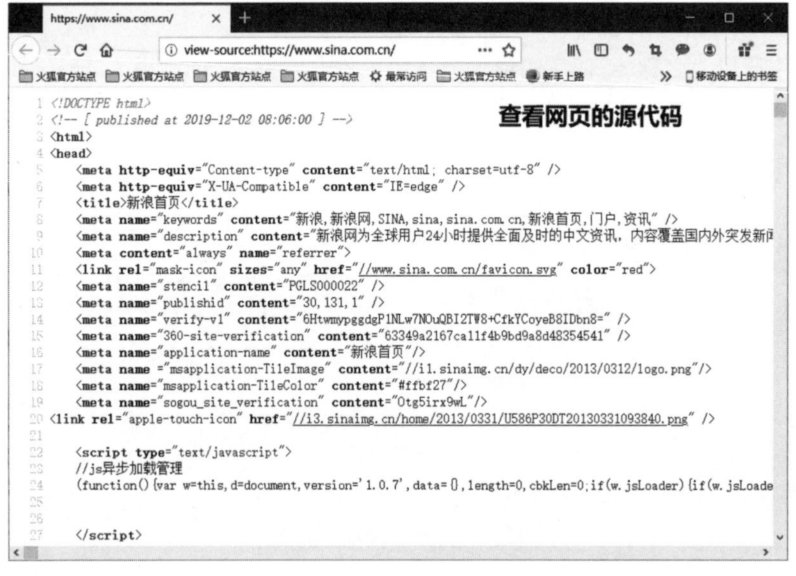

图 4-5 查看网页源代码

4.2 OWASP TOP 10（2017）

本书不以讲解理论为目标，但讲到 Web 漏洞，就不能不说说 OWASP TOP 10。OWASP（Open Web Application Security Project）是一个非营利性的开放社区，其目标主要在于研究 Web 安全，并制定标准，提供测试或防护工具及相关技术文件，长期致力于改善 Web 应用程序与 Web 服务的安全性。若想要了解 Web 安全的相关知识，OWASP 网站绝对是最大的宝库。

该组织大约每三年就会公布经统计的十大 Web 应用程序、环境的漏洞，也就是“OWASP TOP 10”，最近一期发布为 2017 年，下面就对 2017 年的 TOP 10 进行详细介绍，以便让读者了解常见的 Web 漏洞，方便后续章节进行渗透测试时明确攻击的目标。

4.2.1 A1——Injection（注入）攻击

注入攻击的种类有 SQL Injection（数据隐码注入）、Command Injection（命令注入）、LDAP Injection、XML Injection、SSI Injection（服务器端指令注入）、XPath Injection，其中 90%都发生在 SQL Injection 中，谈到 Injection 的漏洞几乎就可以联想到 SQL Injection，建议初学者将精力花在 SQL Injection 中。

SQL 的查询是以脚本（Script）的方式传递给数据库管理系统（DBMS）进行编译，为了达到动态变更查询条件或对象的目的，程序设计者常会利用用户“输入的值”或 DB 查询的结果来组合 SQL 查询指令。

如果后端程序没有对用户输入的数据做适当过滤或转换（所谓的数据消毒），又恰巧（虽是恰巧，却常有）将这些数据拼凑到指令（如 SQL 查询或操作系统指令）中，黑客就能在数据中安插设计过的符号及指令，经过字符串的串接改变原来的指令。

以 SQL 查询为例，如果开发人员将 SQL 查询用的字符串编写如下：

```
sSql = "SELECT * FROM users WHERE id = '" + uid + "' AND password = '" + pwd
+ "' "
```

正常输入“uid="myid"; pwd="a1234567"”，拼凑后的 sSql 字符串就变成：

```
sSql = "SELECT * FROM users WHERE id = 'myid' AND password = 'a1234567' "
```

这样的查询语法很正常（这是因为开发人员天真地以为所有的用户都会按照规矩输入）。

但是如果输入的数据改成“uid= " 'OR 1=1-- " ; pwd= " a1234567 " ”，结果 sSql 就变成了如下形式：

```
sSql = "SELECT * FROM users WHERE id = '' OR 1=1-- ' AND password =
'a1234567' "
```

读者是否看出问题了呢？sSql 字符串中的“ – ”会将后接的文字变成“注释”，而 OR 1=1 表示条件一律成立，于是这条语句与下面的查询语句具有了相同的效果，等于限制条件被注释掉了：

```
sSql = "SELECT * FROM users"
```

有同事曾问笔者：为什么知道查询的语句是“SELECT * FROM users WHERE id=' " + uid + " 'AND password=' " + pwd + " '”呢？当然不知道，从网页无法看到后端程序的语句，这条查询语句是“臆测”出来的，记得第1章曾提到在渗透测试时要有创意，就是要猜测开发人员的心思。如果网页字段有被 SQL Injection 的可能，就会假设几种后端程序可能的编写方式，再针对假设的编写方式进行验证。

从上面的例子可以看出黑客精心安排输入的字符串可以改变 SQL 指令的内容，SQL Injection 不只是可以绕过身份认证，还可以获取整个数据库、删除数据记录或整个数据表，甚至可能操控后端服务器做任何事。

防护建议

防范注入攻击的手段不外乎验证及过滤用户提交的数据内容，但千万要注意，要在服务器端执行验证及过滤，而不是靠浏览器端（客户端）的脚本程序，因为在客户端能轻易操控浏览器端的机制。

就 SQL Injection 而言，后端程序进行 SQL 查询时，最好使用 Prepare Command（也有人称为参数命令），以 C#为例，将字符串拼接方式改成：

```
// 建立 SqlCommand 对象
SqlCommand cmd = new SqlCommand();

// 在查询字符串中设置@uid 及@pwd 来接收条件参数
cmd.CommandText = "Select * From users Where id=@uid And password=@pwd";

// 将用户输入的数据赋值给@uid 及@pwd 变量
cmd.Parameters.Add("@uid ", SqlDbType.NVarChar, 50).Value = uid;
 cmd.Parameters.Add("@pwd", SqlDbType.NVarChar, 50).Value = pwd;

// 执行数据库查询，并将结果记录到 ds 数据集
Dataset ds = new DataSet();
SqlDataAdapter adapter = SqlDataAdapter(cmd);
adapter.fill(ds,"TABLE1");
```

利用 Prepare Command 可以有效防范 SQL Injection 的攻击。

如果不想采用 Prepare Command，可以自己编写过滤函数，至少需要过滤掉用户提交的数据中的“;”（分号）、“'”（单引号）、“—”（两个减号）、“[”（中括号）、“%”（百分号）及“_”（下画线）。不过，除非可以预料或猜测到黑客可能用到的各种符号变形，否则建议使用 Prepare Command。

4.2.2　A2——Broken Authentication（失效的身份认证）

不当的身份认证是指原本用户需通过身份认证才能存取系统资源，但黑客却能绕过限制以他人身份执行相关的操作。这个漏洞的前身为 Broken Authentication and Session Management（失效的身份认证与会话管理），这个漏洞牵涉到很多因素，包括：

- Session 的 Timeout 时间或 Cookie 的 Expired 时间设得太长，让黑客可以从容地仿冒正常用户的身份进行连接。
- 使用 GET 方式传递重要数据或 SessionID，黑客容易从 GET 字符串中篡改数据内容，以达到攻击目的。
- 密码数据未以加密格式存储，黑客若取得账户数据，则可利用各种身份操控系统。
- 使用固定规则产生的 SessionID，黑客轻易“猜到”当前用户的 SessionID 而假冒其身份。
- 未使用加密机制传输数据，简单地说就是网站（或网页）没有启用 SSL，敏感数据可能被截听，黑客可能从中取得合法用户的身份及权限。
- 身份认证机制设计不良，例如没有限制登录失败的次数、过于详细的错误提示，甚至允许使用弱密码等，以致黑客能够利用暴力破解方式取得用户的账号及密码。

防护建议

（1）网站应该启用 SSL 机制及以加密方式存储敏感数据，这也是解决 Sensitive Data Exposure（A3）和 Security Misconfiguration（A6）缺失的必要措施。
（2）网页传送数据尽量以 POST 取代 GET，并在每个页面加上随机产生的验证令牌（Token），以确保网页来源的合理性。
（3）网页标头（header）要设置 x-frame-options 或 content-security-policy 段，以防止网页被 iframe 挟持。
（4）设置用户一段合理时间（如 15 分钟）未向服务器提出请求时自动清除 Cookie 和 Session 状态，并在用户断线后立即将存活时间设为过期。
（5）用来维护连接状态的 SessionID 应该以随机方式产生，并在每次请求时重新动态更换，降低黑客猜中 SessionID 的机会或者通过旧 SessionID 仿冒合法用户的身份。
（6）防止第二台计算机用相同的 SessionID 来进行连接，当侦测到两台计算机使用相同 SessionID 向服务器提出请求时，应执行适当处理，如通知用户或要求用户重新确认身份。
（7）通过修补其他漏洞（如 Injection 及 XSS）来减少 Broken Authentication 的攻击向量。
（8）针对身份认证，建议启用双重认证（2FA）或多重认证（MFA）机制，并启用强密码检测及限制登录失败次数。

4.2.3　A3——Sensitive Data Exposure（敏感数据泄露）

只要 Web 处理过程中会泄露敏感数据都可归类为此漏洞，例如泄露某些人的财务数据、医疗数据和个人数据，可能的场景包括：

- 系统错误信息过于详细，像图 4-6 把后台的信息都告诉黑客了，黑客可以按照响应的错误信息逐步调整攻击的方法。

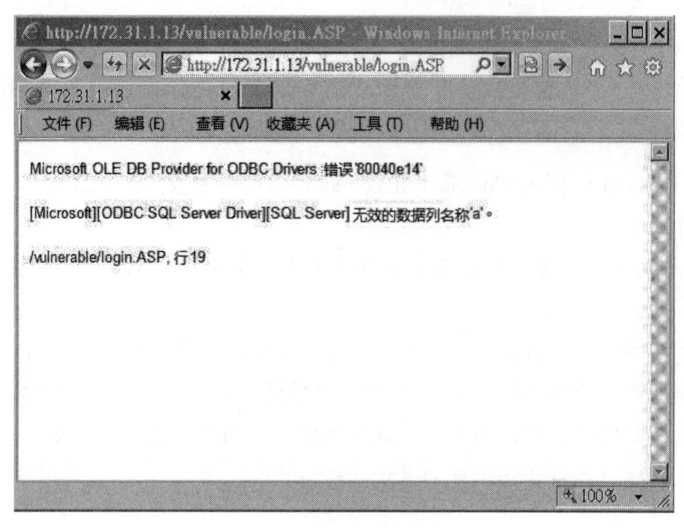

图 4-6 泄露敏感信息

- 传送敏感数据时没有加密，黑客可以利用封包嗅探方式窃取敏感数据。
- 可能在网页的注释中暴露敏感信息，如测试用的账号、密码等写在 html 的注释里。网页注释“<!--在此注释-->”，只是浏览器不显示，简单利用“查看源代码”就可以看到注释的内容。
- 开发人员在编制使用手册时，将操作过程的界面截图并直接贴到手册里，忘了将敏感数据适当地遮掩，因而造成数据的泄露。（最常发生在录制的示范视频中。）
- 后端数据库以明文方式存储敏感数据，如果黑客找到此数据库，不必译码即可毫不费力地取得重要信息。
- 将含有敏感数据（如数据库连接字符串）的配置文件和源码一起上传到开源代码库以及版本控制系统（如 GitHub），导致对外公开了敏感数据。
- 将操作过程中的敏感数据（如账号及密码或信用卡卡号）以明文方式记录到日志中，又没有适当管制日志的存取权限。（参考 A10 中的 Insufficient Logging。）
- 因其他漏洞（如 Command Injection）让黑客可以直接或间接下载敏感文件。
- 开发人员错将编码（Encoding）当加密（Encrypting），以为数据经过 BASE64 编码就可以防范黑客的破解。
- Web 服务器对于不同类型的文件会有不同的处理程序（IIS 中对应的处理程序），例如 .txt 就是直接响应文件的内容、ASPX 则是响应处理后的网页结果，这些关系是事先设定的。若请求的资源不在定义的关联之中，就交由默认的例程去处理，最常见的方式就是直接响应原始内容，黑客依此通过暴力猜测，尝试以不同类型的扩展名来存取文件，例如 main.aspx.cs、main.aspx.bak、main.aspx.cs.bak 或 main.aspx.cs_bak 这些文件就可能会泄露程序的源代码。（此项也涉及 A6 Security Misconfiguration。）

防护建议

(1) 敏感数据不应该直接在网页里使用<!---->作为注释，因为网页的源代码是明码。
(2) 不要将敏感数据直接在 JavaScript 中用 "//" 或 "/* */" 注释，因为 JavaScript 对用户端而言是明码。
(3) 不要为了增加效率或使用友好性在未完成身份认证前就将数据或资料下载到用户端。
(4) 传递敏感数据时应启用 SSL 机制（最好全程使用 SSL）。
(5) 存储敏感数据时应适当加密（例如密码利用哈希算法加密）。
(6) 敏感数据如非必要，千万不要利用隐藏字段或 Cookie 传递、交换，建议改用服务器端的会话（Session）机制。
(7) 程序如果发生错误，不要将详细信息直接显示给用户，而是将错误信息写到服务器端的日志里，程序的错误信息是给开发者修正程序时参考用的，不能让用户（或黑客）知道。
(8) 应用系统若使用默认账户/密码机制，则应设置该账户/密码的有效期限，例如默认密码在 7 天内未变更就直接注销权限，并在第一次登录时强迫用户变更密码。
(9) 选用强加密算法（例如 AES）并慎选加密密钥。
(10) 应妥善设置服务器及 Web 应用程序的配置，让网页服务器能安全地处理不同类型的文件，避免因配置不当而泄露机密。

4.2.4 A4——XML External Entity（XXE，XML 外部实体）注入攻击

XML 外部实体漏洞是 2017 年新增的项目。为应对大量数据交换的需要，XML 的应用范围越来越广，再加上倾向于简化设计，开发人员通常不会检查交换的 XML 内容就直接送给系统函数处理了，为应付各种应用场景，系统函数通常也不会检查 XML 内容是否安全。如果系统函数又启用了 DTD 解释功能，黑客便可以借助伪造的文档类型定义（DTD）要求在 XML 插入外部数据，如果此外部数据是服务器上的敏感数据，例如来自 Linux 的/etc/passwd 和/etc/shadow 内容，黑客就有可能因此获得系统用户的账号和密码。以下面这段 XML 为例，如果服务器顺利解析并处理，攻击者将可看到 passwd 的内容：

```
<?xml version="1.0" encoding="utf-8"?>
<!DOCTYPE foo [
<!ELEMENT foo ANY >
<!ENTITY xxe SYSTEM "file:///etc/passwd">
]>
<foo>&xxe;</foo>
```

（此段范例取自 OWASP Top 10 文件。）

防护建议

（1）XML 文件在送交系统函数处理之前应验证其内容，并过滤非应用程序所需的数据定义，最好关闭 DTD 解释功能，改用事先制作的 XML 结构定义（XSD）来验证 XML 数据类型。

（2）若可能，则改为采用 JSON 作为数据交换的标准格式，但仍需对用户提交的数据进行验证和过滤。

（3）利用外部机制的协助，例如使用 WAF 阻挡 XXE 攻击。

4.2.5 A5——Broken Access Control（失效的访问控制）

Broken Access Control（失效的访问控制）由 2013 年 Top 10 的 Insecure Direct Object References（不安全的直接对象引用）和 Missing Function Level Access Control（访问控制缺乏权限分级功能）合并而成，是指网页的存取管理不够完善，用户可以越级操作不属于其身份允许的功能，例如，登录者只有一般用户的权限，但利用直接指定网址的方式而行使管理员的操作。这种错误时常发生，因为开发人员以为网址不出现在网页的链接中，用户就“点击”不到，却未意识到黑客会直接输入网址。黑客常常使用的手法就是以暴力网址浏览的方式来寻找未设防的管理网页。常见的场景有：

- 用户直接修改 URL 或网页内容而越界使用其他权限的功能，例如网页上有下列 select 字段，当用户选择其中某一表项时，后端程序会根据选择的值而提供对应的引用对象。

```
<select name="selPage">
<option value="page1.aspx">English</option>
<option value="page2.aspx"> 中文 </option>
</select>
```

  若黑客直接修改网页源代码，将“page1.aspx”改成“../../../../etc/ passwd%00”（注意最后的 %00 是 null），并送出请求，后端程序存在漏洞的话会直接将 passwd 的内容响应给浏览器而造成敏感数据外泄。

- 修改 Cookie 或隐藏字段的内容而提升自己的权限。例如，在用户登录后，应用程序将用户的权限（假设为 user）记录在 Cookie 的 privilege 字段，以作为用户每次请求网页的权限验证的来源。若黑客得知 privilege 字段的管理员权限是 admin，就可以直接将 user 改成 admin，这样便可将权限从普通用户提升为管理员。
- 通过变更键值而强制修改数据库字段的内容，以便提升自己的权限。

防护建议

（1）不要在用户端实现权限管理机制，例如不要利用 Cookie 记录用户的权限代码，而是确保在服务器进行每个会话（Session）的验证。

（2）应用程序最好整合经过安全检验的权限管理机制，不要由开发人员自行开发，以便能完整地自动检查每个网页的访问权限，防止用户越权存取。

（3）当用户尝试操作非其自身身份所允许的功能时，应记录其操作的过程，最好能及时通知系统管理员。

（4）另请参考 Insecure Direct Object References 小节的说明。

4.2.6　A6——Security Misconfiguration（不当的安全配置）

不当的安全配置只是概念性的定义，涉及的层面相当广，例如：

- 使用第三方组件，但没有变更或删除默认的用户账号、密码或默认的设置值，因此黑客可以通过网页找到绕过系统管控的手段。
- 使用默认的方式安装 Web 服务器，造成安全防护不足。
- 开放多余（用不到）的端口。
- 在网页上显示了详细的错误信息。
- 没有禁用（Disable）目录浏览功能。
- 该启用的加密机制而未启用。
- 该启用的保护设置（例如 x-frame-options 或 Cookie 的 HTTP only）而未启用。
- 该架设 WAF 而没有架设。
- 操作日志和系统错误日志记录不够完善。
- 使用.inc、.ini 作为配置文件，但没有指定处理的方式，以致文件被视为文本文件而被下载，导致系统信息泄露。

总之，凡属于系统防护设置不恰当的都属于本项漏洞，因涉及的应用场景太多了，很难一一列举。

以 IIS 的“浏览目录”（见图 4-7）为例，若没有禁用此项功能，当用户浏览到没有指定默认页面的目录时，IIS 将会揭露目录内容（见图 4-8）而造成信息外泄。

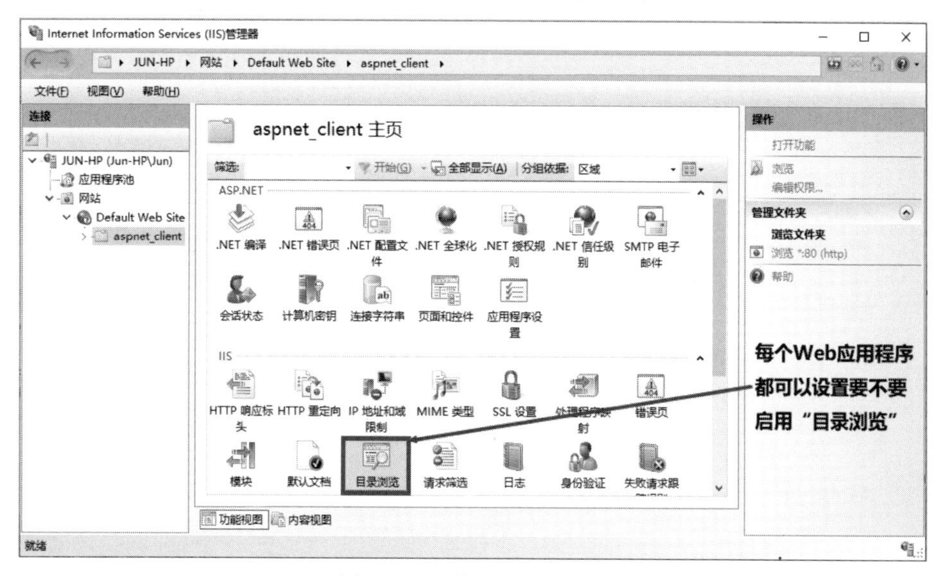

图 4-7　IIS 的目录浏览设置

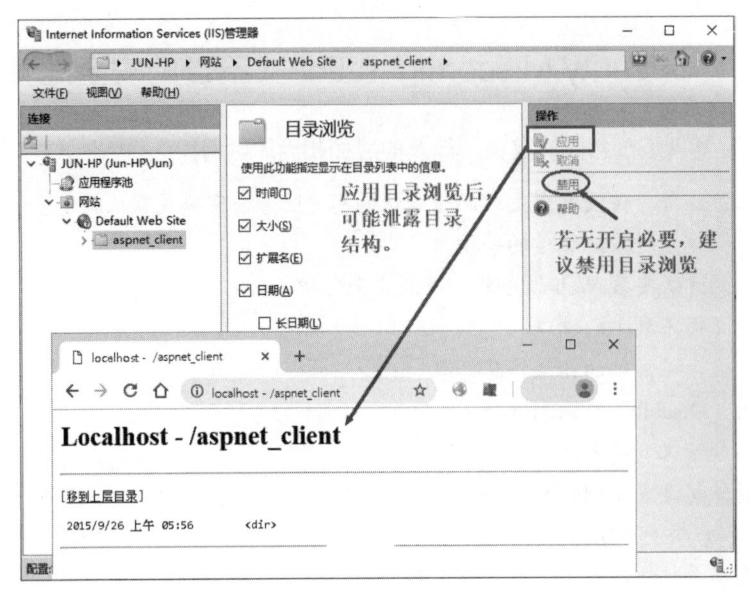

图 4-8　因启用浏览目录而显示网站的目录结构

IIS 的浏览目录默认设置为“禁用”的，但有些管理员不明就里把权限全部开启，就会发生文件列表暴露的风险。

另外，如果 ASP.NET 应用程序的 web.config 将 customErrors 设为 Off，那么应用程序发生错误时会将详细的错误信息显示到浏览器中（见图 4-9），这也是因为不当设置而导致的漏洞。

图 4-9　ASP.NET 因关闭 customErrors 而暴露内部信息

防护建议

（1）修改系统默认配置，关闭多余的端口，适当提高访问权限，引用第三方组件时，应评估相关设置值的必要性。
（2）引导文件（.inc、.ini）等应存放在无法通过网址直接存取的目录，或者指定适当的处理程序，以防黑客直接取得文件内容。
（3）牢记“最小权限原则”，任何权限的设定都要采取“原则上禁止、例外开放”的做法。
（4）谨慎评估各项设置的合理性。

4.2.7 A7——Cross-Site Scripting（XSS，跨站脚本）攻击

跨站脚本（XSS）攻击是因为设计人员的疏忽而造成浏览端（即用户）遭受攻击，主要原因是后端程序未对用户提交的数据做适当过滤或转换就输出到网页，让黑客可以在数据中安插 JavaScript 指令，进而操控用户的浏览操作，或暗地里以合法用户的身份对服务器进行非法要求。

假设网页上有一个字段可供用户输入文字（如论坛的提交内容），提交后，程序会将字段内的文字存储起来，待下一个用户要求浏览时再将文字输出到网页上。

```
<textarea> 在这里输入数据 </textarea>
```

这样存储起来很正常，如果黑客将“在这里输入数据”改成如下形式：

```
</textarea><script>alert(' 测试 XSS');</script><textarea>
```

则下一个用户浏览到这笔数据时就会变成：

```
<textarea></textarea><script>alert(' 测试 XSS');</script>
<textarea></textarea>
```

因为浏览器直接对服务器传来的文字数据进行解析，上面文字解析的结果就会变成由两组 <textarea></textarea>夹带着 JavaScript 指令，而且浏览器是逐行编译，当编译到“<script>alert('测试 XSS');</script>”时就会直接交由 JavaScript 引擎执行，进而引发 XSS 攻击！上面的 JavaScript 只是简单的测试，其实黑客可以制造更复杂、更具威力的攻击语法。

按照脚本的存活方式，跨站脚本攻击大致可分成：存储型（Stored XSS）、反射型（Reflected XSS）及基于 DOM 型（DOM-Based XSS）。

- 存储型是指攻击语法会被应用系统存储在后端数据库，任何时间只要有人读取嵌有 XSS 的网页就会受到攻击，是 3 种类型中影响层面最大的。
- 反射型是网页立即回应用户提交的数据，例如搜索“XSS”时，网站查不到相关的数据，就会友好地响应“查无 XSS”，攻击者将查询内容改成“<script>alert('XSS');</script>”，若存在 XSS 漏洞，将会回应“查无<script>alert('XSS');</script>”而达到攻击的目的。由于攻击载荷仅对发出请求者有效，黑客不会用它来攻击自己，因此反射型 XSS 常需要搭配社交攻击手法诱骗用户发送有 JavaScript 脚本的请求。
- 基于 DOM 型是指网页上的 JavaScript 在操作文档对象模型（DOM）时因没有谨慎检查操作对象的内容而遭受的攻击，攻击载荷不需要传送回服务器，而是由浏览器直接执行，本质上

仍可归为存储型及反射型。举个例子，假设某交互式网页有一段处理 DOM 的 JavaScript:

```
function showMsg(msg) {
  document.getElementById("DialogBox").innerHTML=msg;
}
```

而与此 JavaScript 相关的网页元素如下：

```
<div id="DialogBox"><div> <!-- 用来显示用户输入的信息 -->
<input type="text" onblur="showMsg(this.value);" />
```

当用户填入“XSS”时，其内容直接显示在<div>里；如果填入“<img src=# onerror="alert('xss');">”，则会因为无法加载图形（onerror）而触发脚本，这一切皆是因上面的脚本操作 DOM 所引发的。

常见黑客利用 XSS 攻击偷取用户的 Cookie、搭接在已完成身份认证的会话（Session）或制作社交工程页面中，甚至用 XSS 攻击来规避跨站请求伪造（CSFR）的防御机制。因为脚本可以开发许多功能，XSS 有很高的灵活性，除了本身的攻击行为之外，也可以搭配其他攻击框架（如 BeEF）来利用别的漏洞。

当网页存在 XSS 漏洞时，除了注入脚本命令外，也可以注入 HTML 命令，进而在网页中伪造其他元素，例如通过插入 iframe 将用户导引到恶意网站或执行跨站请求。

防护建议

对于输出到网页的数据要进行内容过滤或转换，以防止数据与 HTML 的标记（Tag）组合成新的组件或脚本。

（1）过滤特殊符号（黑名单），如“<>”“/”“'”“'”“&”“%”“#”（无法穷举所有可能有疑虑的符号）。

（2）以白名单的方式限制用户可输入“HtmlTag”。

（3）使用过滤函数:

① Server.htmlencode(user)（ASP、ASP .NET）。

② htmlentities($user)（PHP）。

③ OWASP 提供的 ESAPI 作为特殊字符的过滤函数。

④ 微软提供的 Anti-XSS Library 作为过滤函数。

（4）限定字段可输入的长度（要在服务器端检查）。

4.2.8 A8——Insecure Deserialization（不安全的反序列化）

在应用程序执行过程中，可能需要将变量或对象内容以文件方式进行保存，就会将内存中的数据转换成数据串流（串行化）再存储到文件中，常见的有 JSON、XML 或二进制等文件格式。要再次使用这些数据时，通过反向操作将数据串流转换成对象（反串行化）。

异质系统交换数据时最常出现这类应用，如果黑客可以篡改串行化后的数据，就可以篡改变量或对象的内容，当应用程序执行反串行化前没有严谨验证源数据的安全性时，会将有害数据带到执行环境的内存中，这便是不安全的反串行化漏洞。这种漏洞可能让黑客在服务器执行远程的程序代码、注入恶意数据或提升自己的存取权限。

防护建议

（1）利用白名单验证串行化数据的来源，丢弃来自不可信任来源的数据。
（2）执行反串行化之前先验证数据内容，应过滤掉不符合原始对象类型的内容。
（3）若可能，串行化后的数据最好用数字签名进行保护或者加密，以防止遭到篡改。
（4）有时串行化数据可能来自非特定人，应该严格检验数据的结构，监控操作并记录操作日志，以作为日后补救时的参考。

4.2.9　A9——Using Components with Known Vulnerabilities（使用含有已知漏洞的组件）

开发人员很难一手包办整个应用程序的功能，多多少少会引用第三方组件，例如使用 jQuery 简化 JavaScript 程序的编写或借用 FCKeditor 在网页上提供文件编辑功能。如果引用含有已知漏洞的组件，那么黑客就能轻易借用这些漏洞发动攻击。

使用含有已知漏洞的组件在 2017 年进入 Top 10，但这种情形在软件界已存在多年，却不常被讨论，因为更换组件兹事体大，有时会造成系统大翻修，所以有一部分人会选择“视而不见”，积极的人则选择修补个别的功能，而非替换第三方组件。再者就算组件的某项功能有漏洞，如果应用程序没有用到“有问题的函数”，则不至于造成直接的安全威胁。

例如，jQuery 1.11 以前的版本存在 DOM XSS 风险，使用这些版本的 jQuery 来操纵 DOM 元素就可能引发 DOM XSS 攻击，但这真的是 jQuery 的漏洞还是必要功能？遇到这种情况，到底是要更换组件，还是谨慎使用有疑虑的函数呢？若为了应对漏洞扫描软件，更换组件是一种有效的策略；若为了系统安全着想，建议还是要从使用的角度去考虑。

又如 Apache Struts 2 存在远程代码执行的漏洞，除了等待 Apache 发布修正版外，若要更换架构，则应用程序可能需要大幅改版，这样做是否符合企业效益呢？必须谨慎评估，说不定应用程序并没有用到有漏洞的功能，这样的话黑客递送的载荷就无法达到攻击的效果。

防护建议

（1）标准的建议是更换新版本的组件（但不能保证新版本没有漏洞），如果该组件一直无法修正漏洞，应考虑更换其他第三方组件或关闭有漏洞的功能。
（2）避免使用有漏洞的功能，或者在调用此功能之前先对数据进行“消毒”，让载荷变成无攻击性的一般性数据。
（3）为了缩小攻击面，应该移除用不到的组件或功能。

4.2.10　A10——Insufficient Logging & Monitoring（不足的日志记录和监控）

当日志记录和监控不足时，一旦爆发信息安全事件就无法实时进行有效的分析及事件追踪，让黑客有机会进一步攻击系统，或篡改、存取、销毁系统日志，到底该记录多少日志才算合理呢？若不分主次，就可能耗费大量的存储空间，而且不相干的日志也会影响事件分析（太多无足轻重的信息），可是记录太少又害怕遗漏关键的信息。一开始先从关键功能下手也许是不错的想法，建议记录下列时点的信息：

- 与身份认证（登录页）、权限检查有关的认证功能。
- 程序执行时的错误信息。
- 用户提交无效的数据时（经认证为无效的数据）。
- 存取重要或敏感数据时所使用的筛选条件。

除了记录日志外，也要监控用户的行为，例如部署 Web 应用程序防火墙（WAF）、入侵检测系统（IDS）或入侵防御系统（IPS），并且建立适宜的事件应变机制及系统恢复计划。日志记录及事件监控并非全部属于应用程序开发层面，还涉及机构的信息安全政策及信息通信基础设施。因此，漏洞扫描工具或黑箱渗透测试很难发现此类漏洞，而需经由信息安全检测来评估，但信息安全检测不在本书讨论的范围内。

从上面的讨论可发现，虽然 OWASP 发布了十大漏洞，漏洞的界线却不是那么明确。例如，A2 的 Broken Authentication 是指应用系统未能有效保护用户身份，致使黑客能利用他人的身份，但攻击的途径却可能来自 Injection（A1）、Sensitive Data（A3）、XXE（A4）、Security Misconfiguration（A6）、XSS（A7）、Insecure Deserialization（A8）及 Using Components with Known Vulnerabilities Exposure（A9）。又如 A1 的 Injection，如果可以绕过身份认证，还会涉及 A2 的情形，若能取得账户信息或读取数据库的敏感数据，也会与 A3 有关。假如管理上未有效监控或记录上面的操作过程，就会引发 Insufficient Logging & Monitoring（A10）的情况。因此，看待这些漏洞时，千万不要以单独的个体来判断。

4.3 其他年度的TOP10漏洞

上面介绍了 2017 发布的一期 Top 10，但其他年度也有几个漏洞值得持续关切，下面就来看看早些年比较有名的其他漏洞。

4.3.1 Cross Site Request Forgery（CSRF，跨站请求伪造）

入榜年度及名次：2007 A5、2010 A5、2013 A8。

跨站请求伪造从 2010 年的第 5 名、2013 第 8 名到 2017 年退到 Top 10 之外，虽然要引发 CSRF 的条件比较严格，但实际进行渗透测试时此漏洞并不罕见。造成这个漏洞的主因是：

- 后端程序对请求的来源网址没有进行确认，黑客可以恶意地在网站架设一组请求网页，再利用类似 XSS（参考 2017 A7）的漏洞，将请求网页的网址植入正常的网页中。合法的用户登录正常网页后，又不小心点击到被安插在此网页中的恶意请求网址，因而造成以合法身份执行非法请求。

- 此漏洞也可以搭配社交工程邮件或网页广告来发动攻击，合法的用户登录正常网页后，因某种因素而触发攻击者安插的恶意请求，但服务器会认为此为合法用户的正常请求。
- 除了被动地由用户单击恶意请求网址外，其实利用<img>的 src 属性也可以在用户浏览此网页时直接触发伪造的请求。

再以 XSS 的实例来说明，假设目前网站（http://victim/）的网页中有如下文字字段，而后端程序又没有适当过滤用户的输入数据：

```
<textarea> 在这里输入数据 </textarea>
```

如果黑客将“在这里输入数据”改成如下形式：

```
</textarea><img src="http://malicious/hack.php"><textarea>
```

则用户浏览到这笔数据时，就会变成如下代码：

```
<textarea></textarea><img src="http://malicious/hack.php">
<textarea></textarea>
```

而<img src="http://malicious/hack.php">原本的意义是通过 hack.php 动态产生图形，经过黑客的精心安排，却变成由 malicious 对 victim 提出请求，因为提出请求的网页来源（malicious）不是原应用程序的网站（Victim，即原网站为受害网站），且原网站没有设计此项请求，是由黑客伪造而来，故名为跨站请求伪造。利用<img>的 src 在浏览器编译时会被自动执行的特性，不需经由用户点击，可以在不通知用户的情况下（用户无法察觉）直接以用户的身份提出请求。

防护建议

（1）先解决 XSS 的漏洞。
（2）对于敏感的网页，可利用 Cookie 或隐藏字段设置一组随机产生的验证码（同时存在于 Server 的 Session 中），当后端程序收到前端请求时，必须检验此验证码是否与后端 Session 存储的内容相符，若不符就视为非法请求，而要求用户重发（使用图形验证码也是一种方法，但会增加用户操作的负担）。
（3）在后端程序收到请求时，应检查请求的来源网址是否合法（利用白名单过滤），如果请求来源不在指定的名单中，即视为 CSRF。
（4）对于任何重要请求，都要求用户重新进行身份认证，避免未进行身份认证就直接接受请求的内容。

4.3.2 Insecure Direct Object References（不安全的直接对象引用）

入榜年度及名次：2007 A3、2010 A3、2013 A3。

之前，不安全的直接对象引用一直占据 Top 10 的第 3 名；2017 年将此项漏洞和 Missing Function Level Access Control（功能级别访问控制缺失）合并到 Broken Access Control（A5），这里单独将它列出是笔者想将焦点聚焦到“系统开发”层面，而不从构建网站的角度来看待。

此漏洞通常发生在程序操作后端文件的应用场景中，程序按照用户的指令去读写文件，如果没有适当验证用户的请求，黑客就可以下达超出权限范围的指令而危及后端系统的安全。例如，下面的 URL 原本只是让用户通过 downfile 指定要下载的文件（file1.txt）：

```
http://myurl.com/application?downfile=file1.txt
```

如果黑客将“file1.txt”改成“/web.config”，后端程序没有尽到检查的责任，操作系统又没有适当管制存取权限，黑客就可能下载应用程序的配置文件，如此就可能脱离应有的存取限制，从而危害后端系统的安全。

除了后端程序读写文件的情况外，另外如 Sensitive Data Exposure（A3）和 Security Misconfiguration（A6）提到的，Web 服务器对于不同类型的文件，会有不同的处理程序，例如.txt 是直接提供文件的内容作为响应结果、.ASPX 是将处理后的网页结果作为响应结果，这些关系是事先设定的。若请求的资源不在定义的处理关联之中，就交由默认的处理程序进行处理，最常见的方式就是直接把文件中的原始内容作为响应结果，为了限制黑客存取未经授权的文件，仍需要妥善设置系统的配置。

另一种情况是在文件上传时，由于没有限制文件类型或上传的目录，黑客因此可将恶意文件上传到服务器的任意目录，例如将网页木马文件上传到 Web 应用程序的目录中，进而从远程操纵服务器。例如系统提供图片上传功能，却没有限制文件类型（例如.jpg、.bmp、.png、.gif），黑客就可以将“Backdoor.jsp”当成图片上传到服务器中，于是成功地在服务器上搭建了后门。

防护建议

（1）对于用户指定的文件，应抛弃文件名左边指定的路径，只取右边的文件名，文件的路径由后端程序强制指定，避免黑客恶意摆脱而跳入其他目录。

以 C#为例，不论用户指定的文件字符串为何，都要通过字符串解析的方式，只取字符串最右边的文件名部分。再将文件名与固定的路径“D:\FilesDownload\”重新组装，将下载的目录限制在 D:\FilesDownload\。

```
// xFile = 用户输入的路径 + 文件 String[] fPart = xFile.Split("/");

String fFile = "D:\\FilesDownload\\" + fPart[fPart.Length-1];
// 取最右边的文件名，抛弃用户指定的路径
// 强制只能从 D:\FilesDownload\ 下载文件
```

（2）严格遵循最低权限原则，对于文件目录应适当设置操作权限，避免用户越权操作。对于存放用户上传文件的目录，应该限制为不可执行，以避免成为黑客远程遥控的踏板。

（3）限定用户可指定的文件类型，例如只能指定.txt 类型的文件，若指定其他类型，则予以忽略。

4.3.3 Unvalidated Redirects and Forwards（未经验证的重定向与转发）

入榜年度及名次：2010 A10、2013 A10。

未经验证的重定向与转发的概念与上一个 Insecure Direct Object References（不安全的直接对象引用）漏洞非常相似，网站提供重定向或转发功能，就好比读取文件，如果没有验证用户提交的内容，导致未能适当限制转址的对象，可能造成黑客跳转到原本没有权限的页面，或者诱导用户浏

览恶意网站。

最常见的场景是利用<select><option>设计菜单，当用户选择菜单上的菜单选项时，后端程序会根据用户选择的结果进行转址，但是黑客可能直接变更<option>的值，从而被转址到非预期的网站或网页。

防护建议

（1）验证 Redirect 的 URL 是否在合法范围内（白名单）。

（2）利用重组 URL 的手法，限制可转址的网域（Domain）。

（3）<select><option>的值以代码（如 1, 2, 3 或 a, b, c）取代 URL 值，再利用后端程序根据选择的代码判断转址的目的。下面的程序代码就可能遭到黑客的篡改，黑客将 http://www.yahoo.com 改成 http://hacker.idv，但浏览器仍然呈现 yahoo:

```
<select name="redirUrl">
<option value="http://www.yahoo.com">yahoo</option>
<option value="http://www.google.com">google</option>
</select>
```

若用户点选了 yahoo，配合的转址程序又没有检查（以 C#为例）而直接进行转址:

```
Response.Redirect(redirUrl)
```

结果将用户带到恶意的 http://hacker.idv 网站。建议将程序逻辑改成如下形式:

```
<select name="redirUrl">
<option value="1">yahoo</option>
<option value="2">google</option>
</select>
```

后端程序则相应调整为如下形式:

```
switch(redirUrl)
{
case "1":
reUrl="http://www.yahoo.com"; break;
case "2":
reUrl="http://www.google.com"; break;
default:
reUrl="#";  // 重定向到当前的页面
break;
}
Response.Redirect(reUrl);
```

如此一来，因为后端程序只接受 1 和 2，就算黑客篡改<option>的值，也无法实现攻击的目的。

（4）针对网页的性质，应该限制可存取的权限，即使转址或重定向到新网页，新网页也需要重新检查用户的存取权限。

4.3.4 Insecure Cryptographic Storage（不安全的加密存储）

入榜年度及名次：2004 A8、2007 A8、2010 A7。

应用程序保存敏感数据时，未使用加密算法或使用的加密算法强度不够（如 MD5/SHA1），或者没有妥善保护加密密钥，使得机密数据易被黑客获取或破解，造成数据外泄，这些现象都属于未以安全加密方式保护存储数据而遗留的漏洞。存储区（数据库）通常位于应用系统的后端，渗透测试时若能发现此项漏洞，大概也会找到其他重大漏洞，例如 SQL Injection、远程代码执行或其系统平台层面的漏洞。

即便系统存在其他漏洞而让黑客获取了数据库的内容，如果敏感数据本身已经使用了足够强度的加密算法进行保护，那么想破解加密了的数据来得到内容也得下一番苦工，甚至可以让黑客铩羽而归、无功而返。

防护建议

基于纵深防御战略，除了提升应用系统安全性之外，加强数据本身的安全性也是防御工事的重要环节。对于加密算法，建议采用相对安全的 AES、RSA 和 SHA-256 或其他经验证的安全加密算法，应在系统分析阶段就规划加密功能，并于开发阶段进行落实。

4.3.5 Failure to Restrict URL Access（限制 URL 访问失败）

入榜年度及名次：2007 A10、2010 A8。

2017 年的 Broken Access Control（A5）其实在 2004 年的 Top 10 就已入榜第 2 名，但在 2007 年被拆分成 Insecure Direct Object Reference（前文已介绍过）和 Failure to Restrict URL Access（限制 URL 访问失败），Failure to Restrict URL Access 后来演变成 2013 年的 Missing Function Level Access Control，前面提到的 Unvalidated Redirects and Forwards 也属于此类漏洞之一。

这已是古老的漏洞了，为何一直无法有效修补呢？这源于 Web 应用程序的特性，因为每个网页都是一个独立的程序，除非整合了适当的身份管理框架，否则开发人员必须对每一个网页都加入身份权限判断功能，当系统达到一定的规模时，就可能出现盲点而难以周全照顾每个网页，某些需要特定权限才能使用的功能就成了漏网之鱼，以至于黑客可以直接指定 URL 去访问被管制的网页，这类漏洞通常可以利用暴力浏览（网页遍历）的方式找到。

防护建议

（1）建议参照使用的 Web 系统架构，整合用户身份认证及权限管理框架，例如 JSP 系统可以整合 CAS 和 Apache Shiro，若使用 Spring 开发应用系统，可以搭配 Spring Security 组件来管理账号的身份认证和授权。

（2）若自行开发权限管理功能，建议利用页面包含（Page Include）功能，在每个网页程序的最前头包含管理功能，甚至以此建立网页模板，以减少因大意而出现让黑客不受管制访问页面的机会。

4.3.6 Improper Error Handling（不当的错误处理）

入榜年度及名次：2004 A7、2007 A6。

程序是人编写的，就难免有失误，应用程序若执行失败，通常都会出现异常处理相关的信息，这些信息对于用户浏览网页毫无帮助，应该适当隐藏。然而，不当的错误处理方式却大方地将异常处理相关的信息推送到浏览器，黑客往往会尝试让 Web 程序执行失效，以便收集更多的平台信息，如 Web 服务器的版本、程序设计语言、开发框架等（见图 4-10），以作为下一阶段攻击策略的情报。更为可怕的是，就算已修正了错误或抑制信息的输出，但之前发生过的错误可能已被 Google 收录了，黑客仍然能通过历史页面收集到相关的情报。

图 4-10 不当的错误处理方式

不当的错误处理还可能引起 Sensitive Data Exposure（A3）或 Security Misconfiguration（A6）的缺失。

除了程序的错误信息外，早期基于易用性和用户友好，当用户在登录页面输入了错误的账号时，会提醒“账号错误”；输入错误的密码时，提醒“密码错误”，让黑客可以穷尽一切文字组合找出有效的账号，这也是一种不当的错误处理。虽然现今这类失误已少见（因为如今信息安全意识越来越高了），但是笔者仍然常常在账号注册的网页见到网页程序“先友好地”检查注册的账号是否已存在，或者“友好地”回应“账号不存在”或者“邮件地址不存在”，这些回应都是让黑客可以收集有效账号的不当错误处理方式。

防护建议

（1）由于错误页面可能被 Google 或其他搜索引擎收录，因此在开发程序、建立系统时就应该妥善规划错误处理方式，将程序错误记录到日志文件中，而不是回应给浏览器。

（2）提供友好的使用界面绝对是企业必要的服务，但应兼顾信息安全，要在两者之间取得平衡。

4.3.7 Buffer Overflows（缓冲区溢出）

入榜年度及名次：2004 A5。

缓冲区溢出漏洞只在 2004 年的 Top 10 出现过一次，原本是 C 语言之类的不安全程序设计语言，因这种程序设计语言本身没有数据边界检查机制，用户可以任意提供超出变量可容纳长度的数据，而超出可容纳长度的数据可能覆盖到执行代码或子程序的返回地址，因而改变了程序逻辑。

不过，如今已鲜有人使用 CGI 模式编写 Web 程序，常见的 Web 程序设计语言，如 C#、Java 和 PHP 都属于安全的程序设计语言，运行环境会检查数据长度的合理性，就算网站平台（如 Apache 或 IIS）本身存在缓冲区溢出的漏洞，想要利用这一漏洞也不是易事，难怪这几年已退出 Top 10。

除了内存的缓冲区溢出之外，Web 应用程序的字段也存在溢出问题，若应用程序没有正确检查用户提交的数据就直接交由后端程序处理，也会造成应用程序的错误，特别是写入数据库的操作，设计关系型数据库的数据表时，一般都会声明固定的字段长度，例如将账号字段设为 50 个字符是很合理的考虑，大多数人都不会采用长达 50 个字符的账号，因为登录时不容易记住，太长的账号也给自己带来困扰。但是，黑客可能在注册账号时故意输入 100 个字符，若后端程序没有事先剪裁就交给 SQL 指令去执行，SQL 指令可能执行失败，进而引发连锁的应用程序错误，这就是前面提到的 Improper Error Handling 漏洞。

防护建议
还是那句老话，不要信任用户提交的数据，交给后端处理前一定要经过适当的验证和过滤，验证项目至少包括数据类型、数据长度、允许或不允许出现的特定字符，某些字符串有特定规格要求（例如，第一个字符只能是英文大写字母、小写字母或下画线“_”），因而必须检查用户输入字符串的合理性。

4.4 其他常见的 Web 程序漏洞

OWASP 虽然归纳出 Top 10 漏洞，从上面的讨论可以看出每个漏洞都涉及许多层面，甚至各漏洞之间也彼此牵扯，让人有“只见树木，不见森林”的朦胧感，下面将对其他常见的网页漏洞进行更细致的说明，这些漏洞在渗透测试时也是常见的。

4.4.1 robots.txt 设置不当

有些网站会利用 robots.txt 告诉网页爬虫程序哪些目录可爬、哪些不能爬，但是不当的设置等于告诉黑客特定目录的位置（见 2017 A5）。像下面的例子等于摆明了告诉大家后台管理的目录在 admin 和 admin.ex：

```
# robots.txt to deny the robots access
User-agent: *
Disallow: /admin # deny the backoffice
```

```
Disallow: /admin.ex
Disallow: /config
```

防护建议

可改成直接报表的方式（先允许，最后禁止所有），例如:

```
# robots.txt to deny the robots access
User-agent: *
Allow: /user/
Allow: /report/
Disallow: /
```

黑客就无法从 robots.txt 内容得知管理目录了。

4.4.2　非预期类型的文件上传

当网站提供文件上传的功能时，如果对用户提交的文件没有进行适当的过滤或限制，那么黑客就可以直接上传后门程序到特定的文件夹，或跳离原有的设计功能。

防护建议

（1）限制上传的文件类型，而且不能只用请求标头的 Content-Type 内容来作为判断文件类型的依据。
（2）文件存放的目录应设置适当的访问权限，让黑客无法指定文件上传的目录。
（3）存放在目录中的文件禁止直接利用 URL 方式来存取，而必须通过后端程序进行管理，以防止黑客启动后门程序。

4.4.3　可被操控的文件路径

当后端程序允许浏览器存取操作系统的文件资源时，黑客可能指定原规划范围之外的路径，进而获取受管制的文件，本项漏洞的攻击原理和 Command Injection 类似，下面的 Java 程序代码会以操作系统的 type 指令输出 helpFile 变量所指定的文件内容，这一段程序代码若嵌在 JSP 网页执行，输出结果会显示在浏览器上。

```
String helpFile = "" + request.getParameter("helpFile");
if (helpFile.length()>0) {
   Process proc = Runtime.getRuntime().exec("cmd.exe /c type \""
   + new File("D:\\ShareData\\", helpFile).getPath()
   + "\"");
   BufferedReader br = new BufferedReader(new InputStreamReader
(proc.getInputStream()),1024);
   String lineStr = null;
   while ((lineStr = br.readLine()) != null)
   {
      out.pringln(lineStr + "<br />");
```

```
  }
  out.flush();
  br.close();
}
```

假如攻击者可以任意指定 helpFile 变量的文件路径，就可以变更输出文件的来源而获取系统上的任意一个文件，敏感数据就可能外泄。

防护建议

（1）检验和过滤用户提交数据的合理性。

（2）限定文件的类型及路径名称。

```
//  限定文件名的范例程序代码
public String validate(String s)
{
  String[] list = {"AccessControlMatrix.html",
                   "BasicAuthentication.html",…};
  for(int i=1; i<list.length; i++)
  {
    if (s.equals(list[i]))
    {
      return list[i];
    }
  }
  return list[0];
}
```

（3）各目录应设置恰当的访问权限，执行网站服务的账号只给予最低限度的必要权限，防止用户越权存取操作系统的资源。

4.4.4 AJAX 机制缺乏保护

开发人员使用 JavaScript 来设计 AJAX 请求，以为程序是在自己控制之下执行，下意识认定用户无法操控请求内容，常因此而疏于防护，殊不知 AJAX 的请求对象依然是一个 Web 程序，它的作用和普通 Web 程序并无太大差异。

最常发现提供 AJAX 异步请求却未启用 Session 管理机制，致使黑客无须获得授权便可存取相关资源。由于 AJAX 就像远程调用的 API，如果未恰当限制存取身份，黑客便可以利用自制的请求网页来要求 AJAX 提供服务，完全跳离了原来 Web 程序的执行逻辑。

防护建议

将 AJAX 服务视为一般网页，一般网页可能存在的弱点或漏洞，AJAX 一样也免不了，所以一般网页该有的防护也应该应用于 AJAX 服务。

4.4.5 Cross Frame Scripting（XFS，跨框架脚本）攻击

跨框架脚本攻击是浏览器允许在 iframe 中嵌入其他网域的页面，利用主页面里的 JavaScript 监控、操作被嵌网页的内容（同源政策的例外情况），借此达到 XSS 攻击的目的。

当网站不存在 XSS 漏洞、黑客又想操控网站的用户行为时，就会建立一组含有 iframe 的网页，再将网站的页面内嵌到此 iframe 里。例如，下面的程序代码中黑客就安插了一组网页，内嵌受害网页（http://www.victim.com/login/），再利用 DIV（top）的 position:absolute 属性将 DIV（top）安排在 iframe 的上一层，并在 DIV 中设置一组透明的组件（图片或按钮）用来接收用户操作事件，当用户“以为”用鼠标单击到自己的目标网页（其实是黑客安插的受害网页）时，因为在上层 DIV（top）的组件优先接收到事件而触发 JavaScript 事件（onclick），从而达到了拦截用户操作的目的。

```
<html>
  <head>
    <script type="text/javascript">
      var abc=function(){alert('abc');}
    </script>
  </head>
  <body>
    <!-- 布置一个透明的 div 图层，里面有一个透明按钮，当单击到此按钮时，就会触发 JavaScript 的
abc 函数 -->
    <div id="top" style="position:absolute;top:0;left:0;
      width:100%;height:100%;z-index:3">
      <input type="button" onclick="abc();"
        style="width:100%;height:100%; opacity:0;">
      </div>
      <!-- 这个图层布置一个 iframe，利用 iframe 内嵌受害网页 -->
      <div id="bottom" style="position:absolute;top:0;left:0;
        width:100%;height:100%;z-index:1">
        <iframe src="http://www.victim.com/login/"
          width="100%" height="100%" border="none" />
      </div>
  </body>
</html>
```

这个例子只为说明 XFS 的原理，黑客可能会编写威力更强大的 JavaScript 进行数据窃取或跨站请求伪造（CSRF）。这里还用到鼠标单击劫持（Clickjacking）的手法，有关鼠标单击劫持的内

容，请参考 4.5.6 小节。

上面的例子使用独立的网页来内嵌受害网页，黑客必须架设一个网站并编写网页程序，再利用社交工程引诱用户去打开恶意网页，但攻击效果有限。

想象另一种情景，机构通常都拥有多组虚拟网站，如果机构的网站 A 存在 XSS 漏洞，黑客可以通过 XSS 在网站 A 安插一组 iframe，并将网站 B 的网页嵌到网站 A 的网页中，通过网站 A 对网站 B 发动攻击，如此就不用另外架设网站，所以 XFS 是一种概念，可以有很多种实际的操作方法。

防护建议

（1）针对个别的网页，可以在<head>区段加入如下代码:

```
<meta http-equiv="X-Frame-Options" content="deny">
```

（2）可以在网站的配置文件中加入“X-Frame-Options: deny”，让网站服务器自动为站内所有网页的响应标头（Response Header）增加这一设置，以防止网页被黑客内嵌到其他网页中。

有关 X-Frame-Options 的值可以有下列选择。

- DENY：此网页不允许被置于 iframe 中。
- SAMEORIGIN：只允许相同网站的 iframe 可以内嵌此网页，即设有 iframe 的网页和被内嵌到 iframe 的网页必须属于同一网站。
- ALLOW-FROM uri：只有被指定的网站（uri）可以内嵌此网页，例如“ALLOW-FROM http://mysite.idv”，只有 http://mysite.idv 下的网页才可以内嵌此网页。

图 4-11 是旧版 IIS 设置响应标头的界面，图 4-12 是新版 IIS 的设置界面，至于 Apache、Nginx 或 Tomcat，则需要编辑配置文件的内容。

图 4-11　在 IIS 6 中设置 X-Frame-Options

图 4-12　在 IIS 7 中设置 X-Frame-Options

(3) 部分较旧版本的浏览器不支持 X-Frame-Options 的设置操作，设计人员可以在网页中加入代码:

```
<script type="text/javascript">
  if (top != window) top.location=window.location;
</script>
```

这段 JavaScript 在侦测网页被嵌于 iframe 时会将自己提升为独立的网页（不过，黑客可以在 iframe 中设置 SECURITY="restricted"属性，让 iframe 里的网页 JavaScript 不被执行）。

(4) 建议用户更新浏览器版本（至少到 IE 11），再搭配 X-Frame-Options，若要防范此项攻击应需用户配合，不然单靠开发人员的努力，成效有限。

(5) X-Frame-Options 的 Allow-From 选项只支持单个网域，若需要指定多个网域，请改用 Content-Security-Policy，详细信息请参阅 https://content-security-policy.com/。

备　注

IE 7（含）以前不支持 X-Frame-Options，IE 8 支持 Deny / SameOrigin 选项，IE 9 以后才支持 ALLOW-FROM。

4.4.6　HTTP Response Splitting（HTTP 响应拆分）攻击

这是注入攻击的一种类型，对象是服务器的响应标头（Response Header），而非网页主体（Body）。如果后端应用程序会将用户提交的数据以响应标头的形式回应给浏览器，黑客就可能发动此类攻击，例如后端 PHP 程序代码为:

```
<?php
$url = $_GET['url'];
header("Location: $url");
```

```
?>
```

原本只是利用用户提交的 URL 进行转址，如果网站没有防护机制，应用程序也没有适当过滤用户提交的内容，当黑客在提交的字符串中夹带换行符号“\r\n”时，就会形成一次输出多个标头的数据，例如提交：

```
http://localhost/test.php?usr=http%3A%2F%2Fyahoo.com
%2F%0D%0AX-XSS-Protection%3A%200%0D%0A%0D%0A%3Cimg%20src%3D%23%20onerror%3D%27
alert(%5C%22XSS%5 C%22)%3B%27%3E
```

（请读者自行以 URL Decode 工具解码。）

经过上面的 PHP 程序处理，除了输出“Location: http:/yahoo.com/”外，还会输出“X-XSS-Protection: 0”（关闭 X-XSS-Protection），并在网页主体注入“<img src=# onerror='alert("XSS");'>”的跨站脚本指令。

防护建议
前文已经提过好几次了，请开发人员多多关注用户提交的数据，一定要谨慎验证、严格过滤。

4.4.7 记住密码

目前主流浏览器都提供了记住密码的功能。对用户而言，这是一项便利的功能，可以减少记忆密码的负担，却也留下了信息安全的漏洞，如果能接触用户使用过的计算机，就能轻易地读出浏览器保存的账号及密码。

在 Chrome 浏览器中，我们在网址栏输入“chrome://settings/passwords”（见图 4-13）就能看到当前已保存的账号及密码。不过，想要看到密码的明码，还要知道本机账号的密码，感觉这些密码受到了保护，其实所谓的保护就像纸糊的墙壁，只要动点手脚就能看到密码的明码了（后文介绍）。

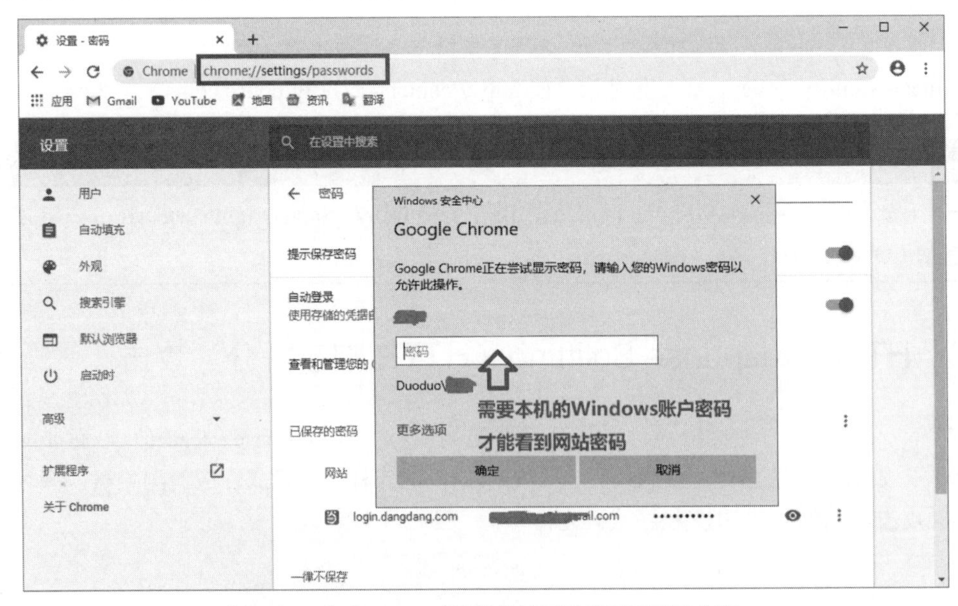

图 4-13　查看 Chrome 所保存的网站登录账号及密码

Firefox 浏览器存储的账号及密码就更不安全了，在 Firefox 的网址栏输入“about:preferences#privacy”，将页面滚动到“登录信息与密码”段，再单击“已保存的登录信息”按钮打开“我的密码”对话框，除非用户使用主控密码保护已保存的账户/密码，否则利用右下角“显示密码”按钮就可以直接看到密码了，如图 4-14 所示。

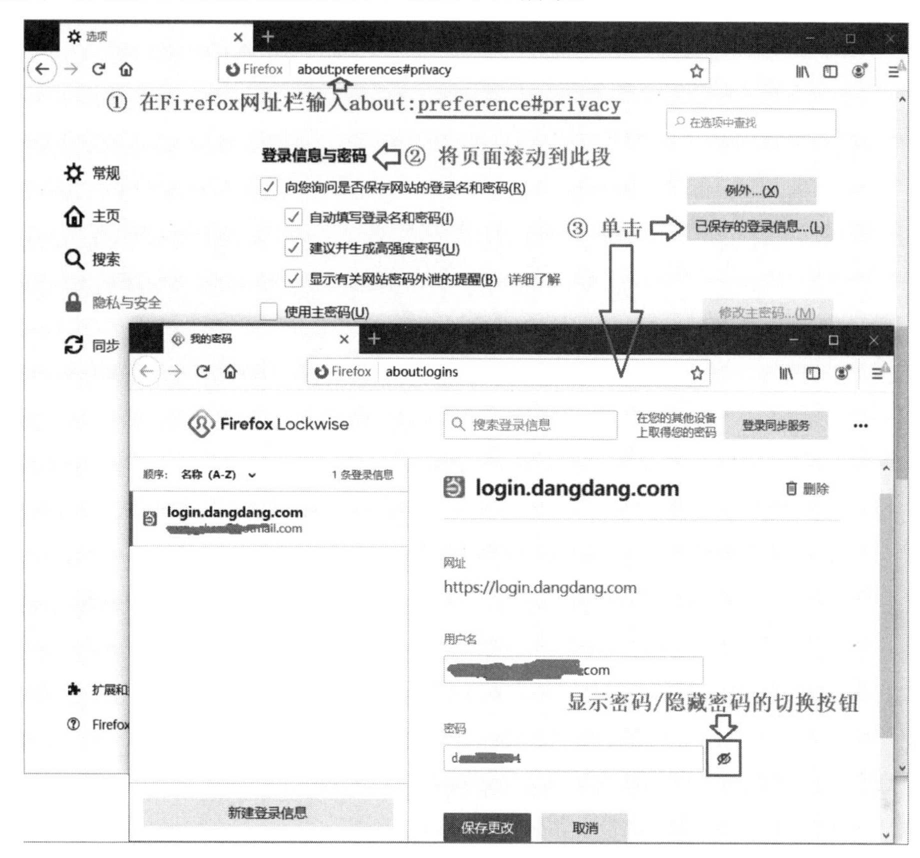

图 4-14 查看 Firefox 所保存的网站登录账号及密码

IE 浏览器也有保存密码的功能，但无法直接通过浏览器的功能查看已保存的账号及密码。如果是在 Windows 10 系统中，则可以利用“控制面板”的“凭据管理器”查看 IE 或 Edge 所保存的网站账号及密码（见图 4-15）；Windows 7 虽有网站凭证选项，但可以从网络上找到许多工具（如 WebBrowserPassView）来窥视密码，因为需要在用户的计算机上安装或执行额外的工具程序，这已超出本书讨论的范围。

从上面的说明可知，浏览器虽然记住了密码，但是想看到密码的明码还要取得本机用户账号的密码才行。下面介绍一种修改网页内容让密码字段显示为明码的手法。网页上的密码字段其实是属性为 password 的输入文本框，只要动点手脚将 password 删除或改成 text 类型，密码就会立刻变为明码。

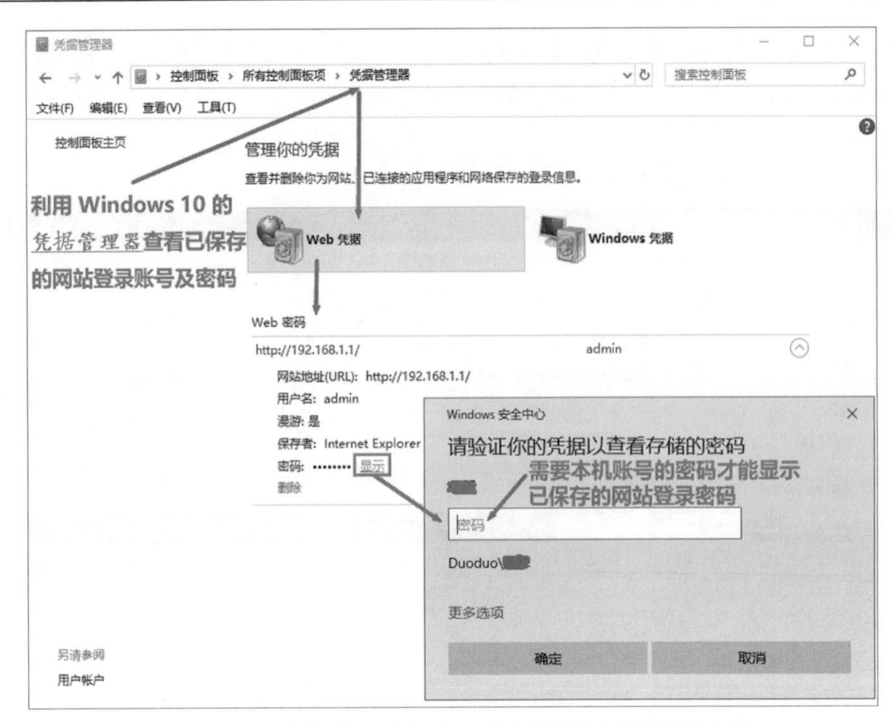

图 4-15 利用凭据管理器查看 IE 保存的网站登录账号及密码

用户若启用记住密码的功能，可以在登录页面的账号字段按【↓】方向键快速输入已保存的账号，此时浏览器会自动带出对应的密码，但界面上密码是被遮隐的，此时利用浏览器的“开发人员工具”将密码字段的 type 内容清空或改成 text 属性，遮隐状态就会变成明码的文字状态，如图 4-16 所示。

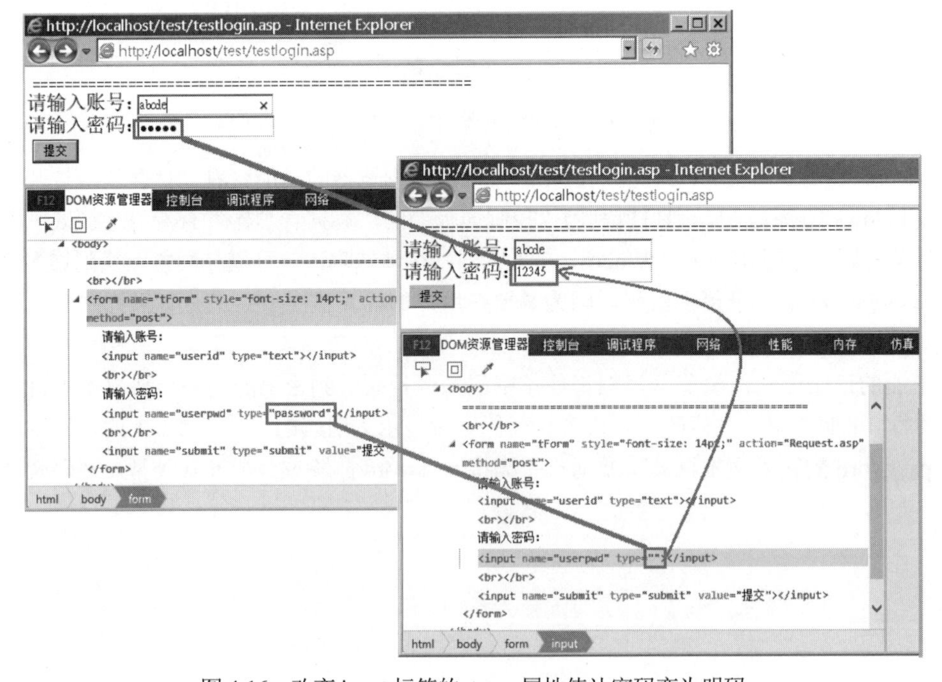

图 4-16 改变 input 标签的 type 属性值让密码变为明码

备 注

Chrome、IE、Firefox 浏览器可以通过【F12】键来开启“开发人员工具”，Opera 浏览器则是使用【Ctrl + Shift + I】组合键来开启这个工具。

防护建议

（1）记住密码是由用户自己掌控的，开发人员也没有能力远程关闭浏览器的密码记忆功能，只能通过教育方式强化用户的信息安全意识。
（2）如果机构的个人计算机（PC）是采集中管理和控制的（如 AD），则可以由系统管理员统一派送设置的内容，强制关闭浏览器的记住密码设置，只是不同浏览器有不同的设置类型，因而这个方法的实施有难度。

4.4.8 自动填写表单

除了记住密码外，浏览器还具备自动填写表单的功能，它的原理和记住密码类似，但只会记忆明文字段的值，就算关闭了浏览器的记住密码功能，如果用户启用了自动填写表单功能，还是可以通过【↓】方向键看到账号字段的内容，至少在猜测账户/密码时可以直接固定账号。

除了账号字段，自动填写表单也会记住页面上其他字段的内容，我们可以借助【↓】方向键查看用户曾经填写过的数据或信息。如果该网页填写的数据或信息涉及敏感或隐私信息（如个人信息），自动填写表单功能就会牵涉到敏感数据外泄漏洞（2017 A3）。

防护建议

幸好数据字段有一个 autocomplete 属性，只要开发人员将字段的 autocomplete 属性设为 off 就可以关闭自动填写功能。

4.4.9 未适当保护残存的备份文件或备份目录

应用系统改版后，在部署时都会担心新网页是否能正常运行，因此会将现行网页更名或搬移到备份目录，以便在新系统发生问题时可以快速恢复到前一版本。按照命名习惯，通常会以.bak 或.back 作为备份文件的扩展名，或以 backup 作为备份目录。

Web 服务器通常将.bak 视为普通文件，当存取此类文件时，不是直接在浏览器显示文件内容，就是启动文件下载操作，无论如何，黑客都能看到文件的原始内容。如果存放到备份目录，则可能出现目录浏览的漏洞（见 2017 A6）。

防护建议

最好利用版本控制系统（如 SVN 或 GitHub）来管理源代码，如果要手动备份旧版程序，应将文件搬移到无法通过 URL 或网页操作的目录，并对该目录设置正确的访问权限，以防止因网页存在 Broken Access Control 漏洞让黑客脱离管制而存取到文件。

通过上面的介绍，我们已大致了解了网站系统常见的漏洞，接下来的章节将以程序为主、工具为辅来说明网页渗透测试的执行方式，并以 http://demo.testfire.net 作为测试实例，找到的漏洞大部分会对应到本章所列的项目中。在撰写渗透测试报告书时，可以运用本章的内容描述漏洞及防护建议。

4.5 补充说明

4.5.1 关于 Blind SQL Injection（SQL 盲注法）

谈到 SQL 注入法（SQL Injection），其中一项就是 SQL 盲注法（Blind SQL Injection，简称为盲注），是指执行 SQL 注入时，无法看到真正的数据输出，只能从网页响应的情况来判断注入语句的执行是“成功”还是“失败”，除非网页不存在 SQL 注入漏洞，否则就可以反复利用成功、失败的响应逐步逼近真正的答案。

以 testfire 登录页面的 username 字段为例，假设目前查询的数据表中有 username 及 password 两个字段，已知 username 中有一笔是数据 admin，想要猜出 admin 对应的 password，若事先得知 password 的长度，就可以减少不必要的猜测，但此页面只会显示登录成功或失败，因此利用下面的方法逼近 password 的长度（以下的测试语法都是针对 username 字段进行的）：

```
admin' and LEN(password)>5 --
（登录失败，得知长度小于等于 5）
admin' and LEN(password)>3 --
（登录成功，得知长度大于 3）
```

从上面的测试可知 password 的长度不是 4 就是 5，接着测试：

```
admin' and LEN(password)=5 --
（登录成功，得知长度等于 5）
```

得知 admin 的密码长度为 5，执行暴力破解时只需要利用长度为 5 的文字，可大幅减少尝试的次数！相同的概念也可以用来猜测密码，利用下面的方式逐字母找出 password 的内容：

```
admin' and MID(password,1,1)>='A' -- （成功）
admin' and MID(password,1,1)<='Z' -- （成功）
（底下过程省略）
```

有兴趣的读者也可以自己试试，只是猜一个字母最少的步骤与密码可用的字符类型和数量有关，如果密码由 0~9、A-Z、a-z 组成，总共是 62 个字符，2^6>=64，也就是平均要执行 6 次查询才能找到一个正确的字母，5 个字母则至少要猜 30 次，用手工猜测和破解，一天能猜几笔呢？

备 注
LEN(str)：可以得到 str 字符的字符数。 MID(str, pos, len)：会从 str 的指定位置 pos（从 1 开始算）返回指定 len 长度的子字符串。

不要以为 SQL 盲注与一般 SQL 注入法有什么不同，也不要认为 SQL 盲注是什么高深的技法，只不过是应用的场景不同、采用的手法不同罢了。上面的例子只是为了说明 SQL 盲注法的原理，因为利用人工测试太没有效率了，所以都是利用工具完成（见第 7 章的 SQLMap）。大家要记得，学会原理之后，更要善用工具。

4.5.2 关于反射型 XSS

反射型 XSS 的执行只有一次机会，以 testfire 的登录页面为例，在 username 字段中输入""><script>alert("XSS");</script>"，虽然登录失败，但是界面中会弹出一组"XSS"的信息，这次的注入操作仅一次有效，必须重新输入""><script>alert("XSS");</script>"才能再触发一次，而且只对当前的浏览者有作用，在入侵的应用上，反射型 XSS 的可利用程度比存储型低很多，以往进行渗透测试发现此漏洞时，常被设计人员质疑"只能自己对自己执行 XSS 算什么漏洞呢？"乍听之下似乎有理，其实设计人员忽略了"社交工程"的威力，就算是反射型的漏洞，依然可以像存储型 XSS 一样对用户造成危害，常见的情景是：黑客包装 URL（例如：<a href="http://demo.testfire.net?uid=""><script>alert (""XSS"");</script>&password=aaa"> 好事告知 </a>"），再利用社交工程信寄给用户，只要用户不小心启动"好事告知"的链接，就中了反射型 XSS 的攻击。或许读者会反驳"上面的 URL 是用 Get Method，改用 Post Method，再通过 URL 提交的数据就不会接收了"，那黑客伪造 Post 请求呢？是不是比较难处理了呢？

当检测出 XSS 漏洞时，不管设计人员怎么质疑，我们应坚定立场，有漏洞就是要修补，一定要设计人员把有问题的程序代码修好！假如反射型 XSS 没有危害，它就不会每期都出现在 OWASP Top 10 的排名里。

4.5.3 网址栏的 XSS

在介绍 Top 10 的 XSS 漏洞时，曾建议采取过滤特殊符号"< > / " ' & % #"的防护方式，但这并不是包除百病的灵丹妙药，因为至少网址栏的 XSS 就不必用到这些符号。

有些网站提供常用的链接，这些链接大部分不是直接固定"写死"在程序中的，而是提供一个程序让管理员可以随时维护链接的清单，并将这个清单存储在数据库中，由于输入的字符串是链接网址，不可能过滤"/ : & % ?"这些字符。假使黑客能接触到这个程序，就可以添加链接数据。正常的链接应该类似如下形式：

```
<a href="https://www.yahoo.com/"> 好事告知 </a>
```

但是黑客将 href 的内容改成"javascript:alert(document.cookie);"（或其他 JavaScript 程序）就能达到 XSS 的攻击效果。要防止网址栏的 XSS 攻击，可以过滤"javascript:"（不区分字母大小写）。

4.5.4 关于 Cross Site Request Forgery（CSRF，跨站请求伪造）

前文已介绍过跨站伪造请求（CSRF）的原理，渗透测试通常不会执行社交工程测试，如果受测网站不存在 XSS 漏洞，就不容易出现 CSRF 漏洞，此时可以启动浏览器的本机 html 网页来验证，如果受测网页会接受 GET 的请求，则可以使用如下网页程序来测试：

```
<html>
<head></head>
<body>
<img src="http:// 网址 / 目标网页 ? 请求的内容 " />
</body>
</html>
```

如果只是利用 img 来测试 CSRF，则无法直接从浏览器看到执行结果，必须借助开发人员工具或 ZAP、Burp Suite 等 Local Proxy 来验证处理的结果（见图 4-17）。

图 4-17 利用自制网页测试目标网页是否存在 CSRF 漏洞

如果接受测试的网页只接受 POST 请求，则改用下列网页程序进行测试：

```
<html>
<head></head>
<body>
<form name="f1" action="http:// 网址 / 目标网页 " method="post">
<input type="hidden" name=" 请求字段的名称 " value=" 请求值 " />
<!-- 如果多个字段，请建立多组 input-->
</form>
<script>
// 这段 javascript 是为了自动提交
document.forms.f1.submit();
</script>
</body>
</html>
```

如果目标网页会接受来自本机网页的请求，就表示存在跨站请求伪造的漏洞。

4.5.5 关于 Session Hijacking（会话劫持）

因为 HTTP 的通信属于无状态（Stateless）网络连接机制，服务器为了正确地响应用户端的请求，必须知道发送请求的人是哪一位，也必须保留用户执行到目前的状况，为了管理网络连接的用户，服务器会为每一位联机的用户给予一组代号——SessionID，简单地说，就是通过 SessionID 来识别用户。

SessionID 的应用机制本身并无过失，可是如果黑客可以拦截、窃取、复制此 SessionID，就可以假冒正当的用户身份进行网络，于是黑客就与正当用户具有相同的身份了。

不过，若网站没有其他漏洞，黑客要取得 SessionID 也并不容易，就算取得了，也无法正常使用，因此要驾驭 SessionID 时必须先找出网站的其他漏洞。通常可以用来拦截、窃取、复制 SessionID 的漏洞有下列几种：

- SessionID 的分配具有规则性，或从分配后到用户离线前都使用同一组，而不是随机变动，例如 ASP 的 SessionID 就具有这种特性。
  防范方法：每次用户发送请求（Request）后，服务器响应（Response）时即可动态变更 SessionID，让黑客无从猜测，利用 ASP 开发的应用程序建议用 ASP.NET 改写。
- 黑客通过网络封包监听，从中取得 SessionID。
  防范方法：启动 SSL 传输加密机制保护 SessionID 内容。
- 利用网站的 XSS 漏洞，直接读取用户的 Cookie 内容。
  防范方法：确保网站没有 XSS 漏洞，并且将 Cookie 设置成 http only，防止黑客利用 JavaScript 读取 Cookie 内容。当然用户的使用习惯也很重要。若因为其他因素（如木马）造成 Cookie 被盗取，Web 应用程序也无从防护。
- 利用中间人攻击，黑客假冒 Proxy Server，让用户通过 Proxy 上网，进而从中取得用户上网的信息。这种攻击 Web 应用程序的方式最难防范，只能请用户自己小心，如果真要从服务器端进行防护，只能限制用户不得通过 Proxy 进行网络连接，并启用 SSL 传输加密。

至于网站方面，可以利用用户的源 IP 进行另一层保护，当发现同一组 SessionID 来自不同 IP 时，即有可能是 Session Hijacking 攻击，可以立即中断网络连接，并要求用户重新登录。黑客通常拿不到用户的账户/密码才会利用 Session Hijacking 攻击。虽然要求用户重新登录会造成困扰，但不失为防御 Session Hijacking 攻击的有效方法。

4.5.6 关于 Clickjacking（单击劫持）

在介绍 XFS 攻击时，提到黑客就会利用把 Div 放在当前网页的上层，借以优先获取 JavaScript 事件，此为实现 Clickjacking 的方法之一。如果网站存在 XSS 漏洞，黑客也可直接利用 XSS 在特定对象（如按钮）的上层设置隐形（透明）的图层（Div），当用户尝试用鼠标单击该按钮时，此隐形图层会优先触发事件。所以 Clickjacking 本身不算是漏洞，而是被利用的一种攻击手法。

4.6 重点提示

- 要利用漏洞，就要先了解漏洞，OWASP TOP 10 是必要的基础知识。

- OWASP TOP 10 是一份漏洞分类方式的清单而不是漏洞的攻击向量，不同的攻击向量可能导致相同的漏洞分类；类似的，同一种攻击向量也会因最终结果的差异而归成不同漏洞分类。
- 利用漏洞，也要懂得防护，攻防俱佳，测试项目才周全。
- 善用网络资源，充实自己的漏洞知识。

第 5 章

信息搜集

本章重点

- nslookup
- whois
- DNSRecon
- Google Hacking
- hunter.io
- metagoofil
- theHarvester
- HTTrack
- DirBuster
- 在线漏洞数据库
- 创建字典文件
- 字典文件生成器

渗透测试的第一步是先搜集受测目标的相关信息（参考附录：渗透测试足迹搜集检查表），这种行为称为“侦察”或“踩点”（Reconnaissance），不过网页测试不需要如此巨细靡遗，只要针对目标网站、Web 应用程序进行搜集即可。

此章的内容主要讲述对外部网站进行渗透测试，如果读者打算对本机构内部（Intranet）服务的网站进行渗透测试，那么利用外部信息（如 Google Hacking、网页式 whois、theHarvester、在线漏洞数据库）的方法就可略过，因为内部网站的信息利用 Google 和百度等搜索引擎应该搜不到，内部网站的信息只能从内部网络架构下手，对内部网站的渗透测试在此步骤能用的工具只剩 nslookup、whois、HTTrack、DirBuster。

再次提醒大家，任何操作都要记得截图，并依照步骤顺序制作“渗透测试记录”，作为渗透报告书的附件。

本章将会用到的工具如表 5-1 所示。

表 5-1　工具说明

工具类型或名称	主要用途
nslookup	查询 URL 的实际 IP
whois	查询 Domain 的注册信息
DNSRecon	列举与网站有关的 DNS 信息
Google Hacking	查询被 Google 收录的网站信息
hunter.io	查询特定网域的电子邮件地址
metagoofil.py	利用 Google 搜索引擎获取或下载指定网域的文件
theHarvester.py	搜索与此网域（Domain）有关的电子邮件地址等信息
HTTrack	将网站的内容复制到本机端（离线浏览工具）
DirBuster	暴力猜测可能的 URL
archive.org	查询网站的历史网页
crunch 及 RSMangler	两套不同风格的字典文件生成器
pw-inspector	从现有的字典文件中筛选符合规格的字符串，并制成新字典文件

5.1　nslookup

工具来源：Windows 内置程序

域名系统（DNS）侦察是渗透测试的重要一环，目的是为了摸清目标的底细，多数机构会尽心尽力保护自己的应用服务器，防火墙的设置也为应用服务器优化，但对 DNS 的保护或许就不够周全，因此，除了搜集被动信息外，DNS 一般是主动收集来源的首要目标。

nslookup 可查询及测试 DNS 服务器，最简单的用法就是：nslookup HOST-NAME。以查询 demo.testfire.net 和 yahoo.com.cn 的 IP 为例，在命令提示符（cmd.exe）下分别输入 nslookup demo.testfire.net 和 nslookup yahoo.com.cn，并得到响应的结果，如图 5-1 所示。

除了从默认的 DNS 服务器查询外，也可以自行指定 DNS 服务器，例如“nslookup demo.testifre.net 8.8.8.8”是向 Google 提供的 DNS 服务器进行查询。

结果查得 demo.testfire.net 的 IP 为 65.61.137.117，为什么要查 IP？因为有些 URL（如图 5-1 的 yahoo.com.cn）会对应到多组 IP。在测试时，如果 URL 有多组 IP，就表明应用系统可能部署在多台服务器上，虽然是同一套应用程序，但在不同服务器部署的版本不见得相同，服务器环境也可能不一致，可以测试的目标变多了，找到漏洞的机会也会加大。

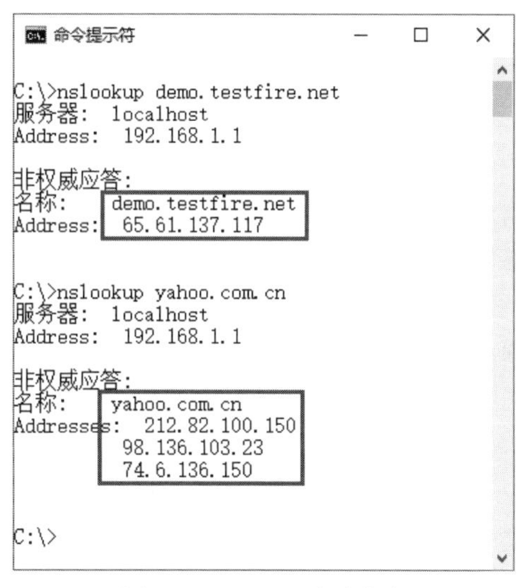

图 5-1　nslookup 查询信息

当然，受测目标是单位内部的服务器，事前都已知悉 IP，就不必再用 nslookup 查询其 IP 了。

补充说明

查询 IP 只是 nslookup 的基本功能，在执行整体渗透测试时，还可使用 nslookup 查询机构内的 DNS 服务器或执行 DNS 区域记录传送（Zone Transfer，同步传输 DNS 数据记录）。当执行 nslookup 时，会启动 nslookup 控制台，进入交互模式，此时可执行 "?" 来查看 nslookup 的命令选项。

从图 5-2 可看出，进入交互模式后，① nslookup 会先列出本机默认的 DNS 服务器（192.168.1.1）；② 接着设置类型为所有记录；③ 然后查询 www.sina.com.cn；④ 再将 DNS 服务器换成 8.8.8.8；⑤ 查得 www.sina.com.cn 的 DNS 服务器变成 dns.google。

图 5-2　nslookup 的交互模式

5.2 whois

查询目标主机的 whois 信息可以找出机构使用的网段大小、网域注册的联络信息（通常可取得管理员的电子邮件地址及联络电话）。在进行全机构渗透测试时，这些信息都可供后续测试使用。例如，在执行 NMAP 扫描时可以运用找到的网段大小，加大测试面积；从管理员的电子邮件地址可判断邮件服务器，再借助探测邮件服务器寻找可能的用户账号。

5.2.1 浏览器插件

Chrome 和 Firefox 浏览器有一个名为 IP Address and Domain Information 的插件（扩充组件），它提供了直接从浏览器查询目标网站的网域注册信息，如果读者需要此项工具，可自行安装，安装完成后可在浏览器的右上角看到此工具的图标。在浏览器上打开目标网页，然后单击此图标即会出现该网站的注册信息（见图 5-3），由于数据量颇多，无法在一个页面内全部显示，为了取得所有数据，可在页面上单击鼠标右键，选择“另存页面为(P)...”将结果存成网页，以方便后续处理（此工具在 Chrome 上并没有“另存新文件”功能），使用在线工具还有一个好处，那就是我们的计算机不必直接碰触到目标设备，因此不会留下勘查的足迹。

图 5-3 IP Address and Domain Information 插件

这个在线工具还有其他功能，例如在线 Tracert 可以用来侦察目标网站的边界设备、该网站是否还注册了其他的主机名、在它的前后可能还有哪些主机（图5-4是图5-3的延续），这些都是全企业渗透测试时的重要信息，尤其到达目标主机的前两跳（Hop）或前三跳的设备很可能是防火墙、WAF或IPS等防护设备，值得进一步评估，说不定机构使用的防火墙本身就存在漏洞，可以直接绕过，只是针对防护设备的渗透测试已超出本书讲述的范围。

这个插件找到的数据中有一段“Whois information”，从里面就可以找到网域注册时所登记的联络人信息（通常是网域管理员），他的电子邮件账号可能也用在其他系统，可以将其视为账户/密码暴力猜解的对象之一。

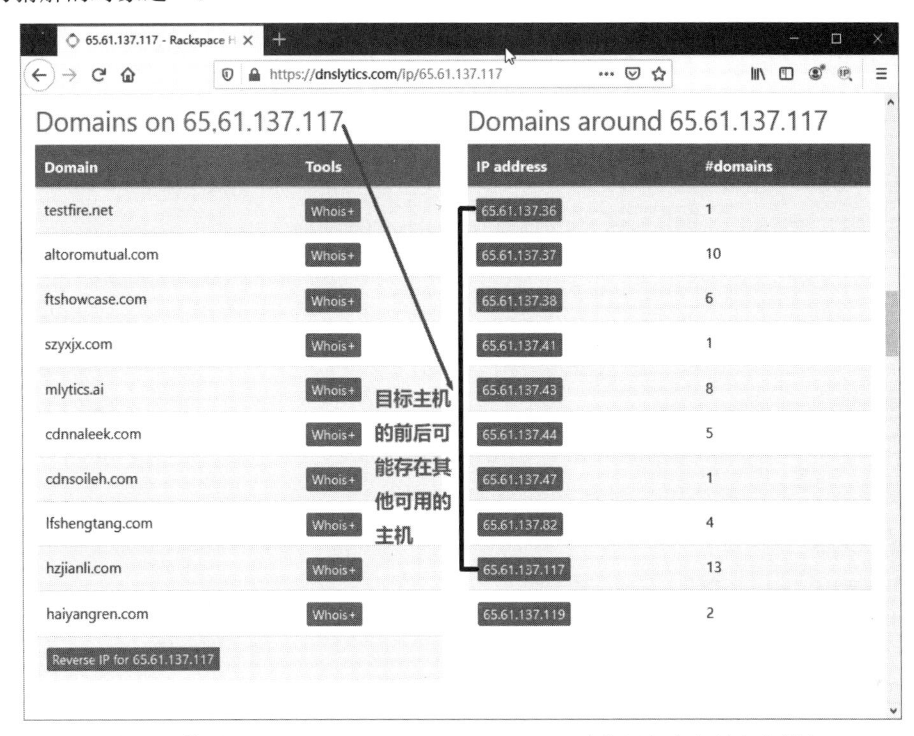

图5-4　使用 IP Address and Domain Information 查询目标主机的相邻设备

除了IP Address and Domain Information插件外，也有许多网站提供类似的服务，由于各家查询的whois服务器不同，因此可能查询到的结果也不尽相同。如果发现某一网站所查得的数据不够丰富，可以再到其他网站试试，下面是笔者经常使用的whois服务网站。

- http://whios.domaintools.com/
- https://toolbar.netcraft.com/site_report
- https://whois.net/

5.2.2　命令行工具

工具来源：https://technet.microsoft.com/en-us/sysinternals/default

- 如果不习惯使用网页式的whois，也可以到微软公司的网站下载Sysinternals Suite工具套件（工具合集），然后直接解开压缩文件即可使用，其中有一个名为whois.exe的独立程序，它的语法如下：

```
whois 待查网域[WHOIS 服务器网址]
```

- 如果不指定 WHOIS 服务器网址，whois 会自动以待查网域的顶级网域（例如 cn）选择合适的 WHOIS 服务器，以查询 demo.testfire.net 为例，指令如下：

```
whois testfire.net
```

笔者发现使用 whois.exe 无法查询一些网站的网域信息，以查询某大学的网域为例，得到“不知道这样的主机”的结果（见图 5-5），但查询 demo. testfire.net 会得到正常的响应（见图 5-6），可能是有些机构为了信息安全的考虑而抑制了 whois 信息。

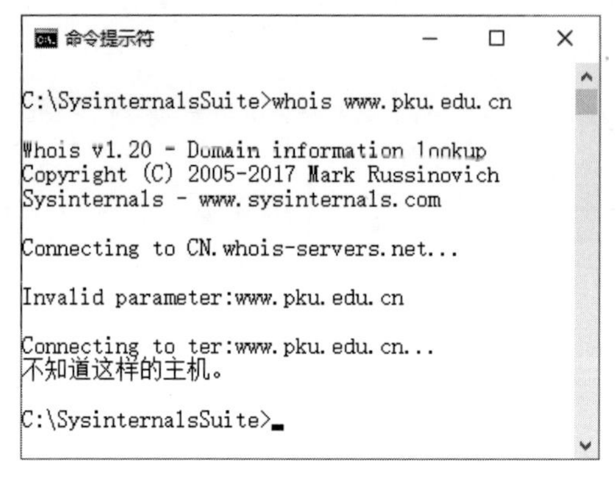

图 5-5 whois 无法查询的一些网站

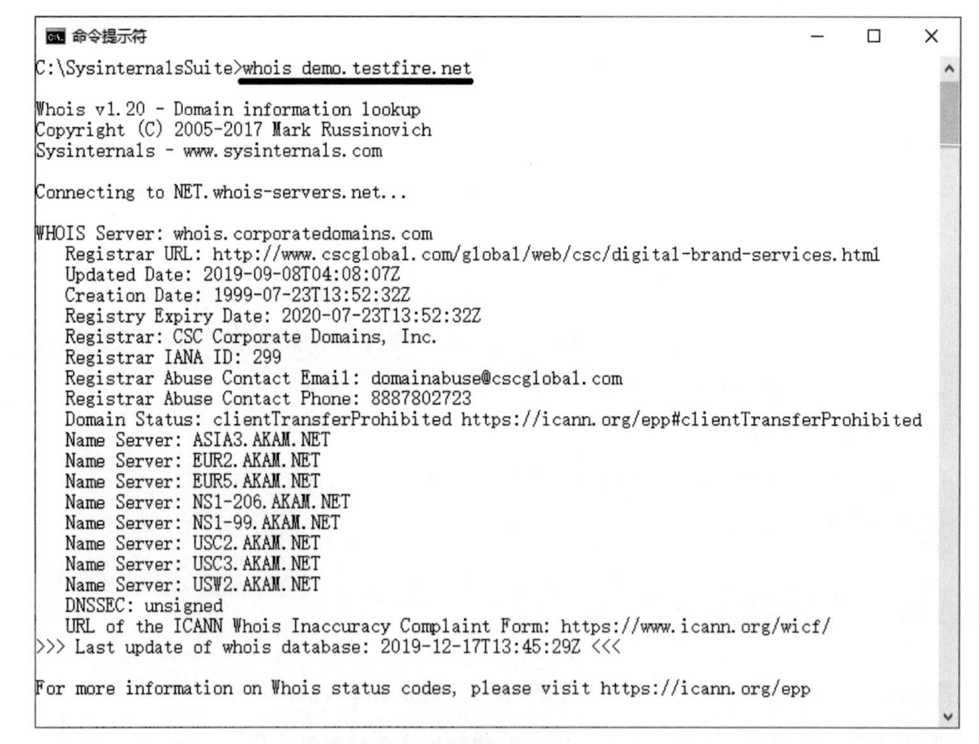

图 5-6 whois 查询 demo.testfire.net 的信息

- 查询的结果直接显示在屏幕上，由于内容太多而不利后续处理以及作为测试报告的佐证数据，此时可以使用操作系统的重定向机制，如下范例指令就是将输出结果重定向到 testfire.txt 文本文件。

```
whois demo.testfire.net > testfire.txt
```

如果想同时写入文本文件，又要显示在屏幕上，则可以使用管道机制将上述指令修改为：

```
whois demo.testfire.net > testfire.txt | type testfire.txt
```

5.3　DNSRecon

工具来源：https://github.com/darkoperator/dnsrecon

这是一个用 Python 编写成的多功能 DNS 工具，读者的计算机必须要有 Python 运行环境才可正常使用。这个工具除了查询目标机器的 DNS 信息外，还可以检查机构的 DNS 服务器是否存在区域传送（Zone Transfer）漏洞，也可以利用字典文件暴力探测 DNS 服务器中的子域及主机记录，本节只会讨论 DNSRecon 的 DNS 查询功能。

DNSRecon 不需安装，下载后直接将压缩文件解压缩到指定的目录即可使用，笔者是将它解压缩到 C:\Python\DNSRecon\目录。

备　注

执行时若出现“ImportError: No module named XXXX”（XXXX 是指某个模块的名称），表示缺少 XXXX 模块，请按下列方式将模块加到模块库：

（1）试着以 pip install XXXX 自动下载及安装模块。

（2）如果无法自动安装模块，就自行上网寻找模块，并手动安装。

笔者执行时发现缺少 netaddr、dns、lxml 三个模块，其中 netaddr 和 lxml 模块可以使用 pip 安装，dns 模块则需手动安装，请从 https://github.com/rthalley/dnspython 下载并解开压缩文件，然后在 dnspython 目录下执行“py-3.7 setup.py install”安装相关模块。

（1）语法

```
py -3.7 dnsrecon.py -d DOMAIN [ 其他参数 ]
```

（2）常用参数

- -h：显示使用说明。
- -d DOMAIN：必要，指定待查询的域名，例如 testfire.net。
- -r ADDR-RANGE：指定要进行反向查询（找出 IP 对应的主机名称）的一段 IP 地址，可以使用“起始地址-终点地址”或 CIDR 格式表示一段地址，例如 192.168.1.1-192.168.1.255 或 192.168.1.0/24。
- -n DNS_SERVER：指定使用 DNS 服务器，若不指定，则会使用待查网域的 SOA 记录对应的名称服务器。

- -D DICTIONARY-FILE：当要使用暴力查询子域或主机名时，要指定测试用的字典文件的路径及文件名，下载得到的压缩文件中已自带 namelist.txt（约 2000 笔）、subdomains-top1mil.txt（约 11.5 万笔）、subdomains-top1mil-20000.txt（2 万笔）和 subdomains-top1mil-5000.txt（5000 笔）4 套字典，读者不必费心收集。
- -f：当执行域名暴力猜测时，域名解析得到的 IP 若含有通配字符，就不要写到输出文件，有关输出文件的格式，请参考--db、--xml、-c 及-j 参数的说明。
- -t ACTIONs：设置本工具要执行的查询操作类型，若要指定多个类型，彼此之间请以半角逗号“,”分隔且不能留有空格。可用的操作类型有：
  - std：查询 SOA、NS、A、AAAA、MX 及 SRV 等标准记录，此为默认操作。
  - rvl：对指定的 IP 地址范围或 CIDR 进行反向查询域名。
  - brt：利用指定的字典文件（见-D 的说明）执行子域及主机名的暴力测试。
  - srv：查询 SRV 记录。
  - axfr：对所有名称服务器执行区域记录转送测试。
  - goo：利用 Google 搜索引擎验证所找到的子域及主机名是否存在（公开对外服务）。
  - bing：利用 Bing 搜索引擎验证所找到的子域及主机名是否存在（公开对外服务）。
  - zonewalk：利用 NESE 记录执行 DNSSEC 区域遍历（Zone Walking）以找出可用的域名。
- -a：执行标准查询及区域记录转送，相当于-t axfr。
- -s：执行标准查询及反向查询 SPF 记录中 IP 范围的域名。
- -g：执行标准查询，并以 Google 搜索引擎验证找到的网域，相当于-t goo。
- -b：执行标准查询，并以 Bing 搜索引擎验证找到的网域，相当于-t bing。
- -w：进一步执行 whois 记录分析，并对标准查询所找到的 IP 进行名称反向查询。
- -z：执行标准查询及 DNSSEC 区域遍历，相当于 -t zonewalk。
- --threads N：指定正向查询、反向查询、暴力猜测及枚举 SRV 记录时的线程数量，它是一个大于 0 的正整数。
- --tcp：DNS 协议支持以 TCP 及 UPD 进行查询，可以利用此参数强制指定用 TCP 查询。
- --lifetime S：当发送查询请求后，等待 DNS 服务器响应的时间，若超时未收到响应，则视同查询失败，此为浮点类型的数值，单位为秒。
- --db DB：将查询结果存储到 SQLite 3 格式的数据库文件。
- --xml XML-FILE：将查询结果写到指定的 XML 文件。
- --iw：执行暴力猜测时，就算找到域名带有通配字符“*”依然继续执行。
- -c CSV-FILE：将查询结果以 CSV 格式写到指定的文件。
- -j JSON-FILE：将查询结果以 JSON 格式写到指定的文件。
- -v：显示每次暴力猜测网域时使用的名称字符串。

（3）范例

此工具的参数不少，但实用又常用的指令如下范例所示，笔者的计算机中安装了 Python 3.7.x 版，因此使用“py -3.7”执行 DNSRecon。

执行普通的 DNS 查询（标准查询），并将结果以 CSV 格式写到 testfire_dns.txt 中：

```
py -3.7 dnsrecon.py -d testfire.net -c testfire_dns.txt
```

结果如图 5-7 所示。

```
管理员: 命令提示符
D:\dnsrecon>py -3.7 dnsrecon.py -d testfire.net -c testfire_dns.txt
[*] Performing General Enumeration of Domain: testfire.net
[-] DNSSEC is not configured for testfire.net
[*]      SOA asia3.akam.net 23.211.61.64
[*]      NS eur2.akam.net 95.100.173.64
[*]      Bind Version for 95.100.173.64 b'22755.3'
[*]      NS eur5.akam.net 23.74.25.64
[*]      Bind Version for 23.74.25.64 b'29094.117'
[*]      NS usc3.akam.net 96.7.50.64
[*]      Bind Version for 96.7.50.64 b'23769.84'
[*]      NS ns1-99.akam.net 193.108.91.99
[*]      Bind Version for 193.108.91.99 b'29095.180'
[*]      NS ns1-99.akam.net 2600:1401:2::63
[*]      NS asia3.akam.net 23.211.61.64
[*]      Bind Version for 23.211.61.64 b'26721.47'
[*]      NS usc2.akam.net 184.26.160.64
[*]      Bind Version for 184.26.160.64 b'24490.115'
[*]      NS ns1-206.akam.net 193.108.91.206
[*]      Bind Version for 193.108.91.206 b'29095.180'
[*]      NS ns1-206.akam.net 2600:1401:2::ce
[*]      Bind Version for 2600:1401:2::ce b'29095.182'
[*]      NS usw2.akam.net 184.26.161.64
[*]      Bind Version for 184.26.161.64 b'32060.26'
[-] Could not Resolve MX Records for testfire.net
[*]      A testfire.net 65.61.137.117
[*] Enumerating SRV Records
[-] No SRV Records Found for testfire.net
[+] 0 Records Found
[*] Saving records to CSV file: testfire_dns.txt
```

图 5-7　使用 dnsrecon.py 查询 testfire.net 的 DNS 信息

检查 DNS 服务器是否存在区域传送的漏洞：

```
py -3.7 dnsrecon.py -d testfire.net -a
```

对指定的 IP 反向查询其域名，并将结果以 XML 格式写到 testfire_rsv.xml 文件中：

```
py -3.7 dnsrecon.py -r 65.61.137.112/28 --xml testfire_rsv.xml
```

使用字典文件暴力猜测 testfire.net 网域的子域及主机名：

```
py -3.7 dnsrecon.py -d testfire.net -D namelist.txt -t brt
```

利用 NSEC 记录进行 DNSSEC 遍历，以找出 testfire.net 网域的子域及主机名：

```
py -3.7 dnsrecon.py -d testfire.net -t zonewalk
```

5.4　Google Hacking

工具来源：www.google.com

Google 的首页极为简洁，没有花俏的装饰，就只有一个大大的输入框，但在这个简洁的页面底下蕴含着令人意想不到的功能，连顶尖的黑客都很向往。Google Hacking 就是利用 Google 的搜索功能，从因特网寻找与目标网站相关的有用信息，例如人员名册、漏洞扫描报告或其他敏感信息，或是其他人已发现并公布到网络上的网页漏洞信息或源代码。

Google 搜索指令可以非常简易，也可以非常复杂，一般人只用到全文搜索，但它还有许多高级功能，想要了解细节，在输入框右下方有一个“设置”按钮，在里面可以找到“高级搜索”选项。

在输入框中输入以空格分隔的文字时，Google 默认采用 OR（“或”逻辑）搜索，因此“java owasp”和“java OR owasp”的意思是相同的，亦可用“|”代替　“OR”。如果要精确限定一句短

词，则需要以双引号（" "）括住，例如 "OWASP Top 10"（不分字母大小写），如果词汇中存在小数点，则该小数点会被视为“任意字符”，例如“人工.智能”。

除了一般字词的搜索，Google 还提供了限定符，可以提高搜索结果的精确度。

5.4.1 常用的 Google 搜索限定符

常用的 Google 限定符（指令）有：

- site: 只搜索指定网域或主机名的数据，site 的对比是采用右边为准的对比规则，以北京大学的网站“www.pku.edu.cn”为例，site:pku.edu.cn 是寻找主机名右边为“pku.edu.cn”的数据，如果改成 site:pku.edu，就将找不到任何数据。
- ext: 用来搜索指定类型的文件，例如想搜索 pdf 文件而不是一般的网页信息时，可以用 ext:pdf（或 filetype:pdf）来筛选输出的结果。同理，可查 xls、xlsx、doc、docx、…。如果想同时搜索两种文件类型，请不要写成“ext:doc ext:pdf”，而应该写成“ext:doc | ext:pdf”（“|”与“OR”具有相同的作用）。注意: ext 不能单独使用，必须搭配要搜索的字词，例如“渗透测试 ext:pdf”。
- inurl: 出现在该资源的 url 字符串之中。注意，site 限定符仅与主机名称有关，inurl 则对比整个网址。例如，“inurl:login.js”表示 url 中存在“login.js”字样。
- intitle: 出现在网页标题（<title>）的文字。例如，“intitle:"index of"”表示网页的标题文字必须包含“index of”字样，由于查询数据中有“空格”，因此要用" "括起来。
- intext: 出现在网页主体（<body>）的文字。例如，“intext:MapPath”表示网页的主体内容必须包含“MapPath”字样。

使用限定符时，限定符与接续的参数之间不能留有空格。搜索时加上限定词，限定符和一般词汇形成 AND（“与”逻辑）的关系。读者可试着使用下列语句查询看看（见图 5-8），体会一下 Google Hacking 的强大。

```
site:testfire.net (ext:xls OR ext:pdf)
# 右括号的前面有一个空格
site:pku.edu.cn inurl:admin
"[ODBC SQL Server Driver]" " 语法不正确 " site:edu.cn
site:demo.testfire.net  inurl:content=personal
```

图 5-8　使用 Google Hacking 查询信息的范例之一

备　注

“限定符：条件句”中间是没有空格的，空格会被 Google 视为条件式的分隔，如果条件句需要包含空格，就要用双引号（""）括起来，例如 "index of"。

常用 Google 搜索的用户应该都碰到过一种情况，明明 Google 搜索到了，但用鼠标单击进去却找不到网页，我们要了解这一点，Google 搜索的是历史数据，但当前打开的却是最新状态的网页，当找不到网页时，表示该网页或网站已经改版（或出现故障了）。如图 5-9 所示是搜索页面出错的情况，说不定该网页已修正了此项错误，等找得到该网页时，却看不到原来的错误信息了，这时就可以利用 Google 页面缓存文件（Cache）的功能，直接查看历史页面。

图 5-9　使用 Google Hacking 查询信息的范例之二

虽然现在已修正了程序错误，但之前遗留的信息仍为黑客攻击提供了实用的情报，查看图 5-9 的第一笔数据的页面缓存文件，可以断定此网站是架设在 Windows 的 C 盘上的 PHP 应用系统（见图 5-10）。（为了保护当事网站，故将网址遮隐，请读者见谅。）

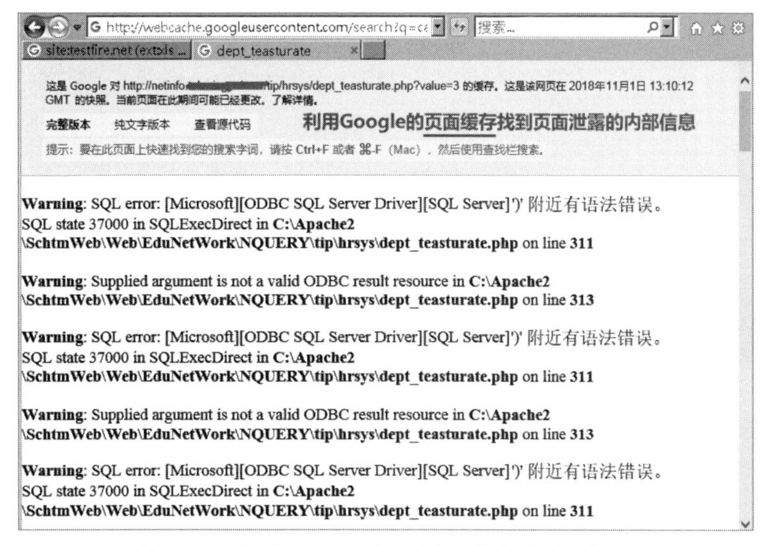

图 5-10　使用 Google 页面缓存文件查看历史信息

后端数据库使用 Access 的话，由于它是文件型数据库，通常会和应用服务器放在同一台计算机上，因此使用 ASP 开发 Web 程序通常会用 Server.MapPath 函数找出 Access 的文件路径。为了搜索曾经出错的网页，可以试看“site:edu.cn intext:MapPath”，会发现不少学校系统的错误页面都曾被 Google 收录（见图 5-11）。读者是否发现 Google 爬虫程序找到的网页内容竟然包含后端的程序代码？早期的设计人员对程序错误大多未进行特别处理，以至网页错误信息被 Google 收录，黑客利用 Google 搜索就能找到相关的后端程序代码（见图 5-12），现在直接单击网址，或许已经看不到暴露的程序代码（网页已修正），但从“页面缓存”中可能还会看得到。

图 5-11　Google Hacking 找到许多学校网站暴露的错误信息

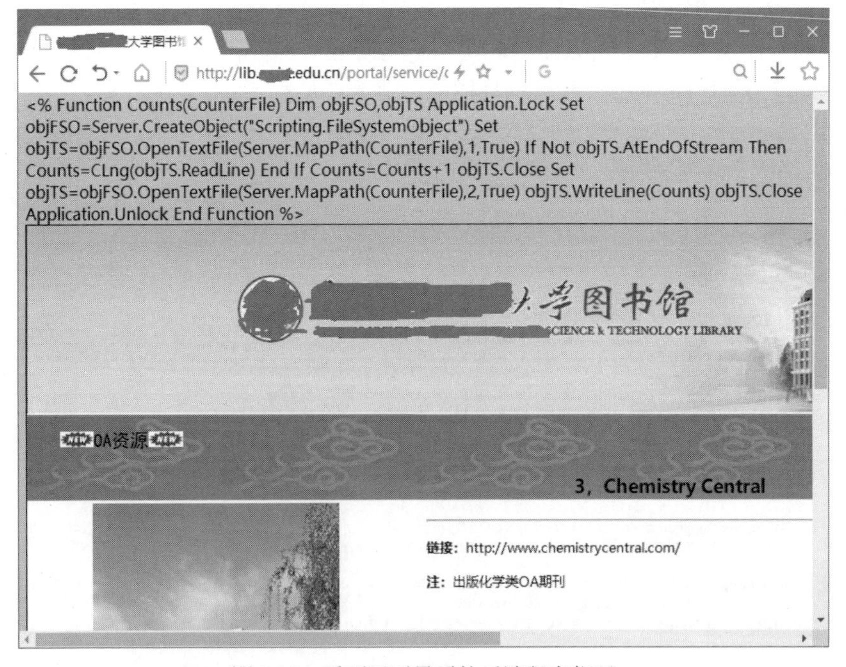

图 5-12　看到网页暴露的后端程序代码

备　注

有时暴露的程序代码因为被 HTML 标签（tag）包围，或恰巧落在注释区域中，以至于未能直接显示在浏览的网页上。遇到这种情况，可以用浏览器的“查看源”选项来查阅源代码。

收集到的数据或信息不一定可派上用场，或许当下用不到，但说不定执行到后面的程序时会发现这些数据或信息还是有所帮助的，所以搜索到的数据或信息也应妥善保存好，找得到数据或信息总比找不到好。

5.4.2　实用的搜索语法

下面列出常用的搜索语法供大家参考，记得在搜索语句中加入 site:URL，以免搜索到太多无关的项目而影响判读。

1. intitle:"index of"

主要用于搜索目标网站泄露的目录列表，不够细心的网站管理员可能因为大意而启用了系统的目录列表功能（参考 4.2.6 小节中的 A6 项），大多数系统的目录列表会以“index　of”作为标头（见图 5-13）。

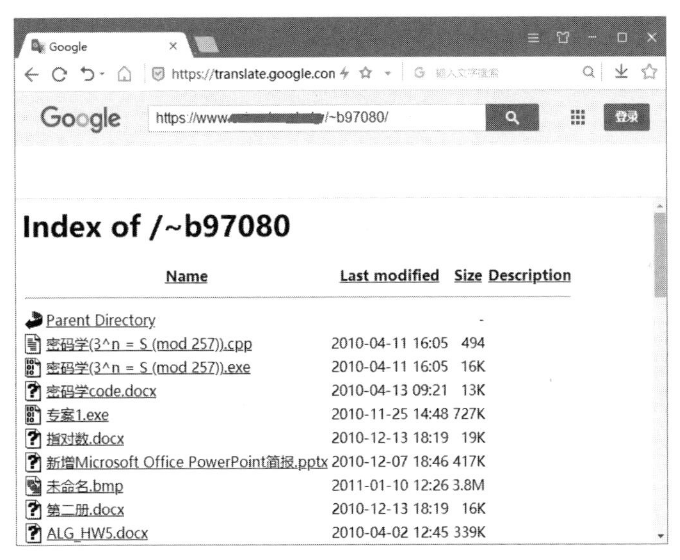

图 5-13　目录列表以 index of 为标头

为了让搜索结果更精准，index of 可以搭配其他词汇使用：

- intitle:"index of" etc
- intitle:"Index of" .sh_history
- intitle:"Index of" .bash_history
- intitle:"index of" passwd
- intitle:"index of" people.lst
- intitle:"index of" pwd.db

- intitle:"index of" etc/shadow
- intitle:"index of" spwd
- intitle:"index of" master.passwd
- intitle:"index of" htpasswd
- intitle:"index of" data

2. inurl:service.pwd "# -FrontPage-"

这个搜索限定句用来挖掘 FrontPage Extensions service 的漏洞，这是因为 FrontPage Extensions 会在服务器的_vti_pvt 目录中创建 service.pwd 文件，用来保存用户账号及密码，打开此链接就会看到 service.pwd 中的账号及密码信息。如图 5-14 的“stpeters”即为用户账号，而“ROCqME19S7QDI”则是用 DES 加密后的用户密码，取得 FrontPage Extensions 的账户及密码之后就可能从远程上传或管理网站的内容。有关离线密码破解相关的内容，可参考第 8 章。

图 5-14 搜索 FrontPage Extensions 暴露的账户/密码

3. intitle:phpmyadmin

“intitle:phpmyadmin intext:"Create new database"”和“intitle:phpmyadmin intext:"Welcome to phpMyAdmin"”这两条查询语句用来搜索系统是否因设置不当而将 phpMyAdmin 的管理系统暴露在因特网上，让黑客可以绕过权限管控进行数据库管理的操作。

4. filetype:inc conn

搜索系统的包含文件（include file）。设计人员为了避免在每个网页重复输入连接字符串，会将数据库连接字符串写成独立文件，按照命名习惯，通常会将文件扩展名取为.inc；网站管理员疏忽，没有为.inc 设置对应的处理程序，网站系统会将它视为普通文件而交由默认的处理程序，通常就是把内容直接回应给浏览器。黑客就可以查看.inc 的原始内容了。有关此项漏洞可参考 4.2.6 小节中的 A6 项。

5. inurl:data filetype:mdb

Access 是文件型数据库，被许多小型系统作为网站数据库。如果网站设置不当，此数据库文件就可能被 Google 收录，从而让黑客可以直接下载整个数据库。若是如此，黑客就连破解网站都不用了。

6. inurl:_vti_cnf

如果网站是使用 FrontPage 开发的，那么 FrontPage 会在每一个目录下创建一个_ vti_cnf 子目录，用于存储其上层目录（拥有_vit_cnf 的目录）的信息文件（见图 5-15）。在正常情况下，部署到正式环境之前应该将所有 FrontPage 管理用的目录（_vti_起头）全部删除，这些目录对网页的执行毫无作用，却可能造成信息外泄，因为从_vti_cnf 目录就能得知上层目录有哪些文件。

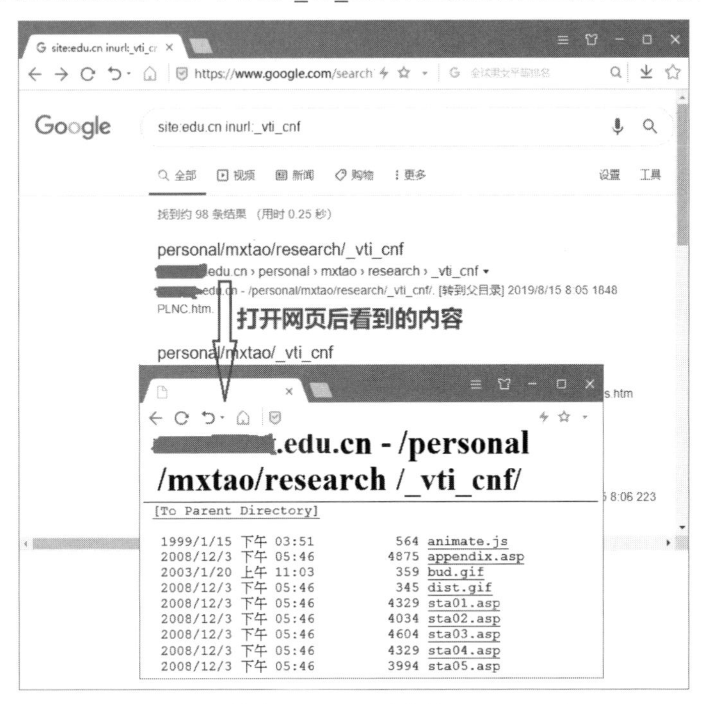

图 5-15　搜索 FrontPage 遗留的_vti_cnf 目录

下面的限定符请读者自行练习，或许能挖掘出更多的数据或信息。

- inurl:login
- inurl:file
- inurl:load
- inurl:phpsysinfo
- ext:conf

如果想要更深入地了解 Google Hacking 的应用，可参考相关的资料或书籍。

5.5　hunter.io

工具来源：https://hunter.io/

hunter 可用来搜索目标网域的电子邮件地址，虽然也可以用 Google 搜索，但找到的邮件地址还需要手动进行整理，而 hunter 则可以给我们提供一张整理好的邮件地址清单。有意寻找目标网站潜在的用户账号时，邮件地址是很好的来源之一。

hunter.io 比 Google 更容易使用，只要在搜索框输入待搜索的网域，然后单击“Find email address”按钮即可。只是如果没有 hunter 账号，找到的电子邮件地址中有一部分是缺失的（见图 5-16），想要看到完整的电子邮件地址，需要注册一个 hunter 账号。

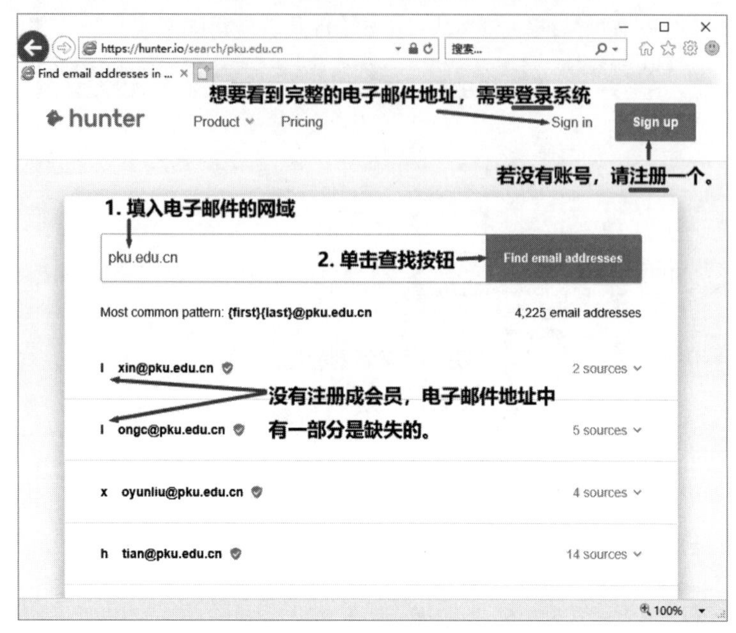

图 5-16　未登录 hunter 时电子邮件地址中有一部分是缺失的

登录 hunter 后会发现搜索页面不一样了，但操作方式是一样的，可从右边的 Sources 看到此电子邮件地址出现在哪些网页上（见图 5-17），也可以直接将电子邮件地址导出到 CSV 文件中，不过导出功能是有代价的（要缴纳月租金）。

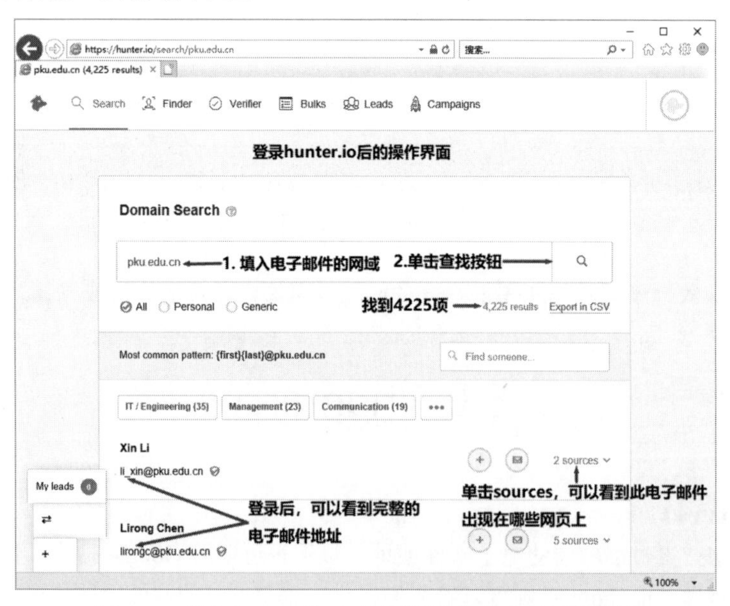

图 5-17　登录 hunter 后，可以看到完整的电子邮件地址

5.6　metagoofil

工具来源：https://github.com/laramies/metagoofil

前文提到可以用 Google 的 ext（或 filetype）限定符搜索特定类型的文件，但找到后还得逐一手动下载。为了解决这种吃力不讨好的苦差事，可以试试 metagoofil 这个工具。metagoofil 是借助 Google 搜索引擎从指定的网域搜索文件，不仅查找文件，还可将文件存储到本机，同时还兼具分析社交信息的能力。

下载 metagoofil 后并不需要安装，直接将压缩文件解压缩到指定的目录即可使用，笔者是将它解压缩到 C:\Python\metagoofil\目录。

metagoofil 会自动从找到的文件中分析出账号、路径、网络地址、电子邮件等信息，由于它是用 Python 语言编写而成的，因此有关 Python 运行环境的设置可参考第 3 章的准备渗透工具运行环境那一小节。

此工具为命令行形式，请先启动“命令提示符”窗口，切换到 C:\Python\metagoofil\目录再运行这个工具。

备　注

Google 为了防止机器人，只要遇到查得太快或以相同的条件重复搜索，就会出现“我不是机器人”的问答页面，metagoofil 无法应付这种问答机制，所以 metagoofil 有时可以正常执行，有时则会找不到任何结果。碰到这种情况，只能换另一台计算机，或切换网卡的 IP 地址再试试。

这个问题并非只发生在 metagoofil 工具上，任何借助 Google 搜索数据或信息的工具都会碰到这个障碍，除非改用 Google API。

（1）语法

```
py -2.7 metagoofil.py -d DOMAIN -l Lnum -o OUTPUT-DIR [ 其他参数 ]
```

注　意

metagoofil.py 必须使用 Python 2.X 版来执行，使用 Python 3.X 来执行会提示错误信息。

（2）常用参数

- -d DOMAIN：指定待查询的网域，例如 testfire.net。
- -l L：L 是一个整数值，表示只处理找到的前几个结果，虽然 metagoofil 的帮助说明上表示默认为 200 个结果，但是不指定这个选项会无法执行搜索。
- -n N：N 是一个整数值，不管找到几个结果，最多只下载 N 指定的个数。
- -t FILE-TYPE：要查找的文件类型，目前支持 pdf、doc、docx、xls、xlsx、ppt、pptx、odt、ods 和 odp。要同时搜索多种文件类型时，用半角逗号“,”分隔开。
- -o OUTPUT-DIR：指定文件下载时的存储路径，必须指定此项参数，如果要存储在当前目录，就用“-o .”。

- -h yes：直接分析离线网页。当使用“另存为”将网页离线保存或者使用 HTTrack（后文介绍）复制整个网站时，可以使用 metagoofil 分析这些离线网页，从中找出文件、电子邮件的链接。当使用“-h yes”时，-o 就不再是输出目录，而是离线网页所在的目录。

（3）修正 metagoofil.py 错误

兴高采烈地执行后，为什么找不到数据呢？因为 Google 改弦易辙了，从 http 改为 https，而 metagoofil 的作者并没有响应修正脚本，所以不会执行搜索操作，请修正 metagoofil 安装目录下的 discovery\googlesearch.py，将第 21 行的 httplib.HTTP 改成 httplib.HTTPS（参考图 5-18）。

googlesearch.py

```
7  class search_google:
8      def __init__(self,word,limit,start,filetype):
9          self.word=word
10         self.results=""
11         self.totalresults=""
12         self.filetype=filetype
13         self.server="www.google.com"
14         self.hostname="www.google.com"
15         self.userAgent="(Mozilla/5.0 (Windows; U; Windows NT 6.0;en-US;
           rv:1.9.2) Gecko/20100115 Firefox/3.6"
16         self.quantity="100"
17         self.limit=limit
18         self.counter=start
19
20     def do_search_files(self):
21         h = httplib.HTTPS(self.server)
22         h.putrequest('GET', "/search?num="+self.quantity+"&start=" + str(
           self.counter) + "&hl=en&meta=&q=filetype:"+self.filetype+"%20site:"
           + self.word)
23         h.putheader('Host', self.hostname)
```

将HTTP改成HTTPS

图 5-18　修正 metagoofil 的连接协议

（4）范例

从 www.sina.com.cn 搜索有关.pdf 文件，并下载到 D:/temp/目录：

```
py -2.7 metagoofil.py -d www.sina.com.cn -t pdf -l 50 -n 5 -o d:/temp/
```

直接分析 d:/temp/目录下的所有文件，从离线网页找出指定文件或电子邮件的 URL：

```
py -2.7 metagoofil.py -h yes -o d:/temp/
```

5.7　theHarvester

工具来源： https://github.com/laramies/theHarvester

这是一个用 Python 语言编写的工具，下载后直接解压缩到指定的目录（如 C:\Python\theHarvester\）即可使用。笔者执行时发现 theharvester 还需要安装 plotly、requests、bs4、shodan 及 texttable 等模块，执行 theharvester 时若出现 ImportError 的错误信息，请自行安装所需的模块。有关如何安装模块，可参考 5.3 小节 DNSRecon 的备注说明。

（1）语法

```
py -3.7 theharvester -d DOMAIN -b SOE [ 其他参数 ]
```

（2）常用参数

- -d DOMAIN：必要，指定待查询的网域，例如 testfire.net。
- -b SOE：必要，指定搜索引擎，可用的选项有二十多种，想知道有哪些选项，只要在执行 theHarvester 时不加参数就可以看到帮助说明。
- -f OUT_FILE：将找到的结果存储到指定的文件中。
- -e DNS_SERVER：指定 DNS 服务器。
- -l N：指定最大处理项数，Bing 默认是 50，Google 默认是 100，其他引擎不使用此选项。

备　注

theHarvester 是针对 Linux 环境开发的，虽然可以在 Windows 环境中执行，但是因系统环境的差异，部分功能在 Windows 中并无法正常使用，例如-c 的 DNS 暴力查询。

（3）修正 theHarvester

将 theHarvester 的 discovery 子目录下的 google*.py 中的 http://都改为 https://，原因在 5.6 节 metagoofil 中已说明过。

（4）范例

此工具为命令行形式，先启动“命令提示符”窗口，切换到 theHarvester 目录，然后输入如下命令：

```
py -3.7 theharvester.py -d testfire.net -b all -l 20
```

这个命令会找出指定网域中的电子邮件信息及其他相关信息，执行结果如下所示：

```
C:\Python\theHarvester>py -3.7 theHarvester.py -d testfire.net -b all -l 20

[93m*******************************************************************
*  _   _                                    _ *
* | |_| |__   ___    /\  /\__ _ _ ____   _____  ___| |_ ___ _ __ *
* | __| _ \ / _ \ / /_/ / _` | '__\ \ / / _ \/ __| __/ _ \ '__| *
* | |_| | | | __/ / __ / (_| | |  \ V / __/\__ \ ||  __/ | *
* \__|_| |_|\___| \/ /_/ \__,_|_|  \_/ \___||___/\__\___|_| *
*                                            *
theHarvester 3.0.6 v183     *
Coded by Christian Martorella  *
Edge-Security Research *
cmartorella@edge-security.com  *
*                                            *
*******************************************************************
```

```
[0m
[94m[*] Target domain: testfire.net
[0m
Full harvest on testfire.net
[*] Searching Baidu.
   Searching 0 results.
   Searching 10 results.

（部分过程省略）
   Searching 500 results.
[*] Searching Bing.
   Searching 50 results.
   Searching 100 results.
（部分过程省略）
   Searching 500 results.
[*] Searching Censys.
Error occurred in the Censys module IP search: page parser: list index out
of range
Error occurred in the main Censys module: '<=' not supported between instances
of 'NoneType' and 'int'
[*] Searching CRT.sh.
   Searching CRT.sh results.
[*] Searching DuckDuckGo.
[*] Searching Google.
   Google is blocking your IP due to too many automated requests, wait or change
your IP
   Searching 0 results.
   Google is blocking your IP due to too many automated requests, wait or change
your IP
   Searching 100 results.
（部分过程省略）

[*] Searching Google Certificate transparency report. [*] Searching Google
profiles.
   Google is blocking your IP due to too many automated requests, wait or change
your IP
   Searching 100 results.
   Google is blocking your IP due to too many automated requests, wait or change
your IP
   Searching 200 results.
```

```
（部分过程省略）

Users from Google profiles:
---------------------------
[*] Searching Hunter.

[93m[!] Missing API key.
[0m
[*] Searching Netcraft.
    Searching Netcraft results.
[*] Searching PGP key server.
    Searching PGP results.
[*] Searching Threatcrowd.
    Searching Threatcrowd results.
[*] Searching Trello.
    Google is blocking your IP due to too many automated requests, wait or change
your IP
    Searching 100 results.
（部分过程省略）

[*] Searching Twitter.
    Searching 100 results.
    Searching 200 results.
    Searching 300 results.
    Searching 400 results.
    Searching 500 results.

Users from Twitter:
-------------------
[*] Searching VirusTotal.
    Searching Virustotal results.
[*] Searching Yahoo.
    Searching 0 results.
    Searching 10 results.
（部分过程省略）
    Searching 500 results.
[*] No IPs found.

[*] No emails found.
```

```
[*] Hosts found: 32
---------------------
3ddemo.testfire.net:empty
altoro.testfire.net:65.61.137.117
altoromutual.com:65.61.137.117
demo.testfire.net:65.61.137.117
demo.testfire_net:empty
demo2.testfire.net:65.61.137.117
domain2.testfire.net:empty
evil.testfire.net:65.61.137.117
ftp.testfire.net:65.61.137.117
httpdemo.testfire.net:empty
localhost.testfire.net:65.61.137.117
srchttpdemo.testfire.net:empty
www.demo.testfire.net:empty
www.testfire.net:65.61.137.117

[*] No URLs found.
```

从上面的清单可知 theHarvester 会利用百度、Bing、Google、Yahoo 等知名搜索引擎去搜索信息，比人工搜索更有效率。但在执行过程中也会发现“Google is blocking your IP”的信息，和使用 metagoofil 时发生的状况相同，当大量、快速或一再重复搜索 Google 时，就会出现“我不是机器人”的问答，自动化工具无法通过此问答机制，故被 Google 封锁了，应对之道已在 metagoofil 一节中说明了。

（5）安装 hunter API 密钥

前文提到过 hunter.io 可以搜集指定网域中的电子邮件地址，但免费账号只能从网页查看，无法导出到 CSV 文件中，使用上还是有些不方便，幸好 theHarvester 也整合了 hunter，可是从上面的范例却发现 Searching hunter 时出现了“Missing API key”，显然要有 API 密钥才能使用 hunter 功能。在 5.5 节已经介绍过，需要 hunter 账号才能看到完整的电子邮件地址，既然已经申请了 hunter 账号，就顺便也申请一个 hunter API 吧（其实不用专门申请，因为完成注册就会有密钥）。

登录 hunter 网站后单击右上角的账号图标，从弹出的菜单中单击“API”选项就会看到 API secret Key 页面（见图 5-19）。怎么看不到 API 密钥呢？单击密钥框右边的“眼睛”按钮就会改以明文显示出密钥，记得将明文密钥复制下来，等一下会用到。

复制 API 密钥后，用文本编辑器打开 theHarvester 的 discovery 子目录中的 huntersearch.py，将第 12 行的“hunterAPI_key”换成 hunter 的 API 密钥（见图 5-20），再次执行 theHarvester，Searching hunter 时就不会出现“Missing API key”信息了。

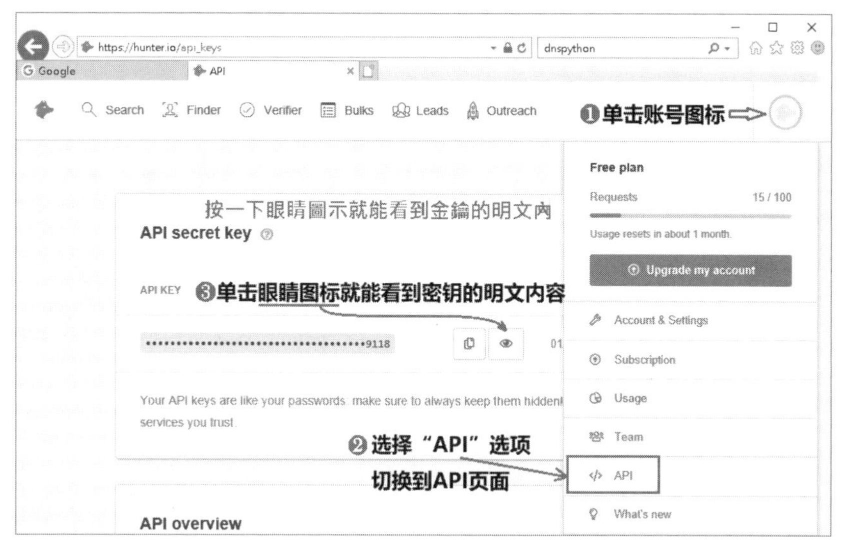

图 5-19 取得 hunter.io 的 API 密钥

```
1  from discovery.constants import *
2  from parsers import myparser
3  import requests
4
5
6  class SearchHunter:
7
8      def __init__(self, word, limit, start):
9          self.word = word
10         self.limit = 100
11         self.start = start
12         self.key = hunterAPI_key
13         if self.key == "":
14             raise MissingKey(True)
15         self.results = ""
16         self.totalresults = ""
17         self.counter = start
18         self.database = "https://api.hunter.io/v2/domain-search?domain=
19
20     def do_search(self):
21         try:
```

(不要直接抄书上的API KEY，这组密钥无效)

"e3fe9c68d06500c366b5217461adfa78cd324917"

将hunterAPI_key修改成读者自己所申请的API密钥

密钥前后要用双引号（""）括住

图 5-20 将 hunter 的 API 密钥加到 theHarvester

备 注

使用 theHarvester 搜索目标网站的相关信息时，时常会查询到目标网站以外的 IP。进行渗透测试时，即使发现了网域中的其他主机，只要这些主机不属于双方协议渗透测试的目标，在未经甲方同意之前，也不能对其进行测试，否则视同违法行为，切记、切记！

大部分的渗透测试都不会执行社交工程攻击，但可用取得的信息说服甲方在面对黑客攻击时这些电子邮件地址的拥有者可能就是社交工程的对象。另外，如果目标系统设置了登录机制，则电子邮件账号也很有可能是系统的登录账号，在尝试暴力破解时，可以优先使用这里找到的邮件账号。

5.8 HTTrack

工具来源： http://www.httrack.com/page/2/en/index.html

除了网络上收集目标网域的信息外，有时对网页内容进行分析时（尤其是网页中的注释及使用的脚本（Script）），如果使用浏览器逐页检查就太没有效率了，我们可将整个网站复制到本地计算机，再使用工具仔细分析。类似的网站复制工具很多，笔者偏好于 HTTrack。HTTrack 支持中文，且同时支持图形用户界面（GUI）和命令行界面（CLI，方便以命令行的方式执行）。提供下载的程序分为安装版本及免安装版本，笔者喜欢免安装版，下载并解压缩后即可使用，安装在移动硬盘中可以“带着跑”。

解压缩 HTTrack 的免安装版后有 3 个主要的程序，分别是文本模式的 httrack.exe、图形界面的 WinHTTrack.exe 和一个通过浏览器操作的 webhttrack.exe。如果要使用图形界面，就执行 WinHTTrack.exe。如果要通过网页操作，就将 httrack 目录中的 lang.def 文件和 lang 目录复制到工作目录下，然后在“命令提示符”窗口执行“webhttrack.exe 工作目录--port 端口”，例如“webhttrack.exe d:\testfire\--port 8888”。如果顺利执行，屏幕上就会提示连接的 URL，使用浏览器打开此 URL 即可进入网页操作模式。使用 WebHTTrack 的好处是一台主机可以供多人通过浏览器同时操作。WebHTTrack 的界面和 WinHTTrack 几乎一致，本书以 WinHTTrack 作为示范。

备　注
工作目录是指 HTTrack 执行时用来存储数据的目录，并非 HTTrack 的安装目录。

初次执行 WinHTTrack 时，这个工具会询问使用哪一种语言界面，选择“Chinese-Simplified”简体中文（见图 5-21）。不管选择哪一种语言，日后还是可以从菜单“Preferences→ Language preference”（中文版为“设置→界面语言设置”）选用其他语言。

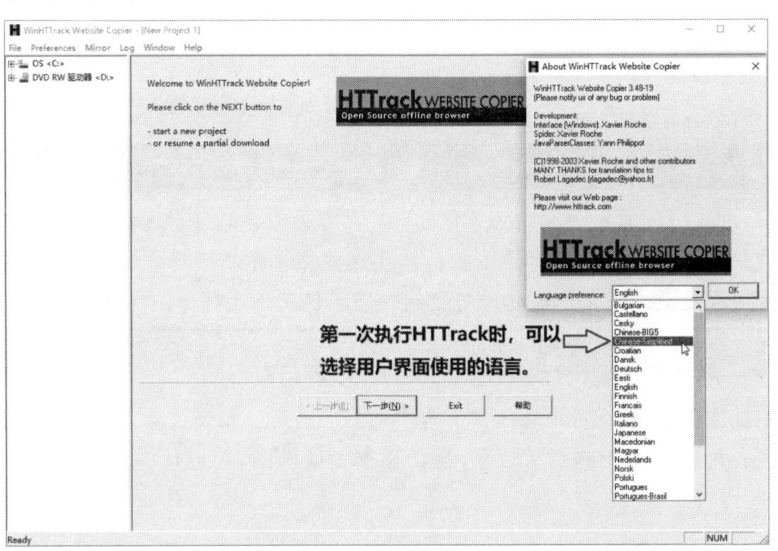

图 5-21　HTTrack 初次执行时选择用户界面使用的语言

进入 WinHTTrack 主界面，直接单击“下一步”按钮进入工程设置界面，可以在“新工程的名称”一栏中输入新工程的名称或从下拉列表中打开已有的工程。如果是新工程，还需要指定“总保存路径”（工作目录），“Project category”填不填都可以。这里设置工程名为 testfire.net、工作目录为 C:\testfire，如图 5-22 所示。

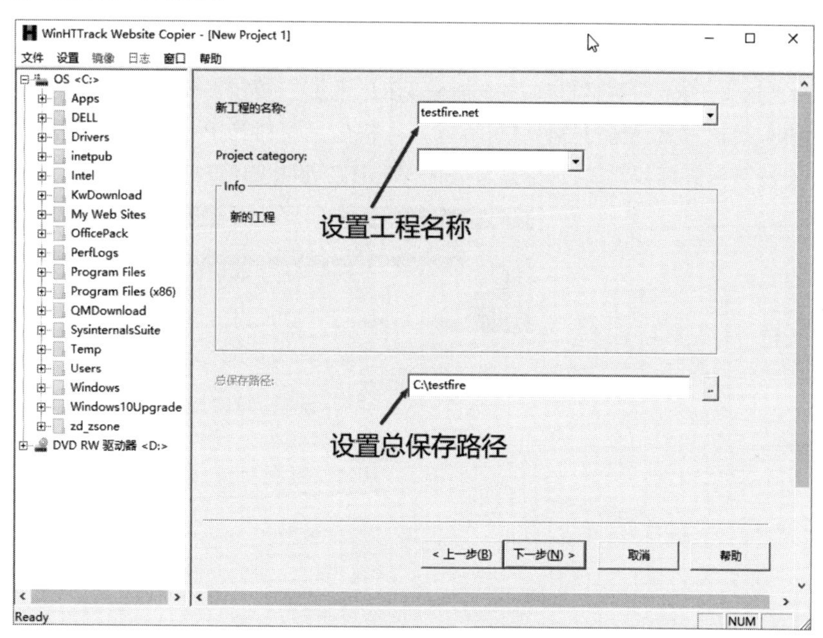

图 5-22　创建新的 HTTrack 工程

下一步是指定要复制的 URL。如果不需要登录账号和密码就简单多了，只要选择操作方式，并在 Web 网址栏中填入要提取其内容的 URL（见图 5-23，可以指定多组 URL），接着单击“下一步”按钮，在下一页面单击“完成”按钮就会开始抓取网站的内容。

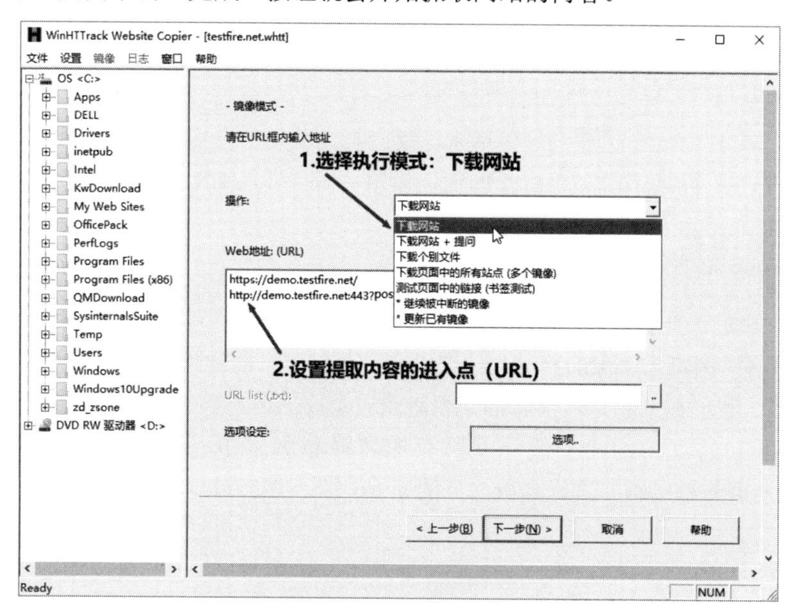

图 5-23　指定执行模式及提取内容的进入点

如果网页有账号及密码保护就会麻烦一些，需要多一些步骤才能让 HTTrack 自动登录，操作步骤如下：（笔者尚未找到登录时需要图形验证码的自动登录方法）

（1）以正常方式浏览到登录页面，但暂时不要登录（建议使用 Firefox 浏览器）。

（2）在 WinHTTrack 中执行到图 5-23 所示的步骤，该填的都先填好。

（3）参考图 5-24，单击“添加 URL”按钮，弹出“插入 URL”对话框。

（4）单击“插入 URL”对话框中的“捕获 URL 地址”按钮，弹出一个信息窗口，里面会提示浏览器的 Proxy 设置方式（图 5-24 中间下方），将信息窗口的 Proxy 地址及端口填到浏览器代理服务器的相关设置中。填好后，不要急着关闭 WinHTTrack 的信息窗口。

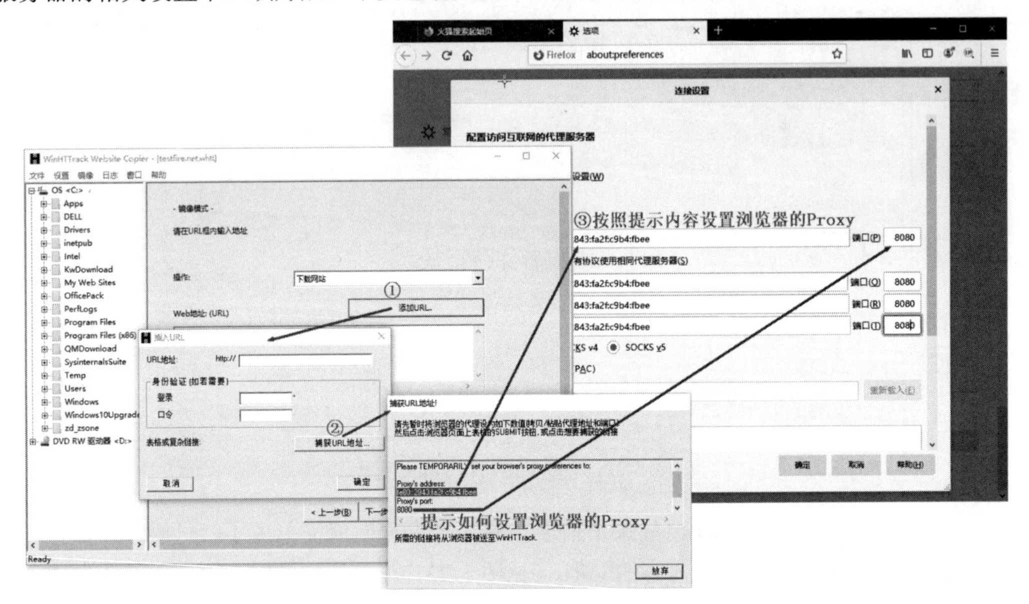

图 5-24　截取有账户/密码登录保护的网站的处理步骤

（5）设置好浏览器的 Proxy 之后，回到先前打开的登录页面，填入正确的账号及密码，真正执行登录操作。

（6）如果 WinHTTrack 拦截到这份请求，就会自动关闭信息窗口，并将登录网址填入“插入 URL”对话框的 URL 网址字段。单击“确定”按钮关闭“插入 URL”对话框，回到 WinHTTrack 的主要设置界面。

（7）接下来就和平常的操作一样了。

工程执行完成后，会显示如图 5-25 所示的界面，可以单击“察看日志文件”按钮来查看复制过程的记录，或者“浏览已镜像的网站”按钮以浏览复制下来的成果。当然，对于渗透测试，查看网页并不是重点，我们在意的是网页背面是否隐藏着重要的信息。

完成整个网站的复制后，一般会从网页的注释和脚本中寻找可能的漏洞。笔者习惯用 Notepad++查看网页的源代码并进行分析（见图 5-26）。当然，读者也可以根据个人的喜好选择其他文本编辑器。

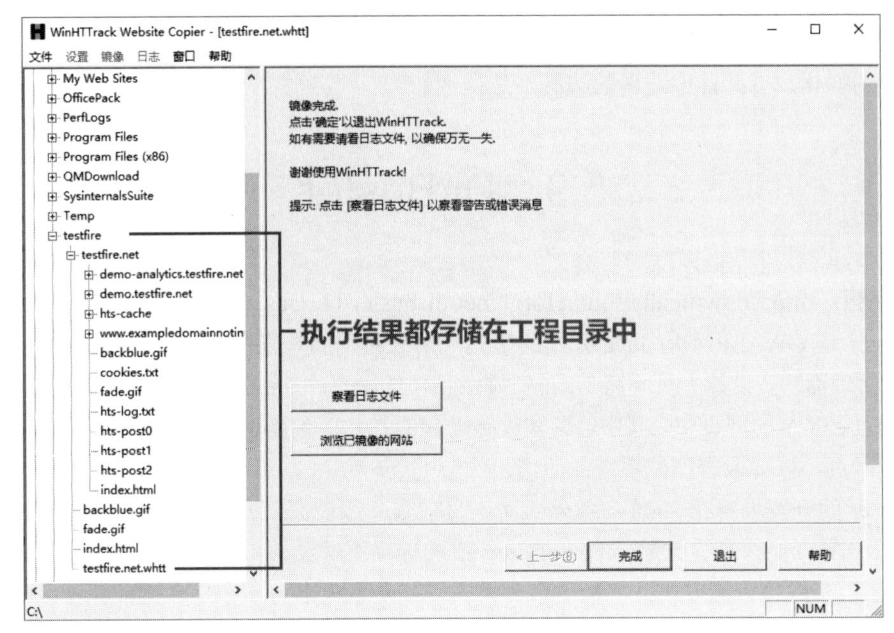

图 5-25　HTTrack 执行完成

从图 5-26 中发现 index86eb.html（实际是 index.jsp）可能存在未经验证的重定向与传送的漏洞，当然漏洞是必须经过验证才算数的，应该尽量收集疑点，再配合 DirBuster 猜测可能的特权路径（如果有的话），看能否越权存取，以达到渗透的目的。

```
index.html
19
20
21 <!-- Mirrored from demo.testfire.net/ by HTTrack Website Copier/3.x [XR&CO'2014], Fri, 18
   Jan 2019 01:36:34 GMT -->
22 <!-- Added by HTTrack --><meta http-equiv="content-type" content=
   "text/html;charset=ISO-8859-1" /><!-- /Added by HTTrack -->
23 <head>
24     <title>Altoro Mutual</title>
25   <meta http-equiv="Content-Type" content="text/html; charset=iso-8859-1" />
26   <link href="style.css" rel="stylesheet" type="text/css" />
27 </head>
28 <body style="margin-top:5px;">
29
30 <div id="header" style="margin-bottom:5px; width: 99%;">
31   <form id="frmSearch" method="get" action="https://demo.testfire.net/search.jsp">
32       <table width="100%" border="0" cellpadding="0" cellspacing="0">
33           <tr>
34               <td rowspan="2"><a id="HyperLink1" href="index-2.html"><img src=
                 "images/logo.gif" width=283 height=80/></a></td>
35               <td align="right" valign="top">
36               <a id="LoginLink" href="login.html"><font style="font-weight: bold; color:
                 red;">Sign In</font></a> |
37               <a id="HyperLink3" href="index86eb.html?content=inside_contact.htm">Contact Us
                 </a> |
38               <a id="HyperLink4" href="feedback.html">Feedback</a> | <label for="txtSearch">
                 Search</label>
39           <input type="text" name="query" id="query" accesskey="S" />
40           <input type="submit" value="Go" />
41               </td>
42           </tr>
43           <tr>
44               <td align="right" style=
                 "background-image:url('images/gradient.jpg');padding:0px;margin:0px;"><img src=
                 "images/header_pic.jpg" alt="" width=354 height=60/></td>
Hyper Text Markup Language file    length : 9,555   lines : 185    Ln : 37   Col : 1   Sel : 0 | 0    Windows (CR LF)   ISO 8859-1   INS
```

图 5-26　对 HTTrack 的结果进行离线分析

要从数十到数百个网页中逐一查询想要的信息的确累人，有时使用小工具先过滤关键词可以缩小查询范围。Windows 文件资源管理器的搜索功能或命令行的 Find 都是不错的工具，请读者自行选用。

有时在渗透测试期间网站也可能会修改功能。复制网站还有一个附带的好处，就是可以比较网站前后期的变化，以此证明发现的漏洞不是捏造的。

5.9 DirBuster

工具来源：http://downloads.sourceforge.net/dirbuster/DirBuster-0.12.zip

DirBuster 是 OWASP 利用 Java 开发的工具，用来对网站未直接提供链接的 URL 进行暴力破解。就一般常理而言，设计人员不将 URL 安排在正常的网页中，而是安排在私下使用的管理网页、备份用的网页、多余的网页中。其中，黑客最感兴趣的是私下使用的管理网页，渗透测试也希望能挖掘出这类网页，以便取得操控系统的后门。

DirBuster 的开发项目在 2008 年就停止了，目前最新版就只到 0.12，OWASP 已将其功能并入 ZAP 的 ForcedBrowse，但笔者觉得 ForcedBrowse 的选项不够灵活，因此一直沿用 DirBuster。

DirBuster 有两种猜测方式：一种是字典模式，就是事先准备一个字典文件，一行一个字，利用这些文字列表组成 URL，逐一检验 URL 是否存在；另一种是标准暴力模式，由 DirBuster 利用字符规则组成 URL 的方式来猜测。使用字符组成的猜测方式有太多可能的组合，虽然猜中的机会大，但是执行的时间也很长（几天到几个月），对渗透测试帮助不大，也容易暴露行踪，建议自己做一份字典或直接使用 DirBuster 自带的字典文件猜测常见的网址。

由于 DirBuster 采用图形用户界面，因此用户无须记忆各种参数。启动这个工具后，在 Target URL 中填入待测的网站 URL（如 https://demo.testfire.net），指定字典模式或标准暴力模式，并设置欲搜索的网页扩展名，如果要指定多个扩展名，就用半角逗号“,”分隔开，例如“jsp,aspx,htm,html,js”，如图 5-27 所示。

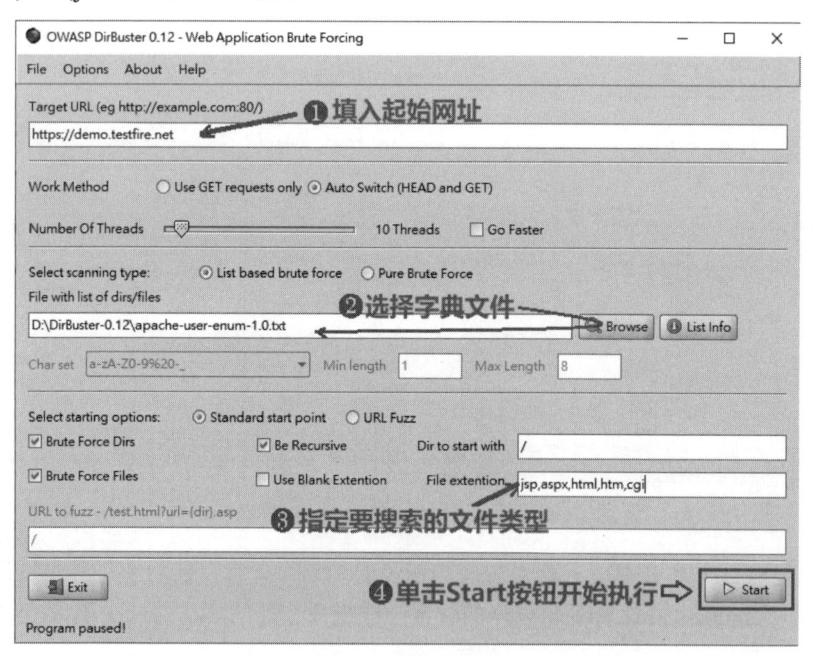

图 5-27 执行 DirBuster

各项参数设置完成后，单击“Start”按钮，DirBuster 即开始进行猜测。请耐心等待，根据选用的字典文件，运行时间可能从数小时到数天，若等不及，可单击“Stop”按钮终止猜测。扫描完成后可用“Report”按钮（见图 5-28）将结果转存成文本文件。我们可以从转存后的 URL 判断网页的功能，如果觉得此 URL 有些蹊跷，则可以利用浏览器打开验证一下。

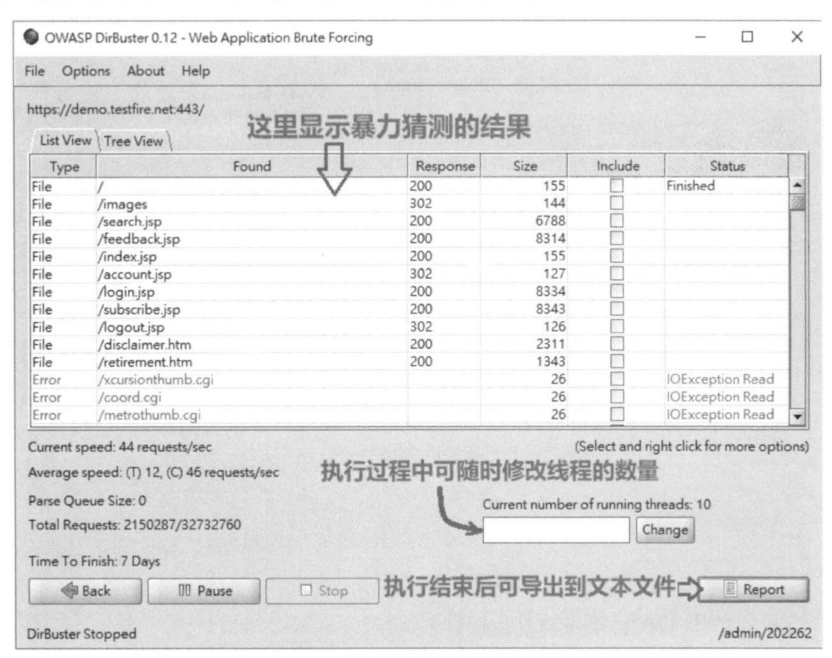

图 5-28 DirBuster 执行的结果

在 Options 菜单中有一项默认已勾选的“Parse HTML”，表示 DirBuster 会分析服务器响应的内容，从中解析可能的 URL，并探测这些从网页中剖析出来的 URL，图 5-28 是勾选了“Parse HTML”选项后的执行结果。如果取消此选项，DirBuster 就只会进行字典猜测，勾不勾选“Parse HTML”，找到的网址数量会相差很多，但笔者通常选择不勾选此选项，使用 DirBuster 的目的是要找出隐藏的网页，不希望被从网页中找到的过多 URL 所干扰。若需要剖析网页中的 URL，使用 ZAP 工具的 Spider 功能也可以，ZAP 还能将爬找结果存成文件供后续分析使用。

在 DirBuster 执行的结果界面中，若对猜测的网址感兴趣，则可在该网址上单击鼠标右键，弹出的快捷菜单中还有其他功能可用（见图 5-29）：

- Open In Browser：使用浏览器打开选定的网址，直接查看网页。笔者通常会查看几个响应码为 4xx 或 5xx 的网址，这些网页有时会显示内部错误的信息，这些信息常可用来判断后端的系统架构，例如操作系统、Web 服务器或数据库类型。
- View Response：直接使用 DirBuster 查看该网址所响应的原始内容，包括响应标头及网页主体。
- Copy URL：将这个网址复制到剪贴板，以便后续处理。

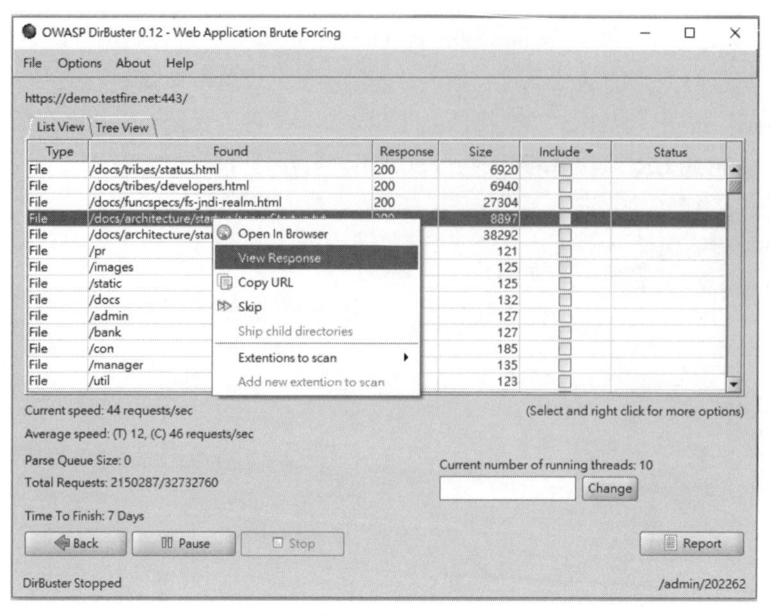

图 5-29　进一步观察找到的 URL

使用 Proxy

有时会遇到必须经由 Proxy 才能连上因特网的情况。DirBuster 也支持经由 Proxy Server（代理服务器）上网，可从图 5-27 所示页面的 Options 菜单中选择 Advance Options。此项功能共有 5 个选项卡，其中“Http Options”可以让我们自定义 Request 的标头字段及 User Agent 字符串，它的下半部分可以设置 Proxy Server（见图 5-30）。

图 5-30　设置经由 Proxy Server 执行网址暴力猜测

有时为了避免在对方设备留下己方的IP，也会通过Proxy进行暴力猜测，或者搭配ZAP的Local Proxy将猜测过程保存下来（DirBuster没有存储扫描结果的选项）。

若要通过Proxy Server上网，则先勾选“Run Through a Proxy”，然后在Host及Port中分别填入Proxy Server的网址及端口，例如103.112.205.6及8080。如果Proxy Server需要验证身份，就再勾选“Use Proxy Authentication”，再分别在User Name和Password字段填入账号与密码。

使用DirBuster有时会有不错的收获，有些网页原本需要通过账号、密码验证才能访问，如果设计人员的安全意识不足，以为不通过网页上的链接用户就不会访问到此网页，因而疏于权限管制，那么黑客只要猜到管理网页的URL，就可以直接访问网页而绕过权限管控（见4.2节中的A2项）。

5.10 在线漏洞数据库

要寻找目标网站的漏洞信息，除了在第6章将要介绍的主动扫描外，如果系统属于通过因特网提供对外的服务，想必有许多机构对它进行无敌意的扫描或者已有黑客对其进行渗透，这些已被查找到的信息并不主动提供给网站的拥有者，但是这些历史信息有时会被发布到特定的网站上（如漏洞通报网）。我们在进行渗透测试时，可以查询特定网站上已收录的数据或资料，查看受测目标是否存在已知的弱点或漏洞。这方面的信息很多，这里仅就个人常用的资源介绍如下。

archive.org（网址：https://web.archive.org）会复制网站内容并制作成历史页面，虽然从页面看不到后端的程序代码，但有时会因初期的网页安全设置不够严谨而从历史网页中找到一些蛛丝马迹，例如目前网页已移除的URL，如果可在历史网页中找到此URL，就可以尝试访问一下，说不定它就是隐藏的入口。

依笔者的个人经验而言，Web应用程序设计人员的信息安全意识通常不是很高，修改系统常常只是将链接的URL注释掉或移除，真正的网页仍然留在系统中。就一般用户来看，这组网页已经没有作用，但如果在浏览器的网址栏中直接输入网址，就仍能访问到这些网页。在这种情形下，通过对比历史页面就可以发现端倪，千万不要忽视历史网页的威力。

打开archive后，直接在WayBackMachine字段输入测试目标的URL，在下方就会出现该网站的改版历程。从图5-31可看出testfire在2016、2017年曾经大幅改版。

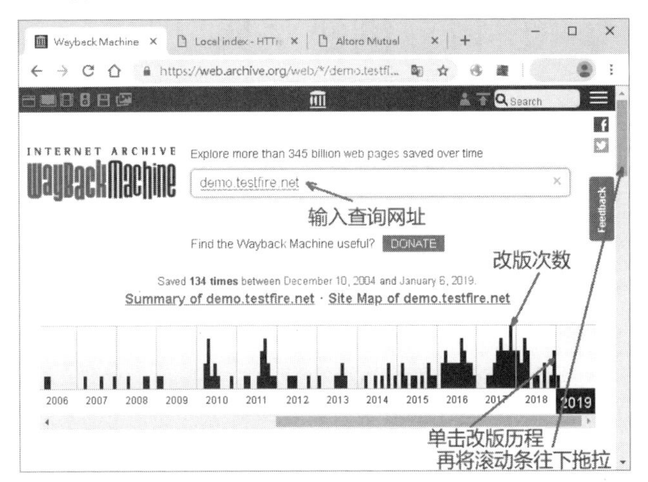

图5-31 archive.org首页

想要知道改版的详细情况，单击页面下方的历程，然后将滚动条往下拉就可以看到改版的日期（见图 5-32）。

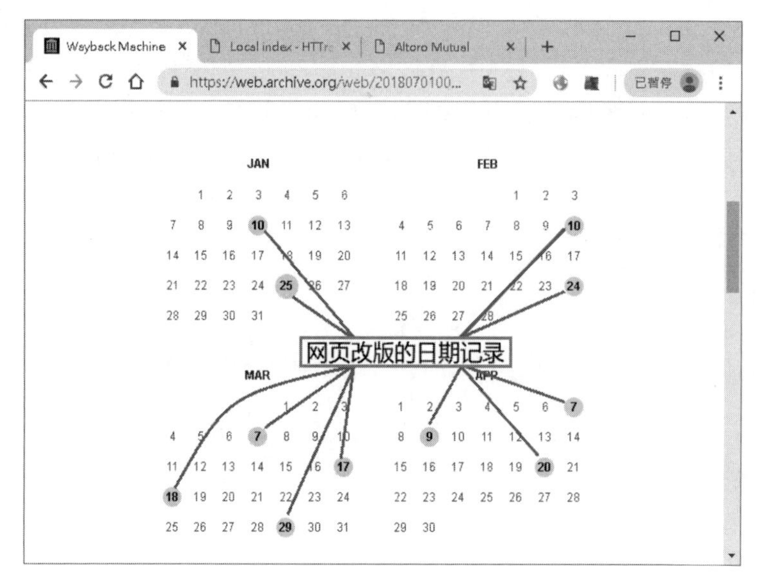

图 5-32　archive.org 标示出网站被收录到历史数据库的日期

只要单击有背景颜色的日期，就可以查看当时的历史记录，再利用查看源代码的功能就可以比较当前网页和历史网页的差异，进而分析差异信息，以调整渗透策略。经查询 testfire 的改版历程发现它在 2018 年 12 月 21 日将原本 asp.net 网站改成 jsp，这表示之前发现的漏洞或漏洞利用技巧对现今的网站可能已不再适用。

细心的读者或许会注意到 Google 搜索也有"页面缓存"的历史页面功能，那么为什么还要借助 archive 查询历史网页呢？因为本质上这两者是不一样的：Google 是将爬找到的页面单独保存，而 archive 则是以网站为目标进行保留；archive 的数据专注于目标网站，Google 的数据则注重于查询的关键词。

5.11　创建字典文件

猜测式的破解攻击可以进一步细分为暴力攻击、字典文件攻击和混合式攻击：

- 暴力攻击：利用特定的字符集及指定的长度，以穷举方式排列出所有可能的组合。由于排列组合产生的可能字符串数量极为庞大，渗透测试又有项目完成时间的压力，因此这种方式不适合用于渗透测试。
- 字典文件攻击：利用事先默认的字符串列表作为猜测依据。由于这些字符串是经过精心挑选的，符合渗透测试项目的时程要求。准备合理大小的字典，这样比较适合用于渗透测试。
- 混合式攻击：结合上述两种攻击的特点，利用字典文件的内容搭配较短的字符排列组合（通常只有数字或特殊符号）作为猜测内容。

笔者习惯将这些以猜测为基础的攻击方式统称为暴力攻击，从渗透测试角度而言，字典文件攻击是比较合适的策略。不过，要如何预备攻击用的字典呢？字典文件不是越大越好，过度庞大的字典文件无异于穷举法，因此字典必须依攻击对象而适当分类。这里主要针对账号、密码及网址的猜测作业来讨论。

5.11.1 如何预备账号字典

账号会比密码更有规则性，而且账号一经选定，几乎不会再变更，许多人更是将同一组账号用于不同的系统上，例如当在腾讯上发现一组账号，这组账号极有可能也用在淘宝、京东、Google 以及 Microsoft 账户。

1. 常见的默认账号

当系统构建完成时，通常需要一组默认账号，以便开立其他账号；或者在开发过程中，基于测试需要而建立的测试账号，正式上线后却忘了删除，这些账号一般拥有较高的权限。常见的默认账号有 admin、administrator、manager、developer、test、tester 及 user。这些账号可以和序号组合，例如 user01、user02、…或 user1、user2、…；或者与系统代号组合，例如 EIP 系统可能默认建立 eipuser01、eipuser02 或 eipadmin 等账号。

2. 从电子邮件找到域名

如前文所言，同一组账号会用在很多地方，其中之一就是电子邮件，即电子邮件账号可能就是登录管理系统的账号，而电子邮件又是用来沟通的工具，因而很容易从公开场合收集到。例如可使用 Google、百度或 Bing 搜索因特网上的邮件地址。

一般机构的全球信息网都会提供联络信息，以北京大学为例，从图 5-33 所示的“北京大学邮件系统”页面中可得知其域名为“pku.edu.cn”，接着就可以使用 Bing 搜索“+"@pku.edu.cn"”来收集与北京大学有关的电子邮件（更快的方式是使用前文介绍的 hunter.io 工具）。

图 5-33 从公开信息找出电子邮件的域名

3. 常见英文人名搭配中文姓氏

许多人会取一个英文名字，有时会以个人的英文名字加上中文姓氏的拼音作为账号，英文名字与姓氏拼音之间可能以空格、减号、下画线、点号或无间格的方式组成，例如笔者的英文名字为Joe、姓氏的拼音为Chen，则可能的账号组合有Joe、Joe Chen、Joe-Chen、Joe_Chen、Joe.Chen、JoeChen。

要收集常见的英文人名，搜索“英文人名”就能找到一堆数据，或者可从http://ename.dict.cn/list/all找到上千个人名，若要寻找中文姓氏的拼音，可以搜索“中国百家姓中英文对照”，或者参考下列网址：

https://www.docin.com/p-1136041052.html

记住：我们并不是要找出系统中的所有用户，一组特权账号胜过百组访客账号，所以账号字典在于精，不在多。

4. 从网络寻找账号列表

若上面这些账号还觉得不够，也可以搜索“username list”，从中找到许多整理好的账号清单，例如https://github.com/jeanphorn/wordlist就可以找到8万多个账号。网络上的账号列表很多是从国外网站泄露的个人信息经整理而来，里面的账号不见得适用于我们的信息环境。

5.11.2 如何预备密码字典

1. 惯用弱密码

网络上几乎每年都会公布前一年度的弱密码排行榜，2017年的状元、榜眼与探花分别为123456、password及12345678，其中第一名和第二名都已蝉联了4年的宝座，由此可见懒人不在少数。我们可以搜索“弱密码”“懒人密码”及“烂密码”，在执行暴力破解时，这些是首选密码，但要注意，若已知机构的信息安全政策是不允许使用这些弱密码，则不要将它们用于在线破解，否则会因无效的密码造成账号被锁定，反而得不偿失。

2. 网络资源

网络是“宝库”，除了上面提到的账号列表，也有许多密码列表，可以搜索“password list”，或者参阅https://github.com/danielmiessler/SecLists，这里号称有千万组密码，但对密码而言，数量大不是美，账号可以乱用，但密码不行。如果不想舍近求远，Kali Linux的/usr/share/wordlists目录内也收集了不同工具内建的字典文件。

3. 由账号衍生

还有一种密码需要自己生成。机构不允许弱密码，或者说机构有特定的密码政策，例如要从大写英文字母、小写英文字母、数字及符号这4类字符中至少选3类，且密码长度至少为8位。为了符合这种政策要求，又要好记，很多人会利用账号或姓名缩写再搭配特定字符。

这部分的密码可以由上面收集的账号搭配特定数字及符号来生成，常用到的符号有“!”“@”“#”“$”“^”，而常见的数字有1234、12345、123456。

4. 参考公司的密码政策

上一段提到机构规定了密码政策，但偷懒是人的本性，笔者参与的渗透测试中曾发现符合规定的弱密码 1qaz@WSX、!QAZ2wsx、1qaz@WSX3edc$RFV、1q@W3e$R、1qW@3eR$；或者“由账号衍生”的 12345@XXX 形式（XXX 是指公司、系统或用户姓名的缩写），例如 12345@Cmj、12345#Mit、12345$Eip；还有使用“password”变形的密码，如 P@ssw0rd、P4ssword、P@55word、P@55w0rd。

最后还是要提醒读者，网络上的密码文件资源不计其数，不怕找不到，只怕消化不了，一定要善加过滤才能让暴力攻击事半功倍。

5.11.3 如何预备网址字典

执行 Web 项目的渗透测试，除了进入系统的账号和密码外，寻找隐藏的目录或网页也是不可避免的任务。

在制作网址字典时，不要忘了测试网站的 robots.txt，虽然不是每个网站都有 robots.txt，但是有时它能为我们带来不错的成果。图 5-34 是 3 个机构网站的 robots.txt 内容。当发现 robots.txt 里有 Disallow（禁用）的项目时，可以将它们加到网址字典中，尤其是图中左边网站的/admin/和右边网站的/Manage/目录，可以推测和后台管理有关，更应该试着挖掘里面的玄机。

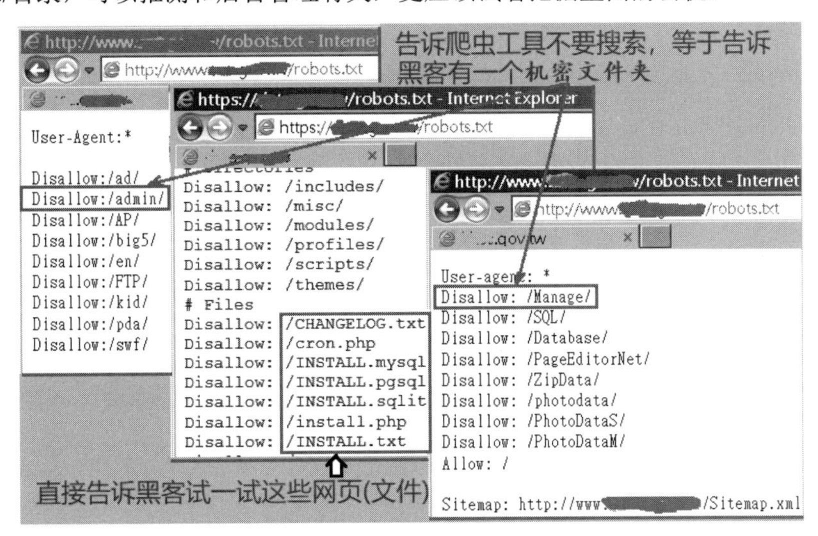

图 5-34 robots.txt 泄露天机

- 现成的字典文件

天真的 Web 应用程序设计人员认为只要不出现在网页的超链接中，黑客就不会知道，因此有人将管理页面、后门或私下使用的功能隐藏在正常的路径之下，只有知道网址的人才能存取这些进入点，这种“看不见就以为安全”的措施不能说毫无效果，但如果过度信任它的防护能力而没有加入其他防护机制，可能就要吃亏了。网址（URL）本身就只是一个路径，并没有防护能力，攻击者可以尽“蛮荒之力”一直刺探，这种操作也是暴力攻击的一种形式。

受限于网页响应速度，不太可能使用穷举法进行暴力浏览，因此需要寻找合适的路径字典。

幸好 OWASP 的 ZAP 工具已帮我们整理了几套字典：若在 Windows 中安装了 OWASP ZAP，则可在“%UserProfile%\OWASP ZAP\fuzzers\dirbuster”目录中找到；若是 Kali 的用户，则可从“/usr/share/dirbuster/wordlists/”目录中找到。

其实也不必费心寻找这些字典文件，因为它们会随着工具一起发布，只要选对工具，就能拥有这些字典。

工具自带的网址字典所提供的文字是由常见的路径命名整理而成，对于某些机构特别制定了网址或系统的命名规则这种情况，在执行网站渗透测试时需要下点功夫进行分析。

由于不同机构或企业有不同的文化，有时靠常见的网址字典找不出隐藏的页面，因此一定要诊断之后才能“开药方”。

5.12 字典文件生成器

前文介绍了准备字典文件的方法，有些字符串具有特定的格式，我们就要想办法自动生成这些字符串，以供字典攻击时使用。

5.12.1 crunch

工具来源：https://github.com/shadwork/Windows-Crunch/releases/

crunch 可以按用户指定的字符及长度生成文字列表，这些列表是按照特定规则排列组合而成的。在线（on-line）暴力攻击的有效比例并不高，比较适合将 crunch 生成的文字列表应用于无紧迫性的离线破解。

读者若有 C 编译程序，可到 https://sourceforge.net/projects/crunch-wordlist/下载源代码，编译成适合自己操作系统（如 Windows）的可执行文件。

（1）语法

```
crunch MIN_LEN MAX_LEN [CHAR_SET] [Options]
```

（2）参数

- MIN_LEN: 文字的最小长度，此为必要参数。
- MAX_LEN: 文字的最大长度，此为必要参数。
- CHAR_SET: 生成文字所需的字符，以字符串形式表示，例如“abcABC1234$#”。使用特殊符号时要特别注意“!”和空格，若需要用到“!”或空格，记得在它们前面加上“\”进行转义处理，例如“abc1234$\!#\”。

注 意

当搭配-t 选项时，不能使用单纯的字符串形式，而是必须按顺序指定小写字母字符串、大写字母字符串、数字字符串、符号字符串，4 种字符串彼此之间至少留一个空格，例如“abc ABC 1234 $#” 字符串的位置顺序不对，可能会产生意想不到的结果。

如果不使用某个类型的字符，则该位置要用加号（+）取代字符串，例如不使用大写字母，则上例要改成 “abc + 1234$#”。如果符号段使用到空格，就需在空格前加上 “\”，例如 “abc + 1234 $#\ ”。

- -o Output_File：将生成的文字写到指定的文件中，若不指定，则从屏幕输出（参考-b 或-c）。
- -b SizeUNIT：限定文字列表文件的大小。当生成的文字列表极多时，输出文件（见-o）的“体积”会非常庞大，不适合用于后续处理。如果有这种情况，就可以用此选项限制每个文字列表文件的大小。

  Size 是整数值。UNIT 可以是 kb、mb、gb、kib、mib、gib 其中之一，默认为 kb。其中，kb、mb、gb 是以 1000 计数，kib、mib、gib 是以 1024 计数。例如，20mb 是指 20 × 1000 × 1000 字节，而 20mib 则为 20 × 1024 × 1024 字节。Size 和 UNIT 之间不能有空格。

  特别注意，选用-b 时，-o 的文件名一定要指定为 “START”。crunch 会自动以分割后文件的第一组文字及最后一组文字（中间以-串联）为列表文件命名，并以 txt 为扩展名，例如 aaaa-gvfed.txt、gvfee-ombqy.txt。
- -c LineNum：类似-b 的功能，用来限制输出的大小，但-c 是以文字的列数来分割的。LineNum 是整数值，是指每个文件所包含的文字列表数。特别注意，选用-c 时，如果以-o 指定文件输出时，文件名一定要指定为 “START”。crunch 会自动以分割后文件的第一组文字及最后一组文字（中间以-串联）为列表文件命名，并以 txt 为扩展名。
- -d NumSymbs：限制字符连续出现的次数。例如，-d 2@%表示相同的小写字母或数字只能连续出现两次，所以会有 aabbcc，但不会出现 aaabbc（a 连续出现 3 次）。

  Num 是整数值。可用的 Symbs 符号及其意义如下（可用多个符号组成）：
  - @：小写字母
  - ,：大写字母
  - %：数字
  - ^：符号
- -e STR：指示 crunch 在生成符合 STR 指定的字符串之后就结束执行，不要再生成后续的文字。
- -s StartSTR：略过前面所有可能的组合，而从指定的字符串开始往下生成文字列表。
- -t PATTERN：如果不指定输出样板时，会以指定的 CHAR_SET 排列出所有可能组合，但有时输出的文字可能具有特定的格式，就可以利用-t 设置输出样板。例如，“P@5,%%^” 表示在输出的文字中，第 1 个和第 3 个字符固定是 P 和 5，而第 2 个字符是小写字母，第 4 个字符是大写字母，第 5 个和第 6 个字符是数字，第 7 个字符是特殊符号。有关 “@,%^符号” 的含义请参考-d。
- -l PatMASK：虽然-t 可以指定样板，但是有时该样板特定位置真的就是符号，而不是字符代号，例如 “P@@@” 希望输出 P@aa、P@ab、P@ac、…，第 2 个字符固定为 “@”，此时就可以借助“-l a@aa”，-l 是搭配-t 使用的，所以-l 的 PatMASK 长度要和-t 的 PATTERN 长度相等。当-l 参数与-t 参数对应位置的符号相同时（如前述第 2 个字符的@），该位置就是固定符号，而不是变动字符。

- -z COMPRESS：对-o 的输出文件进行压缩。可用的压缩方法有 gzip、bzip2、lzma、7z。其中，gzip 的速度最快，但压缩率最差；7z 的压缩率最好，但执行速度最慢。
- -p CHARs：以指定的 CHARs 生成与 CHARs 相同长度的文字列表，此选项会忽略 MIN_LEN 和 MAX_LEN，但还是要指定 MIN_LEN 和 MAX_LEN。例如，-p Aa3 表示由 A、a、3 三个字符排列组合出所有长度为 3 的文字（字符串），即 Aa3、A3a、aA3、a3A、3Aa 及 3aA。这种方式的用处不大，-p PHRASE_LIST 的应用方式则比较实用。
- -p PHRASE_LIST：PHRASE_LIST 是一些单词的集合，例如“I love you”就是 3 个单词，它们能排列出 Iloveyou、Iyoulove、loveIyou、loveyouI、youloveI 及 youIlove 等组合。

警　告

如果用到 -p 选项，记得要放在所有参数的最后面，因为它会将之后的文字都视为参与排列组合的单词。

（3）范例

```
crunch 8 14
# 生成 8 到 14 位由小写字母组成的文字，所以第 1 个生成的文字是 aaaaaaaa，最后一个生成的文字为 zzzzzzzzzzzzzz。
```

```
crunch 32 32 ABCDEF0123456789
# 生成 32 位的十六进制字符串（就是 MD5 格式）。
```

```
crunch 32 32 ABCDEF0123456789 -c 160 -d 2@%
# 生成 32 位的十六进制字符串（就是 MD5 格式），而相同的字母或数字不连续超过 2 个，且输出 160 个文字后就结束程序。
```

```
crunch 32 32 ABCDEF0123456789 -b 200mb -o START
# 生成 32 位的十六进制字符串（就是 MD5 格式），而相同的字母或数字不连续超过 2 个，输出时，文件达 200MB 时就会分割成另一个文件。
```

```
crunch 8 8 abcde + -t @@dog@@@ -s cbdogaaa
# 生成 8 位的小写字母字符串，而中央 3 位固定为 dog，且略过 aadogaaa 到 cadogzzz 之间的文字。
```

```
crunch 4 5 -p dog is cute
# 利用 dog、is、cute 三个单词生成文字，虽然指定长度为 4 到 5，但-p 选项会忽略长度限制。
```

5.12.2 RSMangler

工具来源：https://github.com/digininja/RSMangler

RSMangler 会读取文字列表文件的内容，然后按照指定的规则进行字符变型，以生成新的文字列表，概念就是利用已知的账号来生成可能的密码，用户可以自行指定字词的变型规则。这个工具是用 Ruby 编写而成的，因此计算机上要有 Ruby 解释器才能执行此脚本程序。

1. 安装 Ruby 环境

如需安装 Ruby 解释程序，请到 https://rubyinstallser.org/downloads/下载 Ruby 安装文件，若无开发需求，下载 WITHOUT DEVKIT 版本的安装程序即可，编写本书时它的版号为 2.6.0-1，安装程序执行的过程会看到如图 5-35 所示的界面，因而我们只想要 Ruby 的执行环境，并不打算开发 Ruby 程序，故而取消“Run 'ridk install' to...”，单击“Finish”按钮后就完成了 Ruby 的安装。

图 5-35　安装 Ruby 执行环境

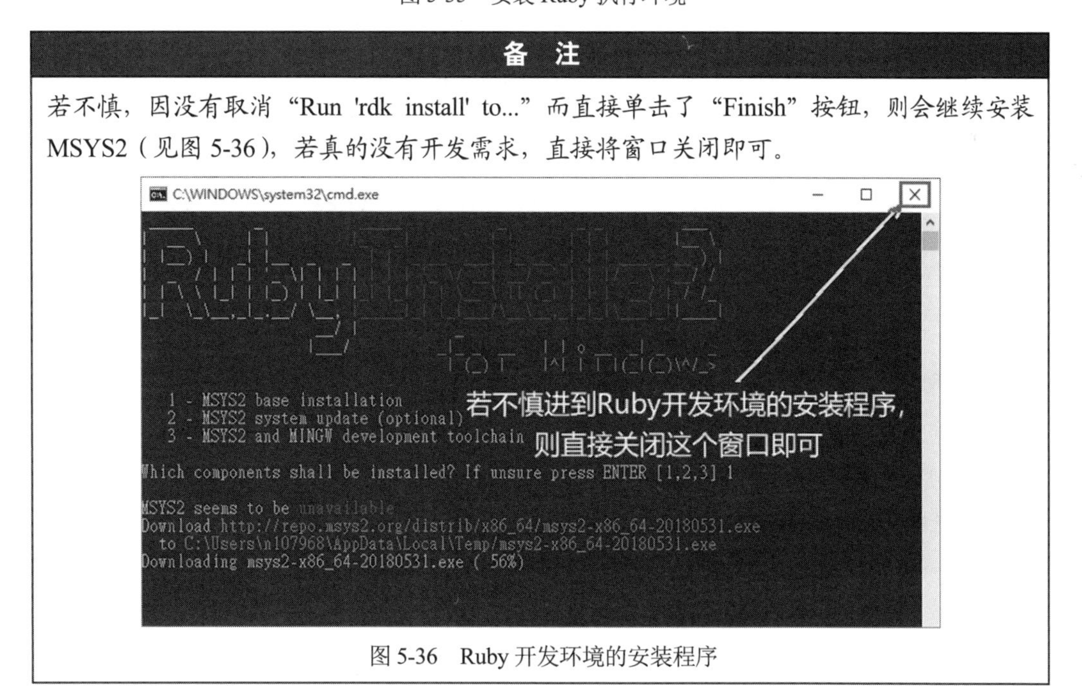

备　注

若不慎，因没有取消“Run 'rdk install' to...”而直接单击了“Finish”按钮，则会继续安装 MSYS2（见图 5-36），若真的没有开发需求，直接将窗口关闭即可。

图 5-36　Ruby 开发环境的安装程序

安装完成后，开始菜单会多出一项 Ruby xxx 的文件夹，若要执行 Ruby 脚本，就从此文件夹中执行“Start Command Prompt with Ruby”（见图 5-37），它会启动自动调用 Ruby 解释器的“命令提示符”窗口，可以像执行 Windows 指令一样，直接执行 Ruby 脚本。

图 5-37　从开始菜单启用 Ruby 终端程序

2. 执行 RSMangler

将工作目录切换（使用 CD 命令）到 RSMangler 目录，然后执行 rsmangler.rb（见图 5-38），屏幕上应该会显示出辅助信息。RSMangler 的命令语法及参数将在下一节介绍。

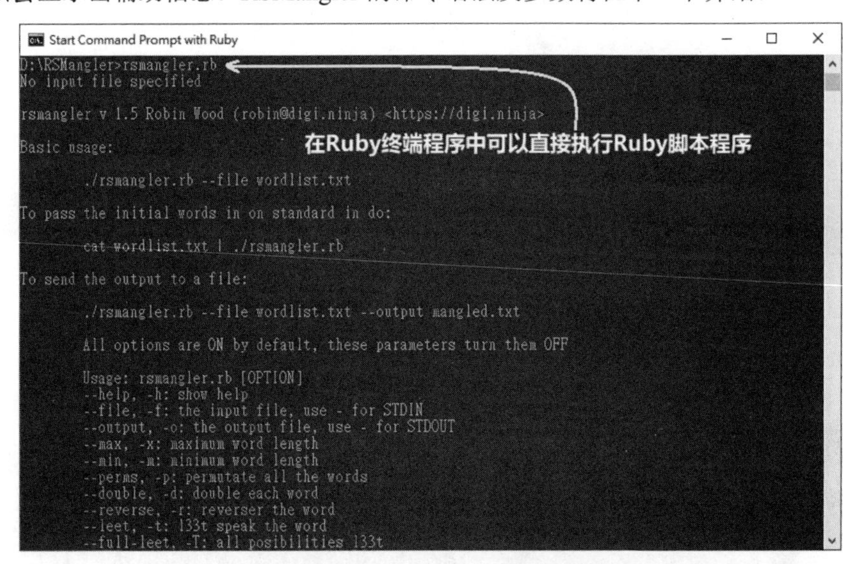

图 5-38　在 Ruby 终端程序中执行 RSMangler

（1）语法

```
rsmangler [-f INPUT_FILE] [Options]      # 基本用法
type INPUT_FILE | rsmangler [Options]   #利用管道输入文本文件
```

（2）参数

-f INPUT_FILE：字词输入文件，一个词一行。如果要直接从终端程序输入字词，可以将 INPUT_FILE 换成减号“-”，在终端程序中手动输入所需的字词后，按下【Ctrl+Z】组合键结束输入。

- -o OUTPUT_FILE：文字列表的输出文件，若不指定，则会从屏幕输出。
- -x NUM：指定输出文字的最大长度，若不指定，则表示不限制最大长度。
- -m NUM：指定输出文字的最小长度，若不指定，则表示不限制最小长度。

以下选项默认为“启用”，若指定则代表“关闭”。

- -d：关闭重复字词机制，若不指定，则 root 的字词会生成一组 rootroot。
- -r：关闭字符串反转机制，若不指定，则 root 的字词会生成一组 toor。
- -e：不要在文字尾端加入“ed”。
- -i：不要在文字尾端加入“ing”。
- --punctuation：不要在文字尾端加入常见的标点符号。
- -y：不要在文字尾端加公元的年份数字（从 1990 年至今）。
- -a：不要利用每个单词的第一个字母组合出缩写字。
- -C：不要将 admin、sys、pw 和 pwd 加到文字的前头与尾端。
- --pna：不要在文字尾端加上 01 到 09 的数字。
- --pnb：不要在文字前头加入 01 到 09 的数字。
- --na：不要在文字尾端加上 1 到 123 的数字。
- --nb：不要在文字前头加入 1 到 123 的数字。
- --space：不要在单词组合时在单词间插入空格。
- --allow-duplicates：过滤重复生成的文字组合。

（3）范例

假设已知某商业产品出厂时的账号和密码为 admin 和 password，但用这组账户和密码尝试登录时却无法成功，因此怀疑用户更改了密码，就用 RSMangler 试着从这组账户和密码组合变化出密码，范例指令如下，结果如图 5-39 所示。

```
rsmangler -f - -m 8 -y --pnb --nb --space --allow-duplicates > out1.txt
# 利用重定向的方式，将结果输出到 out1.txt
```

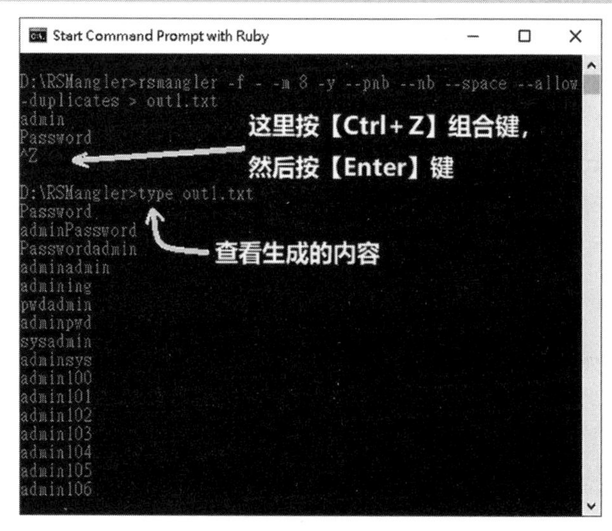

图 5-39 RSMangler 范例指令及输出结果

根据用户个人习惯，可选择操作系统重定向功能或直接利用 RSMangler 的-o 选项来存储输出的结果。

```
rsmangler -f- -m8 -y --pnb --nb --space --allow-duplicates -o out2.txt
# 利用-o 选项将结果输出到 out1.txt
```

这一小节介绍了两个文字列表生成器，可以用来生成实验素材或应用于正式渗透测试工作中。说句实话，crunch 使用的次数并不多，最主要的是因为文字列表生成一次就好，不必重复生成；不过，RSMangler 经常能派上用场，虽然还不曾因 RSMangler 生成的文字列表而成功破解，但多一次尝试，就多一分成功的机会。

5.12.3 pw-inspector

前面介绍了收集及生成字典文件的手法，但字典文件里的字符串不见得都适用，有时应用系统会限制密码或账号的长度，例如密码要 8 位以上、账号要在 4 到 12 位之间，相信字典文件中有许多字符串是不符合需求的，如果硬要以这些字符串尝试破解，只是白做功。幸好，THC-Hydra（下一章介绍）随附的 pw-inspector 工具可以筛选字典文件中符合指定长度的字符串，并存成新字典文件。

（1）语法

```
pw-inspector [-i FILE] [-o FILE] [-m MINLEN] [-M MAXLEN] [-c MINSETS] -l -u
-n -p -s
```

（2）参数

- -i FILE：来源字典文件，若不指定，则表示从键盘输入或以管道方式输入。
- -o FILE：筛选后的结果，若不指定，则表示从屏幕输出或以重定向方式写到文件中。
- -m MINLEN：筛选字符串的最小长度，不指定，表示 1。
- -M MAXLEN：筛选字符串的最大长度，不指定，表示无限。
- -c MINSETS：最少要由几种字符组成（默认为 all），具体见下面的字符要求。
  - -l：小写字母，例如 a、b、c。
  - -u：大写字母，例如 A、B、C。
  - -n：阿拉伯数字，例如 1、2、3。
  - -p：除了上面字符以外的其他可打印字符（特殊符号），例如!、@、#、$、(、]。
  - -s：除了上述指定的字符以外的其他字符，例如中文。

（3）范例

以上一小节 RSMangler 生成的字典文件作为来源字典文件，假设密码要求是“大写字母、小写字母、数字、特殊符号”4 种字符，至少要包含 3 种，则指令如下所示：

```
pw-inspector -i ..\RSMangler\out1.txt -c 3 -l -u -n -p
```

因为 RSMangler.rb 和 pw-inspector 都支持管道与重定向输出，所以可以将两种指令合并成一行指令，执行结果如图 5-40 所示。下面命令的工作目录在 thc-hydra-win_8.7 下，所以要使用..\RSMangler 指定 rsmangler.rb 的路径。

```
    ..\RSMangler\rsmangler.rb -f- -m8 -y --pnb --nb --space --allow-duplicates |
pw- inspector.exe -c 3 -l -u -n -p > out2.txt
```

图 5-40　使用管道机制整合 RSMangler 和 pw-inspector 功能

5.13 后　记

本章用了很多篇幅介绍前置工作所需的工具。“凡事预则立，不预则废”，对于项目的成败，前置工作有很大的影响。刚接触到渗透测试的人习惯用弱扫描工具的默认配置查找漏洞，殊不知，每个人找出的漏洞都差不多。要比别人得到更深入的测试结果，测试载荷和情报就成了关键因素。某国要员曾说：“若我有 8 个小时去砍倒一棵树，就会先花 6 个小时去磨利斧头”，前置工作就是在磨斧头，决胜点就在于准备适当的测试载荷和收集充足的情报。

收集到的信息需逐一整理，并标记可利用漏洞的先后关系，有些可以手动确认，有些可能需搭配后面介绍的工具进行确认。

收集来的数据或信息何时用得上，很难事先知道，以笔者曾经执行的渗透测试为例，发现厂商没有适当管制后台网页的访问权，让我们可以接触到管理网页，只是需要账号和密码才能登录，通过常用的账户和密码字典去猜测，但无收获，因此利用查找到的信息另外编制密码表：此系统开发商的网址名称为“kangdainfo”、联络电话的总机为 2715-2222，跟同事几番脑力激荡之后，我们利用“kd”“kdi”“kdc”“kds”、27152222 以及特殊符号建立密码字典，果然从中猜测到“admin/KD.27152222”这组管理员的账号及密码，进而取得后台控制权，这种临机应变的工作特色是漏洞扫描工具所不具有的。

5.14 重点提示

- 利用查核表，可以协助查看信息搜集是否有所遗漏。
- 搜集到的数据和信息要适当分类才能有效利用，如发现非受测目标的信息，只要有关联，亦应纳入保管，以备不时之需。
- 非受测目标的资源，未经甲方许可，不得擅自进行渗透。
- 数据和信息各项之间可交叉对比，渗透人员要心思细腻，推测要大胆。
- 除了直接对受测目标进行探测外，搜索网络上的信息也很重要。

第6章

网站探测及漏洞评估

本章重点

- Zenmap
- wFetch
- OWASP ZAP
- w3af
- arachni

当我们完成信息搜集的步骤后，大概就已知晓网站的配置方式了。就一般的渗透测试而言，接下来通常会对搜集到的端口拟定攻击的策略，但我们测试的主要目标是网站，利用工具对网站进行扫描或许更为直接、有效。笔者较常使用的工具有 NMAP、OWASP ZAP、NESSUS、MSBSA，其中 ZAP 是一套整合型的工具，具备漏洞扫描、Local Proxy 及其他攻击工具，一定要熟用。不过此阶段主要在探测网站的漏洞，而不是进行攻击，所以只针对漏洞挖掘及信息再搜集，其他功能等后续用到时再说明。本章将用到的工具如表 6-1 所示。

表 6-1 工具说明

工具类型或名称	主要用途
Zenmap	服务端口（Port）扫描
wFetch	测试网站支持的请求方式并取得响应标头的内容
OWASP ZAP	网页 URL 扫描及测试
w3af	以挖掘、评估、攻击程序所开发的网站为安全评估框架，可以通过 Plugin 方式持续扩充功能
arachni	用 Ruby 开发的 Web 程序漏洞扫描工具

6.1 Zenmap

工具来源：http://nmap.org/download.html

NMAP 的主要功能是用来探测网络状况、哪些端口开放、是否有防火墙或 IPS 防御，功能非常强大，可以说是集 TCP/IP 扫描功能之大成，不过本书以初学入门为目的，不会详细介绍 NMAP 的功能。为了让读者具有更好的操作体验，本节将介绍 NMAP 的图形用户界面版 Zenmap。

下载“Microsoft Windows binaries”版本并安装后，在目录内有两个主程序，其中 NMAP 是命令行程序（灵活性高），Zenmap 具有图形用户界面（容易上手），如果想深入学习 NMAP 技巧，建议学习命令行 NMAP。

最新版的 Zenmap 会自动判断操作系统的语言而切换界面的文字，在中文版 Windows 10 中，Zenmap 显示的是简体中文。为了具有通用性，我们保持使用英文版的 Zenmap。

启动 Zenmap 后，将第 5 章通过 nslookup 查到的 IP 地址（65.61.137.117）填入 Target 字段（直接填入 demo.testfire.net 也可以）。再从 Profile 选择扫描模式，接着单击“Scan”按钮即可（见图 6-1）。选择不同的 Profile 时，在 Command 栏会出现对应的 NMAP 命令选项，若需要微调 NAMP 参数，可以直接编辑 Command 栏的内容之后再单击“Scan”按钮。

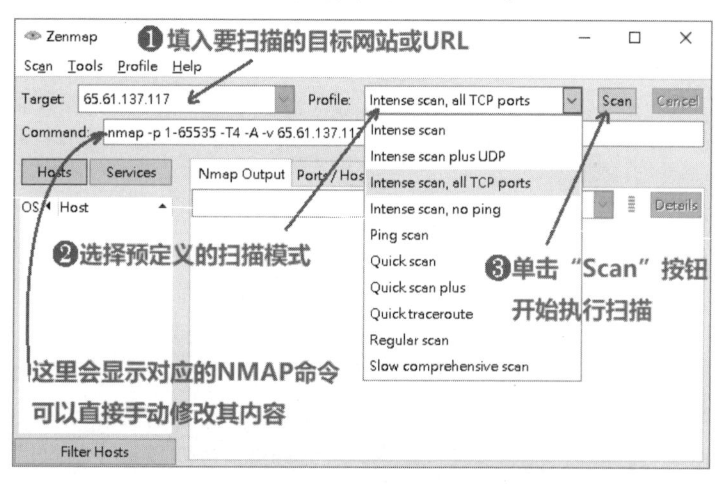

图 6-1 使用 Zenmap 扫描目标的所有端口

Zenmap 只是利用图形用户界面包封 NMAP 命令，底层依然调用 NMAP 执行扫描，执行过程的信息会显示在“Nmap Output”页面内（见图 6-2），这里显示的内容与命令行执行 name 的输出是相同的。

扫描所有端口（-p 1-65535）会花很长时间，除非是要进行实质攻击或者利用快速扫描却找不到可用的端口，不然渗透测试选用“Quick scan plus”会比较恰当。

扫描完成后，可通过不同的选项卡来查看结果（见图 6-3），这是 Zenmap 好用和贴心的地方。

有时只为探测启用了几个端口，这时可使用命令行模式简单输入“nmap 65.61.137.117”，也能很快得到想要的结果，执行结果如图 6-4 所示。

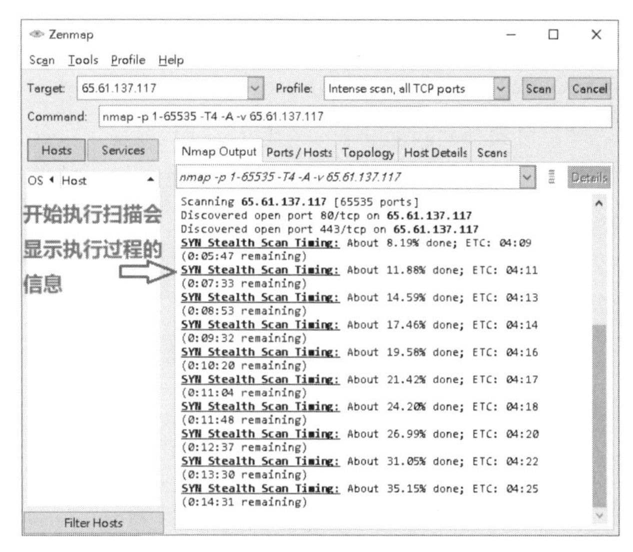

图 6-2　查看 Zenmap 扫描历程

图 6-3　查看 Zenmap 扫描结果

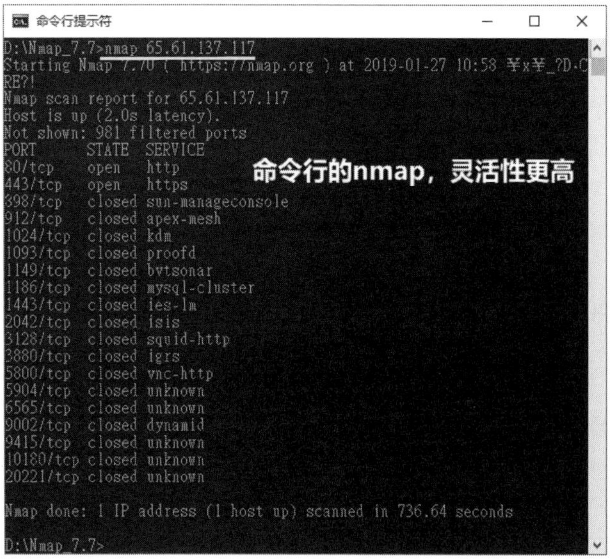

```
命令行提示符
D:\Nmap_7.7>nmap 65.61.137.117
Starting Nmap 7.70 ( https://nmap.org ) at 2019-01-27 10:58 ¥x¥_?D·C
RE?!
Nmap scan report for 65.61.137.117
Host is up (2.0s latency).
Not shown: 981 filtered ports
PORT      STATE  SERVICE
80/tcp    open   http
443/tcp   open   https
898/tcp   closed sun-manageconsole
912/tcp   closed apex-mesh
1024/tcp  closed kdm
1093/tcp  closed proofd
1149/tcp  closed bvtsonar
1186/tcp  closed mysql-cluster
1443/tcp  closed ies-lm
2042/tcp  closed isis
3128/tcp  closed squid-http
3880/tcp  closed igrs
5800/tcp  closed vnc-http
5904/tcp  closed unknown
6565/tcp  closed unknown
9002/tcp  closed dynamid
9415/tcp  closed unknown
10180/tcp closed unknown
20221/tcp closed unknown

Nmap done: 1 IP address (1 host up) scanned in 736.64 seconds

D:\Nmap_7.7>
```

命令行的nmap，灵活性更高

图 6-4　命令行 nmap 扫描端口更灵活

从上面两幅图可以看出扫描结果是一样的，但 Zenmap 会将扫描结果分类，以方便查阅。前面已介绍了 Zenmap 的 Nmap Output 选项卡，下面简单地介绍其他的选项卡：

- Ports/Hosts：显示主机及端口的扫描结果，字段包括主机地址（Host）、发现的端口（Port）、端口的传输协议（Protocol）、端口的状态（State）、端口提供的服务（Service）、服务的版本信息（Version），可参考图 6-3。
- Topology：本机与受扫描主机间的连接拓扑图。
- Host Details：显示受扫描主机的详细信息。
- Scans：显示扫描操作的列表，有时扫描时间太久，可以在此选项卡内取消执行中的操作。

将扫描结果存储起来以供日后参考、重新扫描，或导入其他工具。若要存储扫描结果，则依次选择菜单项“Scan→Save Scan”或“Scan→Save All Scans to Directory”，如图 6-5 所示。

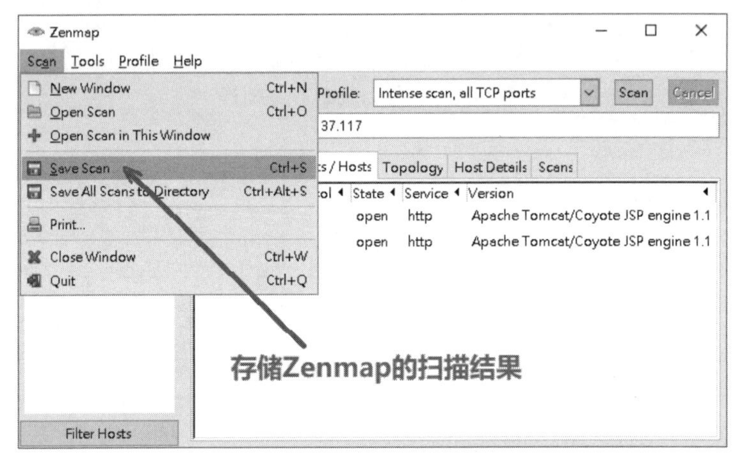

图 6-5　存储 Zenmap 的结果

一般情况下，Web 服务器只需开放 80 和 443 端口，最多再加一个 21 端口，如果扫描结果显示有多余的端口被开放，可以跟客户确认这些额外打开的端口是否为必需的，若不是，就可以列为可能的风险，在测试报告中建议客户将不必要的端口关闭。

从上面的结果可以看出 80 和 443 端口是开放的，而其他端口可能有防火墙保护（filtered）。

利用 NMAP 扫描目标网站开放端口的另一个目的是：有些 Web 服务器不一定使用惯用的端口进行日常服务，笔者曾经遇到过网站利用 80 和 443 端口提供普通用户连接，额外打开 8000 端口作为管理员查询报表，8000 端口依然使用 HTTP 协议，但因为只告知特定用户，网站构建人员以为普通用户不会注意到，反而疏于防护，经测试其漏洞比 80 和 443 端口还要严重，像这种情况，如果我们只针对 80 和 443 端口进行渗透测试，有可能会遗漏 8000 端口的潜在风险，使得测试项目的结果不够周全。

备　注

通常情况下，渗透测试会对 NMAP 扫描到的端口尝试漏洞入侵操作，但本书着重于 Web 的渗透测试，所以不打算对开放的端口进行网页漏洞以外的测试。

6.2　wFetch

工具来源：https://download.cnet.com/WFetch/3000-2356_4-10735465.html

网站虽然可以实现 HEAD、GET、POST、PUT、DELETE、TRACE、OPTIONS 及 CONNECT 等方法（IIS 把这些方法称为 Verb），但是 Web 应用程序一定会用到 GET 和 POST 这两个方法，其他则可有可无。就平台配置而言，HEAD、GET、POST 及 CONNECT 是相对安全的，除非 Web 应用程序本身设计有瑕疵，否则这些方法应该不会对系统产生危害！不过，有些方法可能会造成网站的敏感信息泄露，或让黑客远程操控系统。

如果系统实现了 PUT 或 DELETE，则可能让用户通过 HTTP 请求从远程操控服务器的文件系统。PUT 允许上传文件到指定的目录，DELETE 允许删除指定的文件。如果没有必要，应该关闭这些方法；如果一定要启用，务必要设置严格的权限管控。

OPTIONS、TRACE 主要用在系统调试，此方法不会直接对系统造成危害，却给黑客提供了机会利用此方法得到系统信息，有暴露系统漏洞的疑虑，最好还是将它们停用。

为了服务用户，Web 服务器通常支持 GET 和 POST 即可，利用 wFetch 可以轻易测出网站是否支持多余的方法，不必要的方法会增加黑客攻击的面积，最好建议甲方将它们关闭。

目前找到的 wFetch 最新版本是 2005 年的 1.4 版，下载并完成安装后，在 Windows 开始菜单的“IIS Diagnostics (32bit)”文件夹创建“wFetch 1.4”快捷方式。

基于渗透测试佐证的需要，如果打算将 wFetch 执行的响应（Response）结果存储下来，以供后续分析及作为渗透测试报告的数据，那么每次启动 wFetch 后，先通过菜单“File→Log settings”设置将 Response 写到文件中。打开 Log settings 对话框后，勾选“Log to File”复选框并指定要保存的文件名，最好也勾选“Append”复选框（见图 6-6），否则会覆盖了现有的同名文件，就无法留下执行的历史轨迹了。

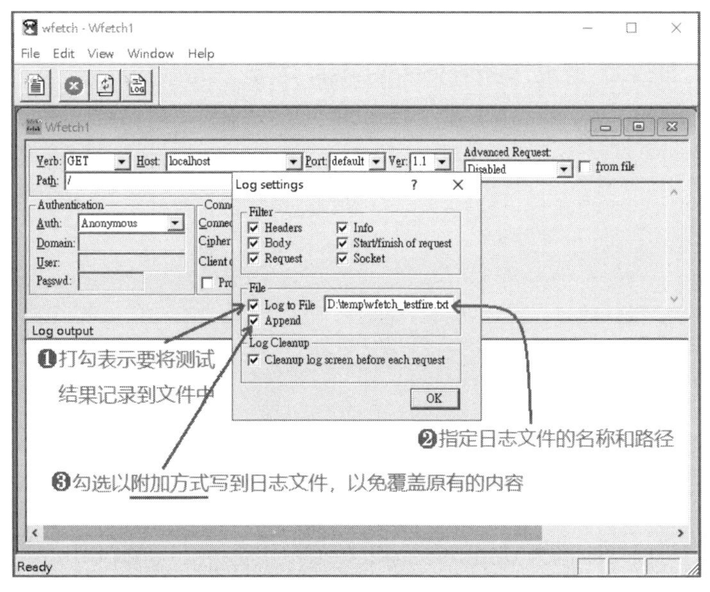

图 6-6　设置 wfetch 的日志记录存盘文件名称

若要对网站进行测试，则必须将 Verb（方法）的选项逐一（Get 和 Post 可免）执行，执行结果可以从下方的 Log Output 窗格查看，存储的文本文件则可作为渗透测试报告的附件。

笔者通常会先试 OPTIONS，查看网站支持哪几种 Verb，如果网站不支持 OPTIONS，再单独测试 DELETE、PUT、TRACE。从图 6-7 的结果可看出这个网站支持 GET、HEAD、POST、PUT、DELETE、TRACE、OPTIONS 等方法。

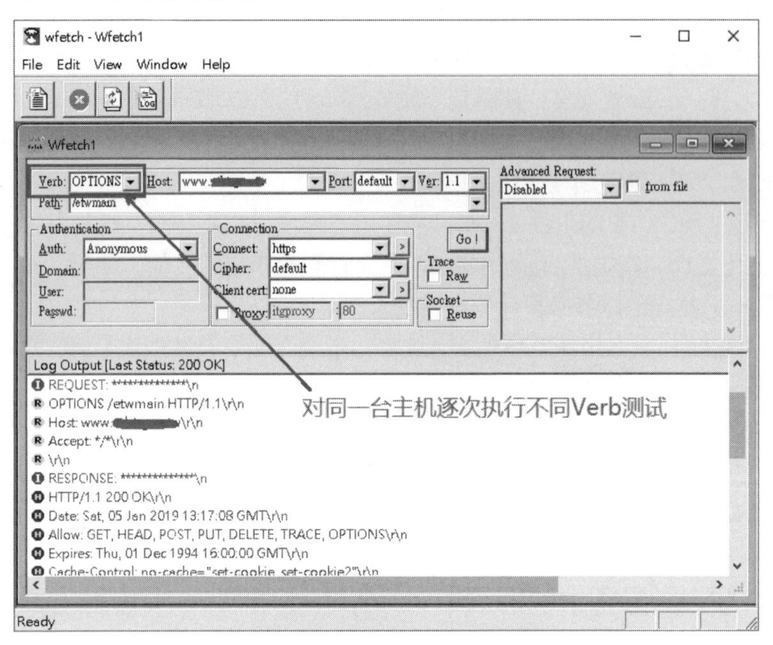

图 6-7　逐次选择 Verb 进行扫描

当测试 demo.testnet.net 时，从 wFetch 的 RESPONSE 区段（见清单 6-1 和清单 6-2）可看出，使用 HEAD 请求能得到响应标头的内容，但使用 DELETE 请求响应“Not supported”，表示 testfire 网站不支持 DELETE 请求。我们可以根据这些响应的内容提供甲方防护建议。

清单 6-1：以 HEAD 请求 demo.testnet.net，得到正常响应

```
REQUEST:      **************\n
HEAD / HTTP/1.1\r\n
Host: demo.testnet.net\r\n
Accept: */*\r\n
\r\n
RESPONSE:      **************\n
HTTP/1.1 200 OK\r\n
Date: Sat, 05 Jan 2019 13:24:54 GMT\r\n
Server: Apache\r\n
Set-Cookie: COOKIE=10.22.16.235.1546694694069396; path=/\r\n
ETag: "AAAAWgV344Y"\r\n
~~ 部分内容省略 ~~
finished.
```

清单 6-2：以 DELETE 请求 demo.testnet.net，回应“not supported”（不支持）

```
REQUEST:      **************\n
```

```
DELETE / HTTP/1.1\r\n
Host:  demo.testnet.net\r\n
Accept: */*\r\n
\r\n
RESPONSE:      **************\n
HTTP/1.1 405 DELETE not supported\r\n
Date: Sat, 05 Jan 2019 13:26:33 GMT\r\n
Server: Apache\r\n
~~ 部分内容省略 ~~
finished.
```

当然，要测试 Web 服务器是否支持具有危险性的 Verb 不一定要用 wFetch，直接用 telnet 也可以。若执行 telnet 时出现“'telnet'不是内部或外部命令、可执行的程序或批处理文件。”的信息，则表示 Windows 10 未启用 Telnet 客户端，依次选择“控制面板→程序→程序和功能→开启或关闭 Windows 功能”，启用“Telnet Client”，如图 6-8 所示。

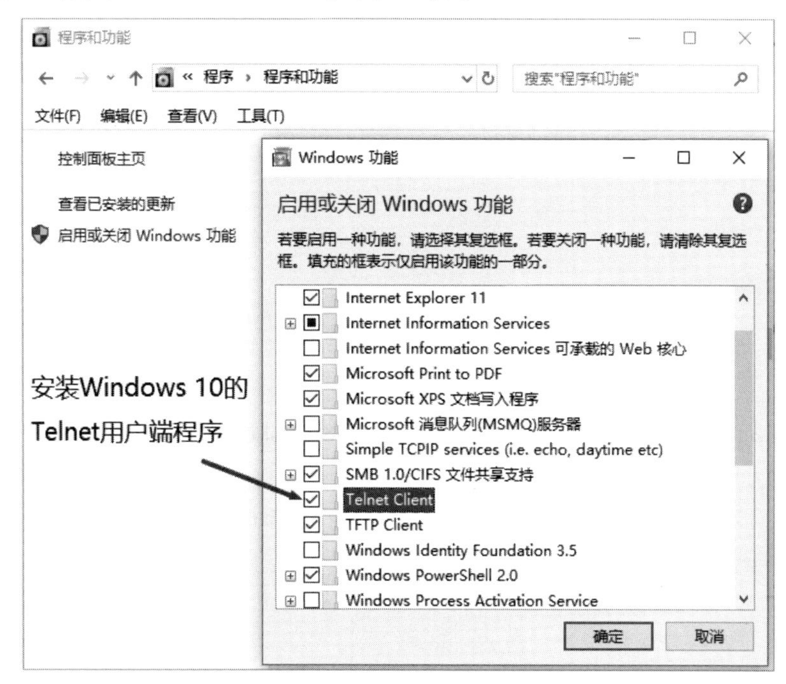

图 6-8　启用 Windows 7 的 Telnet Client

PUT 和 DELETE 有什么危险？PUT 允许用户内容上传到网站的特定目录，例如使用 telnet 执行下列操作：

```
C:\>telnet demo.testfire.net 80
PUT  /hello_testfire.htm  HTTP/1.1
User-Agent: Mozilla/4.0 (compatible; MSIE5.01; Windows NT)
Host: demo.testfire.net
Accept: */*
Connection: Keep-Alive
Content-type: text/html
Content-Length: 182
```

```
<html>
<body>
<h1>Hello, World!</h1>
</body>
</html>
```

如果网站支持 PUT，就可将上面方框部分的文字内容上传为“hello_testfire.htm”。如果这是可执行的程序代码（例如是一条语句的木马程序），那么黑客就可以通过 PUT 方法设置好一个后门。

DELETE 可以让用户删除特定文件，让网站失去功能，或者在完成任务后用来删除后门程序。利用 telnet 执行 DELETE 请求：

```
C:\>telnet demo.testfire.net 80

DELETE /hello_testfire.htm HTTP/1.1
Host: demo.testfire.net
Accept: */*
Connection: Keep-Alive
```

如果网站支持 DELETE 请求，那么通过 telnet 将上面的文字传送给服务器，就可以命令服务器将 hello_testfire.html 文件删除。

6.3 OWASP ZAP

工具来源：https://github.com/zaproxy/zaproxy/wiki/Downloads

ZAP（Zed Attack Proxy）是 OWASP 组织提供的一个 Web 网站评估工具，利用 Local Proxy 机制可以拦截及篡改网页的请求（Request）与响应（Response）内容，协助安全人员从事网页漏洞的评估，目前提供了 32bit 和 64bit 两个版本，读者可根据自己的计算机环境下载并安装合适的版本。由于 ZAP 是用 Java 开发的，因此计算机上必须有 JRE 1.7（或以上）环境，想要检查计算机上的 Java 版本，可在命令提示符（DOS 窗口）执行“java -version”命令。

安装 ZAP 后，可从 Windows 的开始菜单“OWASP ZAP XXX”（XXX 是 ZAP 版本号）启动它。如果不想在 Windows 中留下安装记录，也可以直接将下载的 ZAP_XXX.exe 解压缩到指定的目录，解压缩后可以直接执行目录中的 zap.bat 或 zap.exe。

ZAP 大多作为 Local Proxy，用来修改浏览器的 Request / Response，以便测试或攻击网站的漏洞，不过目前的步骤只是想利用它的漏洞扫描功能，所以暂时不需要启用 Local Proxy 功能。有关 Local Proxy 搭配浏览器的用法会在下一章介绍。

若要渗透网站，当然要先找到可能的漏洞，我们可以利用 ZAP 的扫描功能试试。使用方法非常简单，在 ZAP 的初始页面填入待扫描的网址（如 http://demo.testfire.net），然后单击“Attack”按钮即可。不过，testfire 在 2018 年改版后（由 ASP.NET 改成 JSP），漏洞生态也发生了变化，在执行攻击之前，需要先做一些设置才能找出新版 testfire 里的重大漏洞。

6.3.1　选择 Persist 方式

第一次启动 ZAP 时会询问是否要 Persist（留存）会话（Session）结果，笔者习惯选择“No, I do not want to persist this session at this moment in time”（现在不想留存会话结果），并勾选“Remember my choice and do not ask me again”复选框（见图 6-9），免得每次启动都再问一遍。不用担心，这项提问只为了自动保存会话结果，选择不留存，可以保有决定留存的路径及文件名。另外，有时只为了试扫而自动留存的话会很浪费磁盘的存储空间，手动留存则较有弹性。

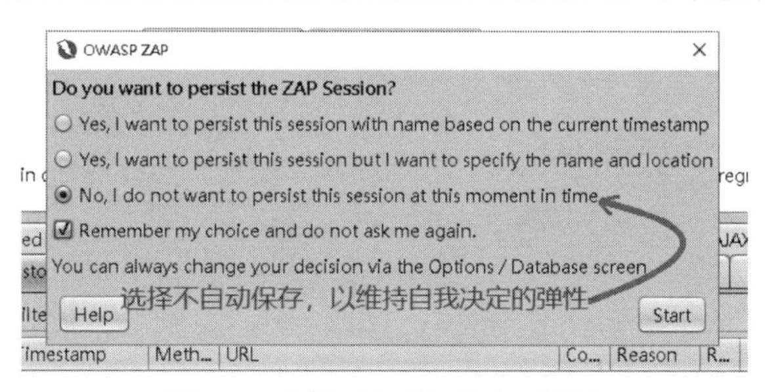

图 6-9　选择不自动保存会话结果

使用一段时日，若觉得不满意，还可以从菜单“Tools Options”的 Database 选项卡内进行调整，勾选“Prompt for persistence options on new session”后，只要创建新的会话就会跳出留存方式的询问对话框。

6.3.2　建立主动扫描原则

ZAP 默认扫描原则（Default Policy）的攻击强度是中等，对新版的 testfire 发挥不了多大作用，因此需要添加一项扫描原则，姑且命名为“High Priority”，并将“Default Attack Strength”（默认攻击强度）设为“Insane”（狂暴），再用 Apply Strength To 将 Insane 应用到所有规则上（见图 6-10）。

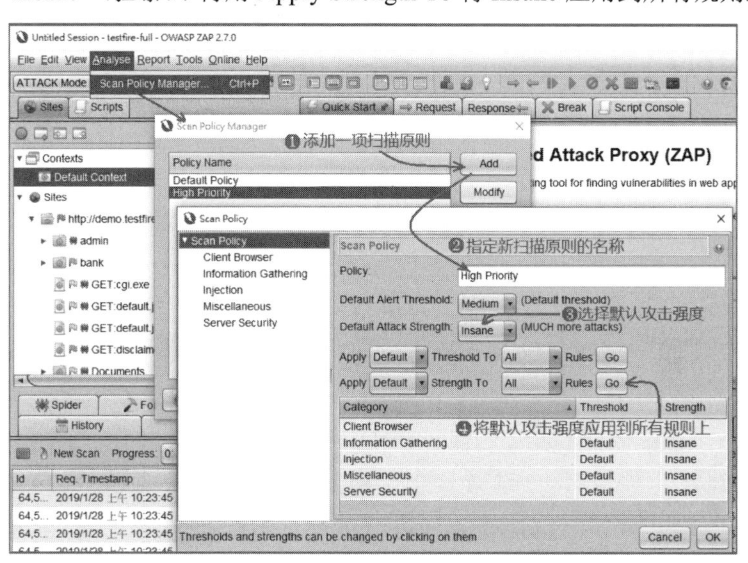

图 6-10　添加 Insane 强度的扫描原则

操作步骤如下：

（1）依次选择菜单项“Analyse→Scan Policy Manager...”。

（2）在弹出的对话框中单击“Add”（添加）按钮，出现 Scan Policy 设置界面。

（3）在 Policy 字段填入原则名称，例如“High Priority”。

（4）将 Default Attack Strength 选为 Insane。

（5）单击 Apply Default Strength To All Rules 右边的“Go”按钮，将强度应用到所有规则上。

（6）单击“OK”按钮回到上一层，再单击“Close”按钮关闭新添加的扫描原则。

上面的步骤只是添加一项扫描原则，尚未应用到主动扫描。若想每次启动 ZAP 都使用 High Priority 的扫描原则，可以依次选择菜单项“Tools→Options...”打开环境设置对话框，选择“Active Scan”（主动扫描）设置页（见图 6-11），分别将“Default active scan policy”和“Attack mode scan policy”都设为“High Priority”。

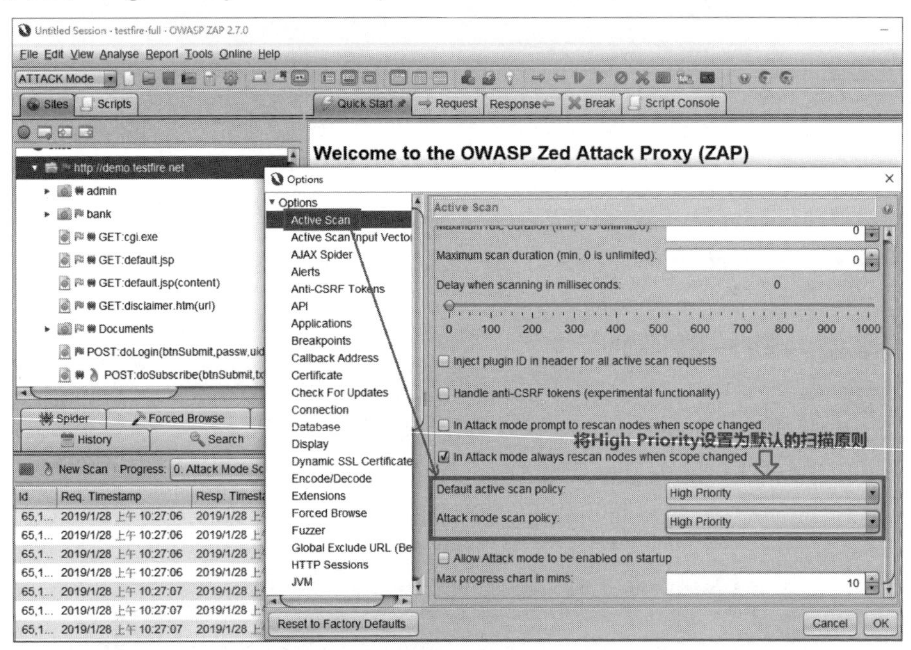

图 6-11 将 High Priority 设为默认的扫描原则

6.3.3 执行主动扫描

也许不是每个网站都需要用到 Insane 强度，可以让 ZAP 启动时继续使用攻击强度较弱的 Default Policy（默认原则），只有在特定时机才选用 High Priority，这样就不需要变更 Options 的 Active Scan 设置。

先利用 Spider 或 Attack 爬找想要测试的 URL，再选择以“High Priority”执行 Active Scan。例如，在“Quick Start”（快速启动）选项卡的“URL to attack”字段中填入“http://demo.testfire.net”再单击“Attack”按钮，等到下方的 Spider 选项卡出现找到的 URL 就单击“Stop”按钮终止攻击行为（见图 6-12）。

接着展开左边的“Sites”选项卡，并在“http://demo.testfire.net”网址上单击鼠标右键，从弹出的快捷菜单中依次选择“Include in Context→Default Context”设置操作范围。

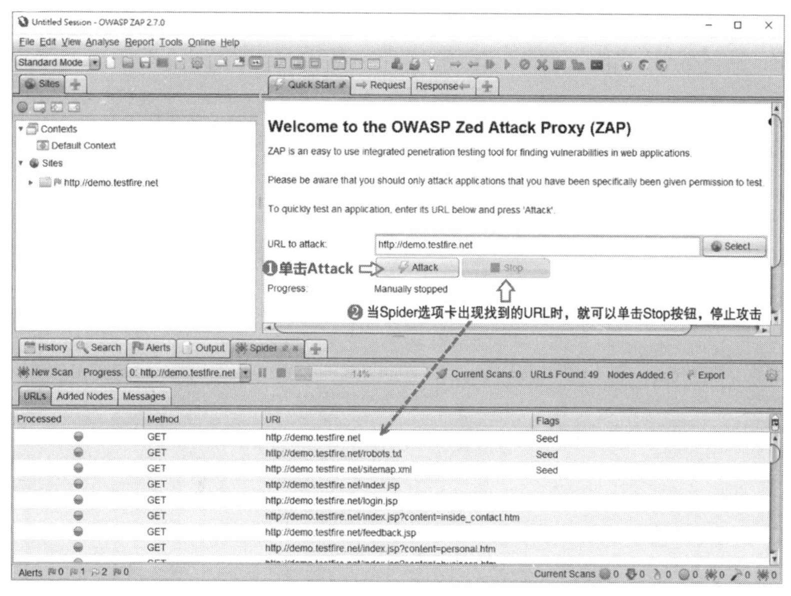

图 6-12　使用 Quick Start 取得主动扫描的进入点

再次于此网址上单击鼠标右键，从弹出的菜单中依次选择“Attack→Active Scan”，出现“Active Scan”对话框后切换到“Policy”选项卡，将 Policy 字段设为 High Priority，最后单击右下方的“Start Scan”按钮（见图 6-13），如此便可以在执行主动扫描时手动指定不同的扫描原则。

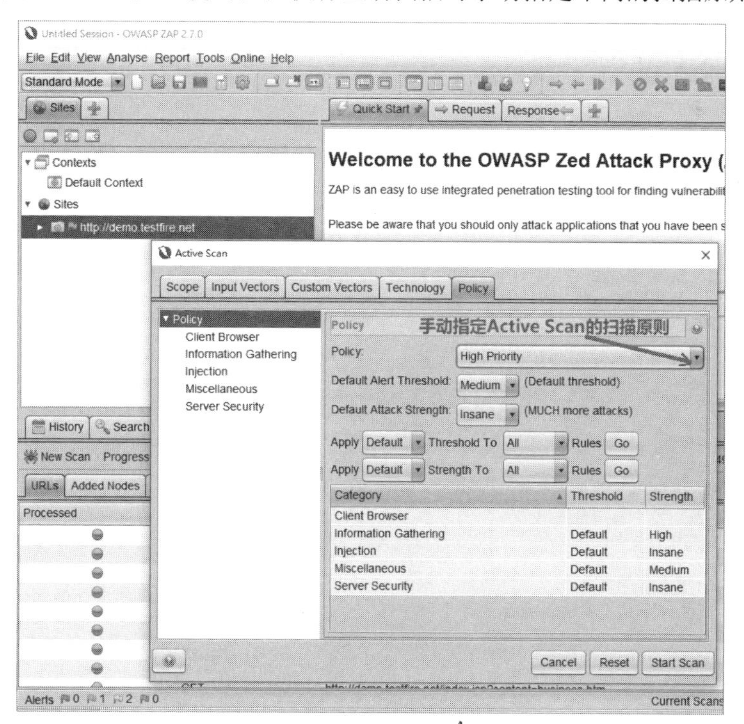

图 6-13　手动指定扫描原则

Insane 强度会执行更多的攻击向量、发送更多载荷（Payload），执行时间更长，就 testfire 网站而言，大概要执行 1.5~2 天，但测试程度会更深层、更彻底。可以从 Active Scan 选项卡看到当前的执行进度（见图 6-14）。

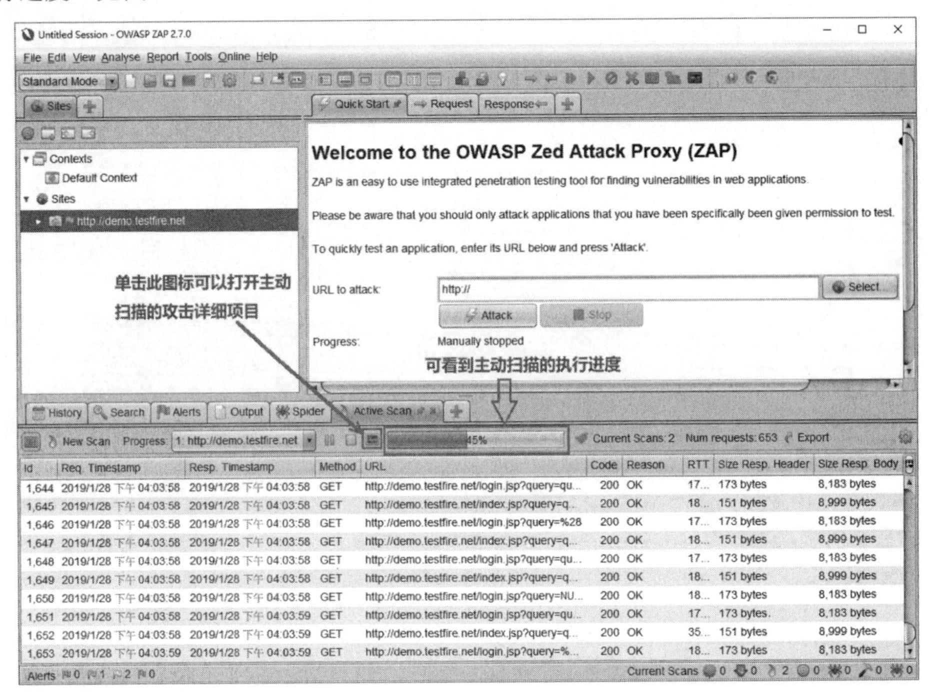

图 6-14　主动扫描的执行进度

6.3.4　验证发现的漏洞

在 ZAP 对测试目标进行扫描的过程中，在屏幕显示界面左下角会以旗帜方式显示当前找到的漏洞种类数及危险程度（见图 6-15）。例如，红色旗帜表示严重的漏洞，数字 2 是指有两种严重的漏洞，以 testfire 为例，即发现 SQL Injection 和 Cross Site Scripting 两种漏洞，切换到“Alerts”选项卡可以看见各种漏洞的数量。ZAP 提供的警示（Alert）只是判断网站可能存在风险，并非 100% 准确（工具误判、漏判在所难免）。

扫描完成后，在页面下半部切换到“Alerts”选项卡，左下方的窗格中会显示各种可能的漏洞及其数量，利用左边的“三角”按钮可以展开或收合漏洞所在的 URL。只要单击左边的 URL，在右下方的窗格就会显示漏洞的说明及 ZAP 测试的字段与输入的数据，以图 6-15 为例，说明 http://demo.testfire.net/doLogin 页面存在 SQL Injection 漏洞，ZAP 是在 passw 字段输入“ZAP' OR '1'='1”进行测试及确认。

为了确认漏洞，使用浏览器（这里是用 IE）尝试重现，手动在 Username（即 uid）文本框中填入“admin”、在 Password（即 passw）文本框中填入“ZAP' OR '1'='1”（见图 6-16），单击“Login”按钮，确实能顺利登录系统并取得 admin 权限，证明有 SQL Injection 漏洞（见图 6-17）。

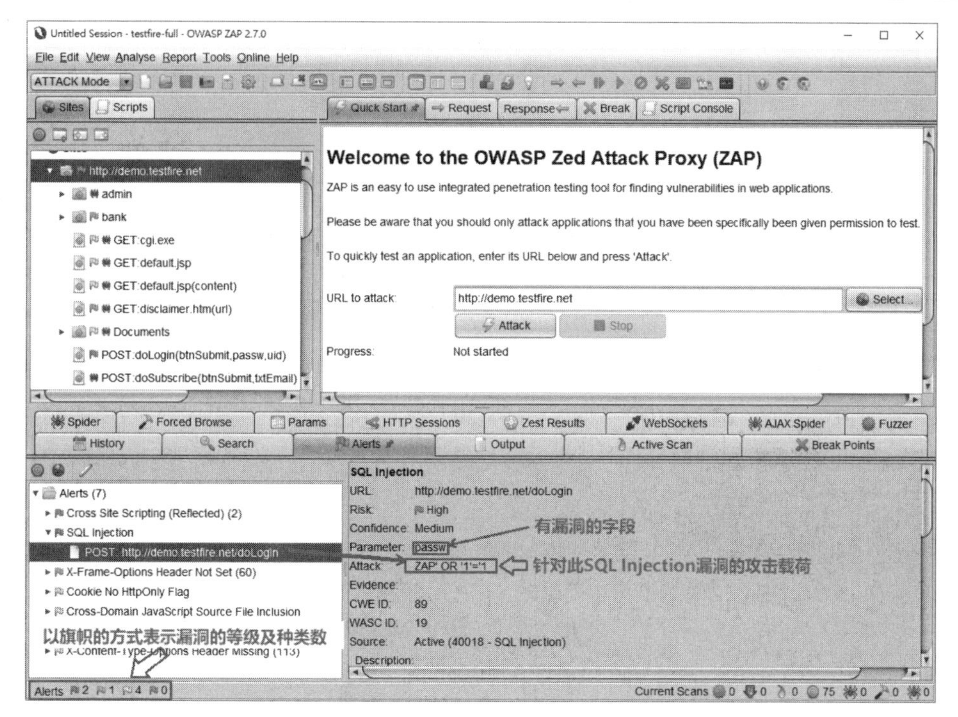

图 6-15　ZAP 的攻击载荷语句

记得要截图哦！测试不管有没有漏洞都要截图，以便证明真的做了测试，而不是把工具扫描的结果直接认定为漏洞。

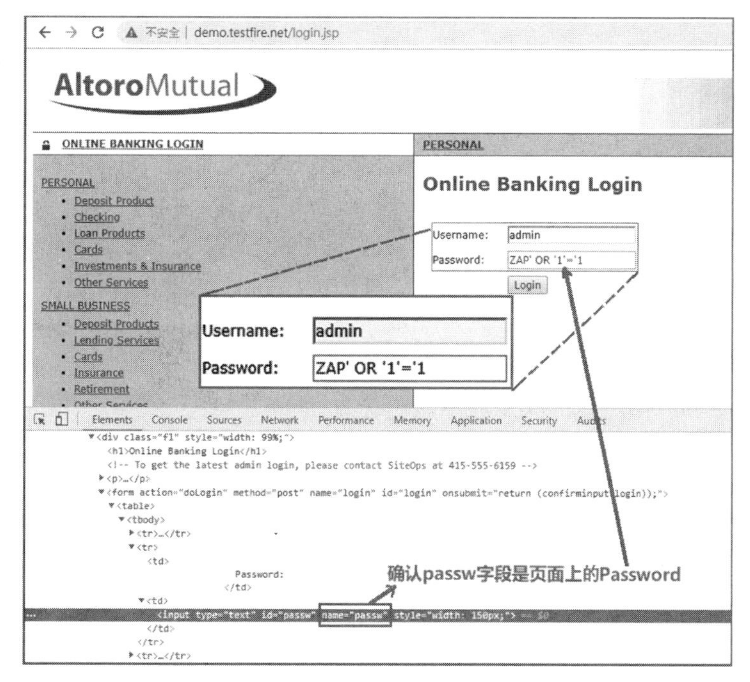

图 6-16　手动验证扫描结果

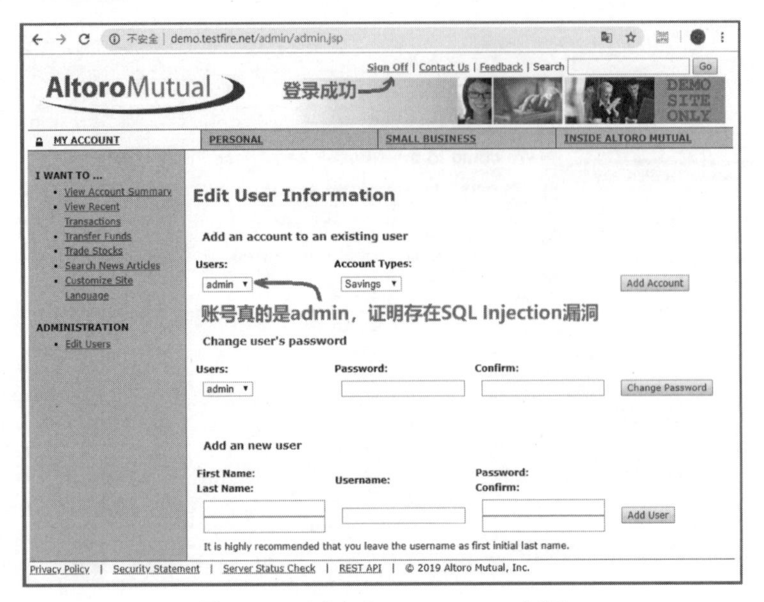

图 6-17　证明存在 SQL Injection 漏洞

同理，当单击有 Cross Site Scripting 漏洞的 http://demo.testfire.net/sendFeedback 网址时，也可从右下方窗格中看到可能存在漏洞的字段是“name”，而 ZAP 测试的载荷是“</p><script>alert(1);</script><p>”。

从 ZAP 提示的测试方法可以学习不同漏洞的攻击方式，这些技巧可应用在手动测试的场合，并作为人工确认漏洞的手法。

6.3.5　存储扫描的结果

完成扫描可不要直接将 ZAP 关闭，将结果存储起来就不用每次都重新扫描了。ZAP 把每一次的扫描叫作 Session，这跟网页请求（Request）的 Session（会话）并不一样。要存储执行结果，请选择“File→Persist Session...”（见图 6-18）。如同存储文件，被存储的 Session 日后可以重载、再增加（附加）扫描的内容或对之前取得的内容进行分析、重放（Resent）。

> **备　注**
>
> 虽说 Persist Session 类似保存文件，但一旦执行了 Persist Session，之后添加的结果就都会自动附加到 Session 中，不必再手动保存。
>
> 自动 Persist 的文件夹默认为“%UserProfile%\OWASPZAP\ sessions”，对于无须继续保存的 Session，可以从此文件夹内删除，以腾出存储空间。

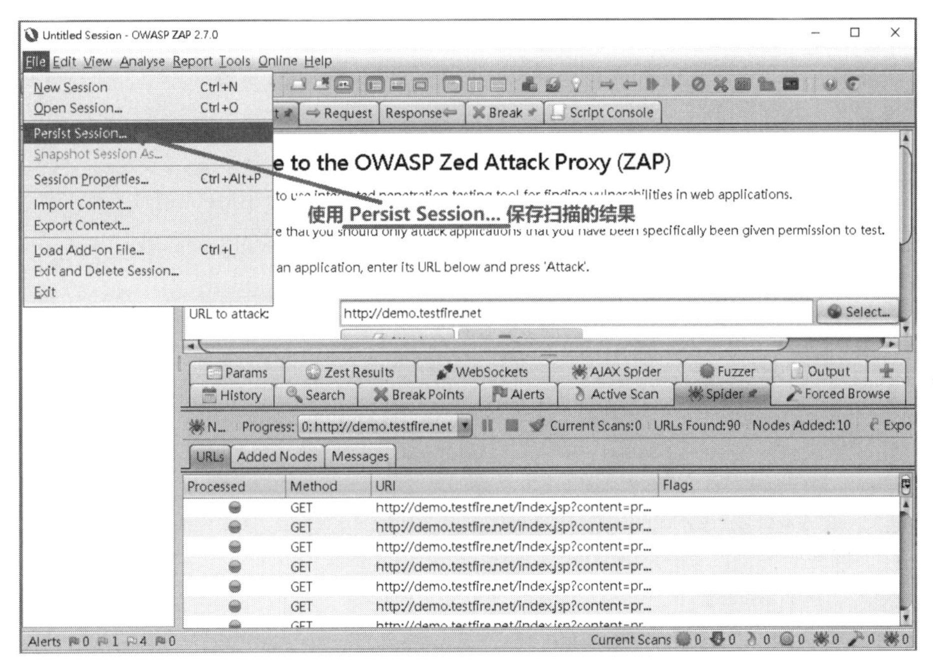

图 6-18　存储 ZAP 扫描的结果

下一章将说明如何利用 ZAP 验证或人工挖掘漏洞，并对这些漏洞寻找进一步利用的机会。

6.4　w3af

工具来源：

- https://jaist.dl.sourceforge.net/project/w3af/w3af/w3af%201.0-stable/w3af_1.0_stable_setup.exe（安装文件）
- https://github.com/andresriancho/w3af（最新版）

w3af（Web Application Attack and Audit Framework）是一套用 Python 编写而成的工具，由于使用相当多的第三方组件，因此在 Windows 中不容易安装，作者在 1.0 版提供了 Windows 安装程序，会自动下载所需的组件并部署执行环境，但自 1.1 版以后已不再提供 Windows 安装程序，幸好 1.0 版安装时会自动升级版本，下载 w3af_1.0_stable_setup.exe 安装完成后可以得到 1.1 版。安装后，可从 Windows 的开始菜单找到图形用户界面的“w3af\w3afGUI”快捷启动方式，或者执行安装目录下的 w3af_gui.bat。

备　注
由于 w3af 的作者表明不再维护 Windows 版本的安装工具，若想要在 Windows 上使用最新版的 w3af，必须自己补齐所需的第三方组件，这个过程相当麻烦，因此建议读者改用在 Kali Linux 中执行 w3af。

启动 w3af 时若出现图 6-19 所示的错误信息，则编辑安装目录下的“w3af\.svn\entries”文件（见图 6-20），将第 5 行和第 6 行对调即可。

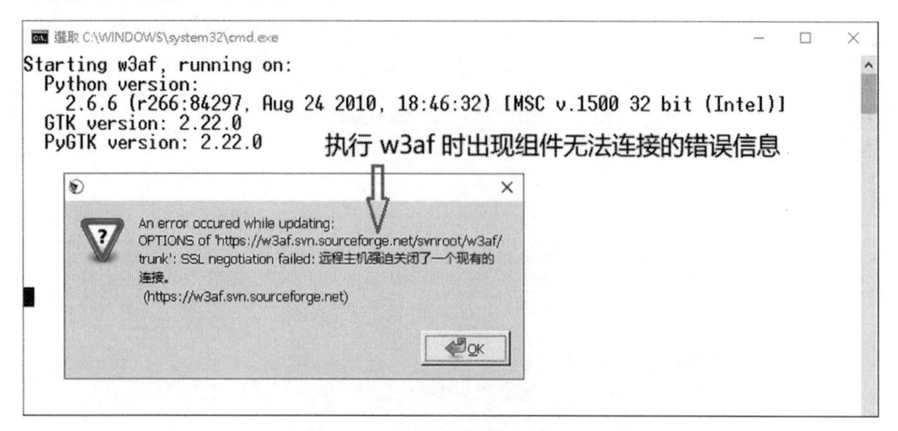

图 6-19　启动 w3af 时出现错误信息

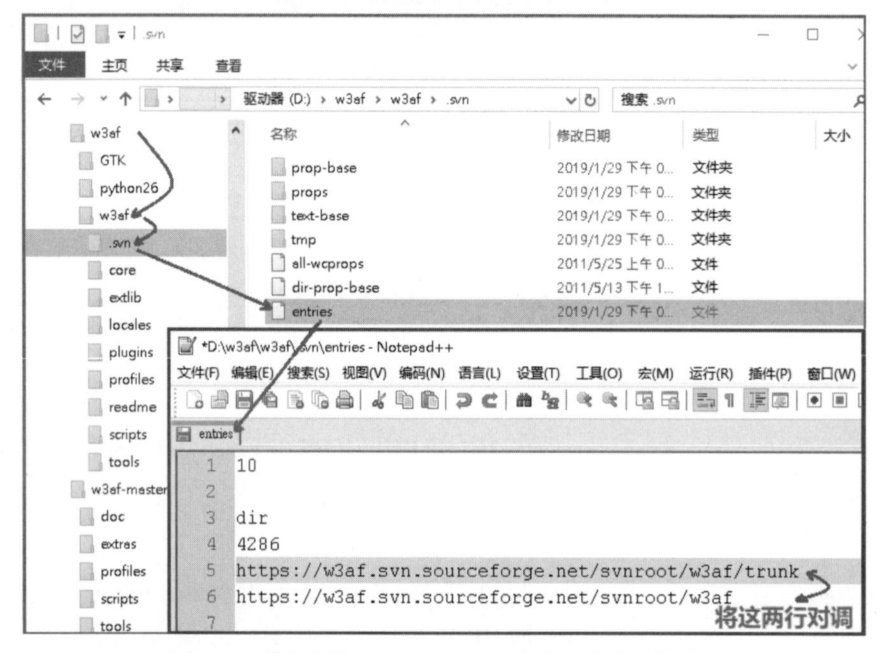

图 6-20　借助编辑 w3af\.svn\entries 来修正启动时的错误

w3af 叫“框架”，提供扩展接口，可以通过 plugin 来扩展功能。w3af 的 plugins 主要分成三大类：

- Discovery：又叫 Crawl，即对网站资源进行爬找，尽可能找出 URL、forms 等可能用来注入载荷的地方。
- Audit：对 Discovery 发现的注入点尝试“喂入”数据，并判断是否存在可利用的漏洞。
- Attack：利用 Audit 阶段发现的漏洞进行攻击，如果攻击成功，可能会在目标插入后门（Shell）或转储出数据（库）内容。

6.4.1　执行扫描

w3af 安装完成之后就可以进行扫描，启动后已预先设置好 8 组 Profile，只要选好 Profile（本例选 full_audit）、填入待扫描的目标网址，然后单击"Start"按钮即可（见图 6-21），需要耐心点等待，因为扫描的时间有点长。

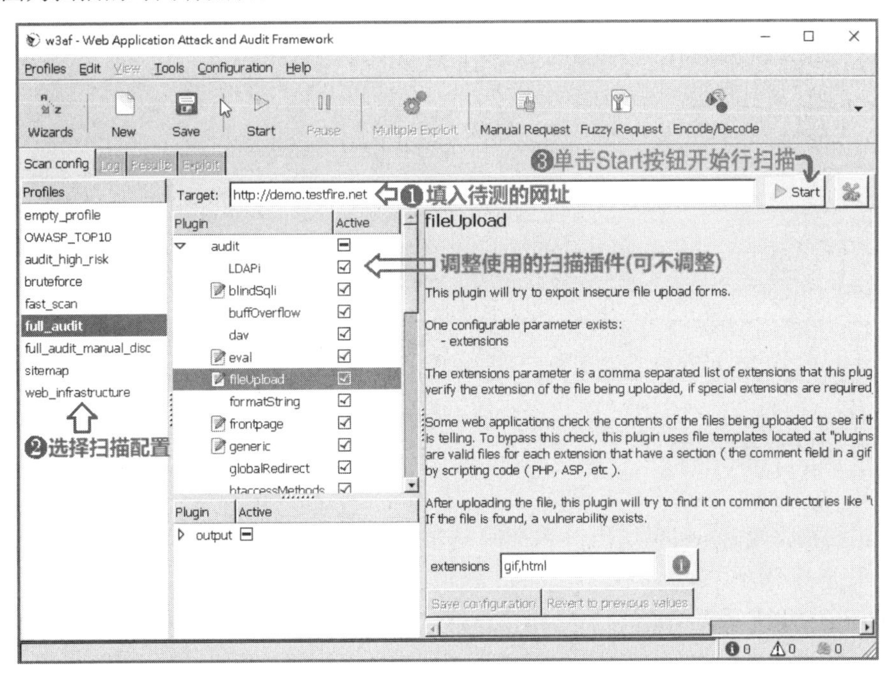

图 6-21　执行 w3af 的扫描操作

> **备　注**
>
> w3af 进行扫描时很耗资源，如果 CPU 计算能力不足或者内存不够大，扫描中途常会挂起（没有响应）。

选定 Profile 后，在 Profiles 列表的右侧有选用的 Plugin（插件），用户也可以重新勾选其他 Plugin，并保存为不同的 Profile。w3af 的 Profile 不限默认提供的 8 组，只是笔者觉得默认的 8 组已足以应付，故未额外创建其他的 Profile。

在扫描过程中，信息会显示在 Log 选项卡中（见图 6-22），其中蓝色的文字是普通信息、暗红色的文字是错误信息。如果发现红色的文字就该注意了，这代表 w3af 发现了漏洞。

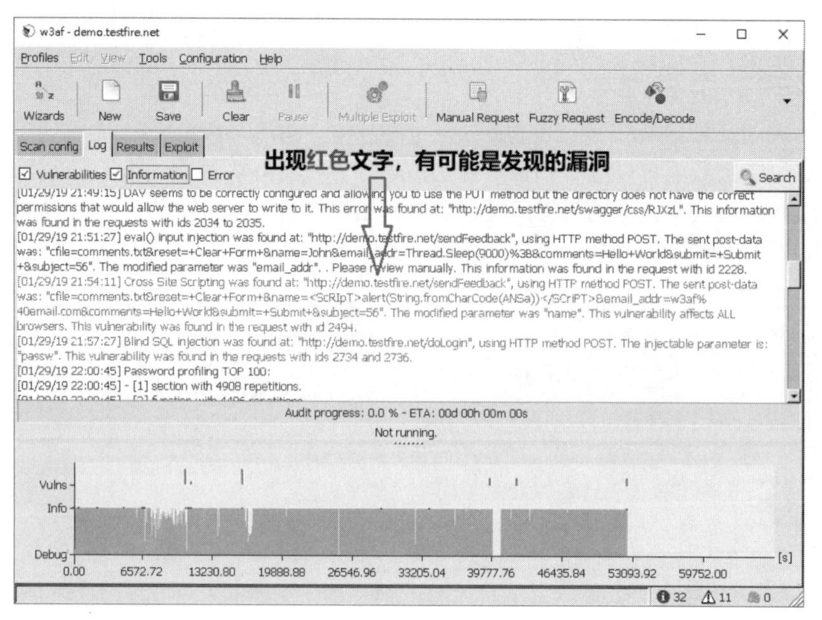

图 6-22 Log 选项卡以颜色代表信息的类型（红色代表漏洞）

6.4.2 查阅扫描结果

当 w3af 扫描完成后，可以切换到 Results 选项卡（见图 6-23），在左边是发现的漏洞列表，右边上半部分是漏洞的说明，右下方分成两个选项卡：Request 是 w3af 发送请求的内容；Response 是服务器响应的结果。可以用这些信息判断漏洞是否存在，甚至进行手动确认。至于扫描所得信息如何解读，必须靠读者对 Web 应用程序的理解，这是另一领域的技能（漏洞原理），不在本书探讨的范围内，本书的重点是证明 w3af 找到的漏洞可以被利用。

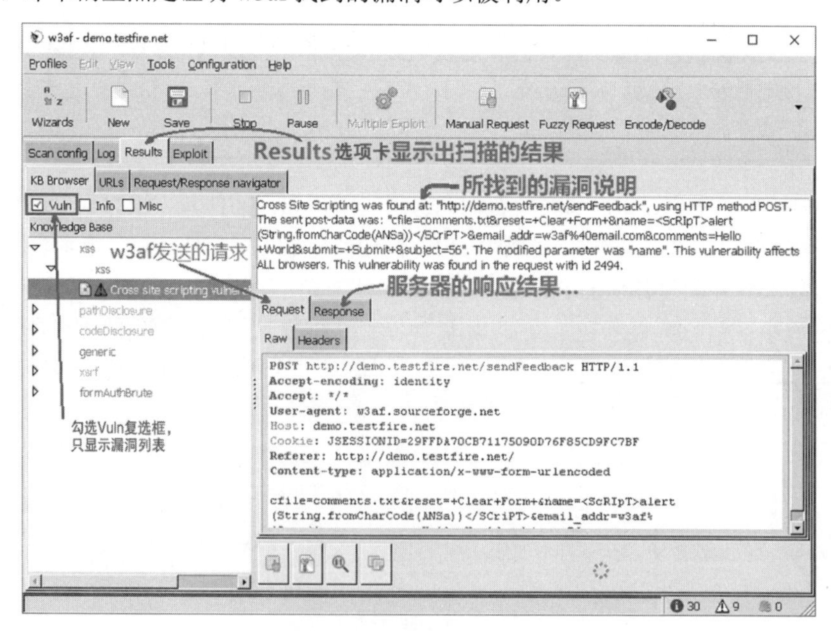

图 6-23 从 Results 页签可看到漏洞的详细说明

w3af 在执行扫描的过程中可分为 3 个阶段，这些阶段并不一定都会执行，而是跟所选的 Profile 有关。

- 第一阶段：即 Discovery，寻找网页中的链接（URL）及可能的注入点。
- 第二阶段：即 Audit，针对找到的注入点确认是否可以进行攻击，例如检查 SQL Injection、XSS 等。
- 第三阶段：即 Attack，分析第二阶段找到的漏洞，取得扫描测试的结果。不过 Attack Plugin 并没有直接设置在 Profile 中，而是在 Exploit 选项卡中。如果 Audit 发现漏洞，就切换到 Exploit 选项卡，在中间的窗格中列出漏洞列表，在左方窗格显示用来攻击的脚本程序（Shell）。选择 Vulnerabilities 中的漏洞，再单击上方的"Multiple Exploit"功能图标，接着单击"Execute"按钮（见图 6-24），w3af 就会自动以选定的脚本对漏洞进行攻击。

另外，我们要知道找到的漏洞不见得就能被利用或攻击，执行 Multiple Exploit 之后可能不会有任何收获，不过渗透测试的重点也不是利用漏洞或发起攻击，因为找到漏洞就已经足够了。

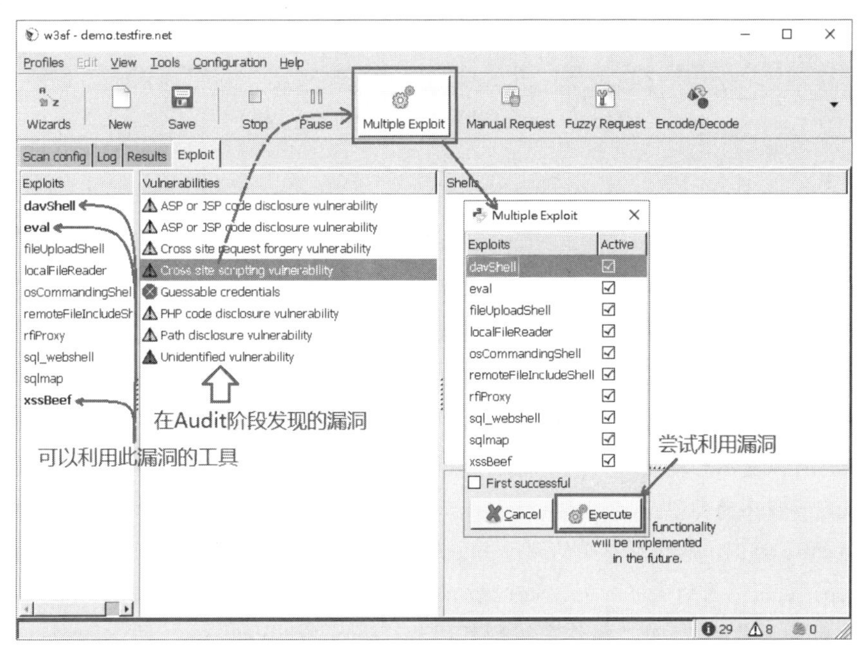

图 6-24　对漏洞进行攻击

备　注

w3af 的漏洞利用功能必须搭配其他框架才会有效果，例如 xssBeef 必须配合 BeEF，所以要事先安装 BeEF，并正确设置 w3af 的 xssBeef 插件配置，在成功利用漏洞后才会将控制权移转给 BeEF。

就如同所有的扫描工具一样，w3af 只是帮我们找出它认为可能的漏洞，但会有一大半是误判，对于重大的漏洞一定要进行人工验证。例如，w3af 找到 testfire 网站存在易猜测的账号和弱密码，并指出账号及密码为 admin 和 r00t（见图 6-25），经手动测试，此组账号及密码无法登录 testfire 网站，显然是误判。

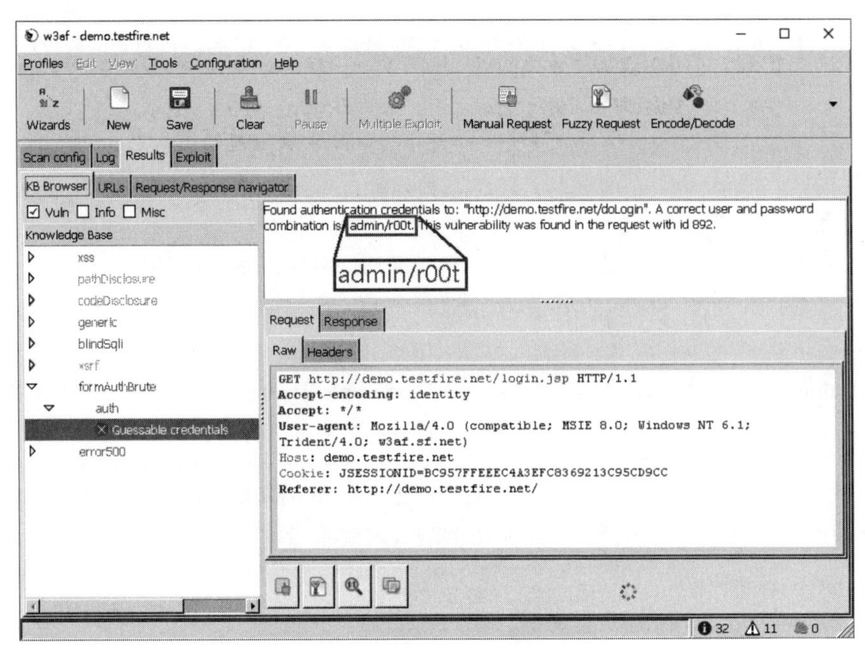

图 6-25　w3af 找到的漏洞也可能是误判

6.4.3　调校 w3af

使用 w3af 最简单的方式如上文所述，启动后填入待测网址，然后单击“Start”按钮，如果想让 w3af 的扫描有比较好的效果，可以稍微调整 w3af 的设置。

以 testfire 网站为例，建议调整如下：

- 若已知待测目标的操作系统及网页程序的类型（如 jsp 且网站为 Tomcat）时，在扫描前先行指定，可以提高扫描效率。用鼠标单击待测目标网址栏右边的设置按钮，指定正确的操作系统及网页程序的类型。

  以 testfire 为例，从登录界面的网址 http://demo.testfire.net/login.jsp 可以得知网页程序的类型是 jsp，由服务器的响应标头“Server:Apache-Coyote/1.1”猜测 Web 服务器是 Apache、应用程序服务器是 Tomcat，操作系统则可能为 Linux 或 Windows，因此 targetOS 字段保留“unknown”，但 targetFramework 选择“jsp”，设置界面如图 6-26 所示。
- 进行渗透测试的主要目的在于发现漏洞，另外也是为了减少执行测试所花费的时间，建议选择“audit_high_risk”的 Profile，并勾选 audit 和 discovery，因为本例的网页采用的是 jsp，所以将 discovery 中的 phpEggs、phpinfo、spideMan 及 webDiff 取消勾选。

选择合适的 Profile 并微调 w3af 设置，可以缩短扫描时间。

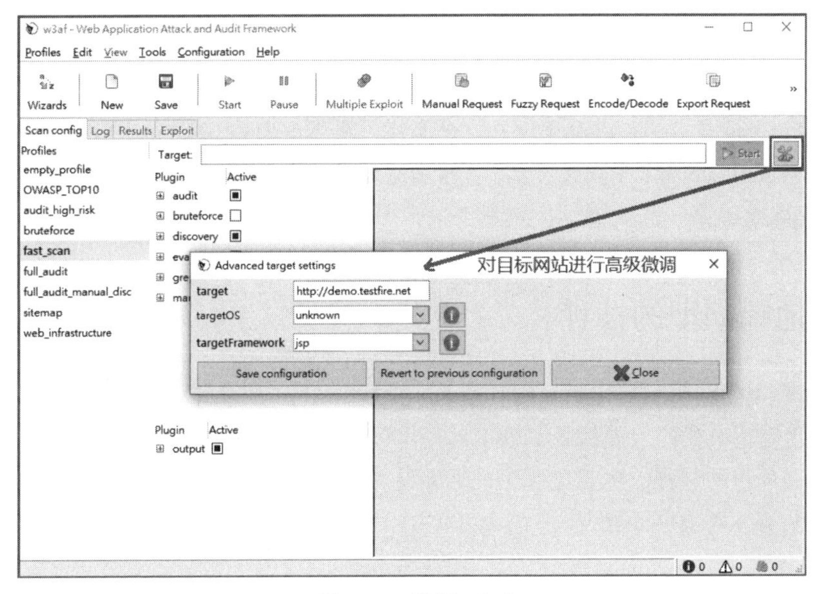

图 6-26　微调 w3af

6.4.4　输出扫描报告

w3af 的扫描结果默认是输出到屏幕上的，不便于用来制作测试报告，不过可以使用 output 插件来制作报表。图 6-27 所示是展开 output 插件的内容，默认只勾选 console 及 gtkOutput，读者可根据需要勾选其他输出选项，并调整某些输出选项的内容。例如，“textFile”选项有：

- fileName 字段：指定扫描历程日志的输出文件，此文本文件详细记录了扫描执行的日志。
- httpFileName 字段：指定扫描过程产生的请求及响应数据的输出文件。

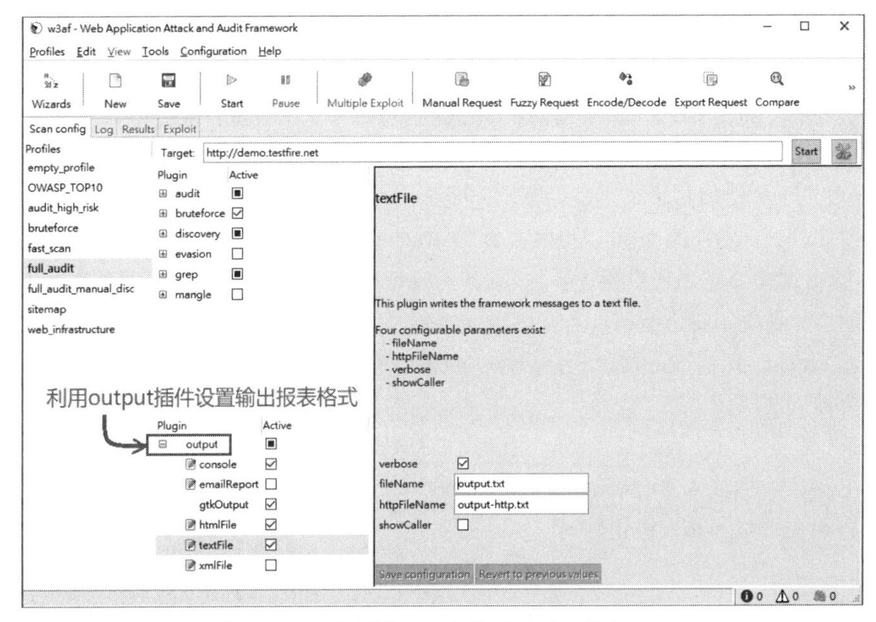

图 6-27　设置输出报表的格式及文件路径

备 注

如果发现勾选了 textFile 选项，更改 fileName 和 httpFileName 字段的内容后，右上方的“Start”按钮会被停用，所以要变换修改的顺序，先不要勾选 textFile 选项，而是先修改 fileName 和 httpFileName 字段的内容，并单击下方的“Save configuration”按钮，保存后再勾选 textFile 选项。

6.4.5 其他辅助型的插件

本书的主要目的在于渗透测试，使用 Audit 和 Discovery 的插件（Plugin）就足以应对。如果要让测试操作更贴近真实的入侵情景，以下插件可以让 w3af 的扫描更加深入，但是耗用的时间更长，可能会耽误项目的进程，也会让 w3af 更容易“死掉”。w3af 要如何使用才最有效率，要依照使用的设备及实际环境进行取舍。

- Grep：分析其他插件取得的请求/响应（Request/Response）内容来判断是否有漏洞存在。
- Mangle：使用正则表达式（Regular Expression）寻找相符的 Request/Response 内容并进行替代。
- Bruteforce：爬找中，若需要登录，则 w3af 将以暴力猜解账号及密码的方式尝试登录。
- Evasion：尝试修改其他插件产生的 HTTP 数据内容，用来规避简易型的入侵检测机制。

6.5 arachni

工具来源： http://www.arachni-scanner.com/download/

arachni 是一套类似 w3af 的 Web 应用系统漏洞扫描工具，使用 Ruby 开发而成。下载这个工具的 Windows 版后，请将执行文件复制到想安装这个工具的自选文件夹中（例如 D:\）。运行这个执行文件，就会在自选文件夹下创建一组与此程序同名的子文件夹，并将工具所需的组件解压缩到此新建的子文件夹中。以笔者的环境为例，将下载的文件 arachni-1.5.1-0.5.12-windows-x86_64.exe 复制到 D:\根目录下，然后执行它，就会在 D:\创建“arachni-1.5.1-0.5.12- windows-x86_64”子文件夹，如果觉得文件夹名称太长，可以更名，比如 arachni-151。

arachni 使用浏览器充当用户操作界面。要执行 arachni，请先执行 bin 目录下的 arachni_web.bat，它会自动启动“命令提示符”窗口，当窗口出现类似“Listening on tcp://localhost:9292”信息时（见图 6-28）表示 arachni 扫描服务器已正常启动。注意！千万不要关闭“命令提示符”窗口，否则扫描服务器也会被同时关闭。

当 arachni 服务器正常启动后，即可用浏览器打开“http:// localhost:9292”，首先会要求用户登录，请在 Email 一栏填入“admin@admin.admin”、在 Password 一栏填入“administrator”（见图 6-29），再单击“Sign in”按钮即可。

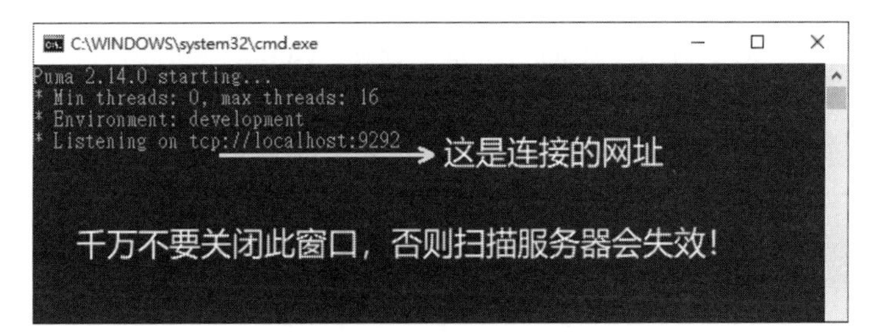

图 6-28　启动 arachni 扫描服务器

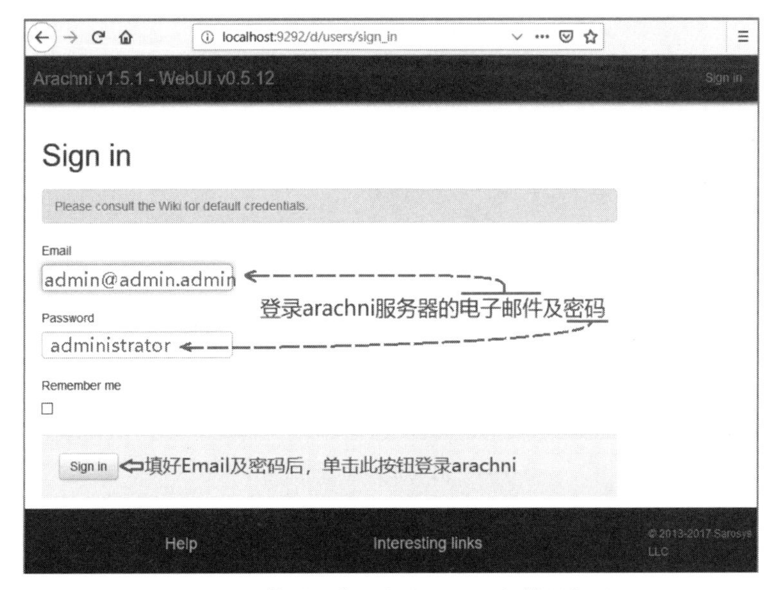

图 6-29　使用浏览器登录 arachni 扫描服务器

登录后请先阅读首页上的文字。本工具内带有 SQLite3 数据库，如果是从事大型复杂的渗透测试工作，建议改用 PostgreSQL 取代 SQLite3；本书的目标读者是入门新手，因此直接使用这个工具内带的数据库即可。

世界各地有不同的时区，这关系到渗透测试历程的时间记录，读者可根据需要调整 arachni 的基准时区。登录后，从右上角的“Administrator”下拉菜单中选择“Settings”（设置），再从 General 选项卡的 Timezone 列表中选择合适的时区，如图 6-30 所示。

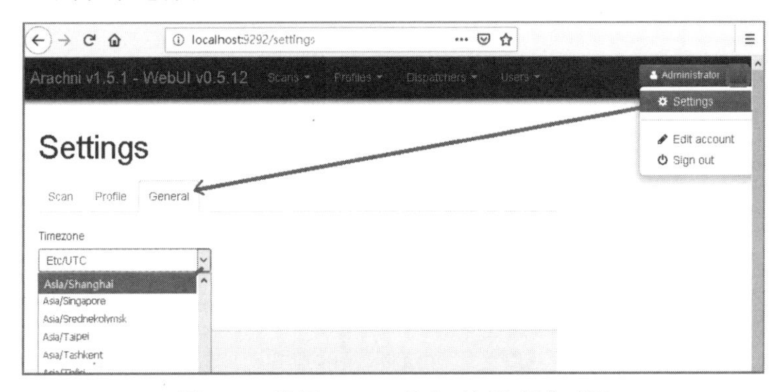

图 6-30　设置 arachni 日志时间的基准时区

要执行扫描时，只要从上方的“Scans”菜单中选择“New”菜单项，在“Start a scan”页面中填入待测目标的网址，然后单击左下角的“Go!”按钮即可启动扫描操作（见图 6-31）。arachni 也支持设置批量的扫描，有兴趣的读者可以自行研究一下。

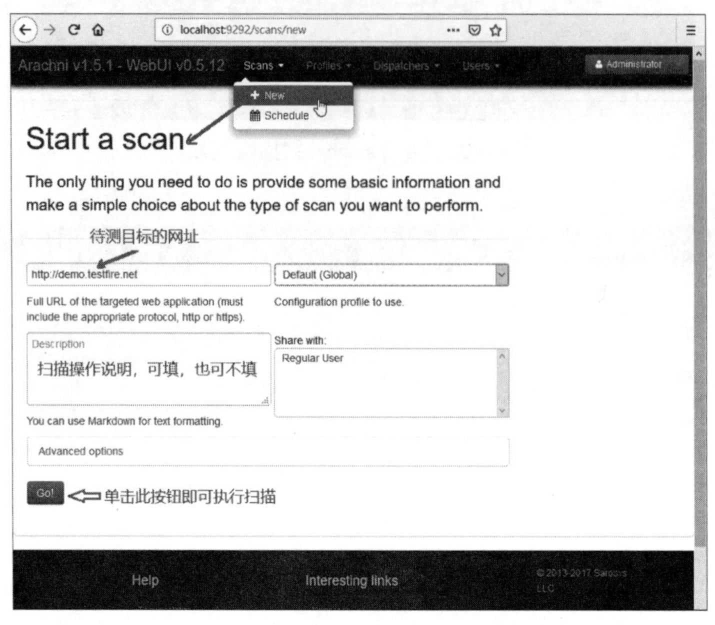

图 6-31　启动 arachni 扫描操作

启动扫描后，可以不用理会网页的变化，直到界面出现绿色的“The scan completed in XXXX”文字，即表示扫描完成了（见图 6-32）。扫描完成后，在界面左边会出现“Download report as”的选项，arachni 提供了 HTML、JSON、Marshal、XML、YAML 及 AFR 等报告格式。

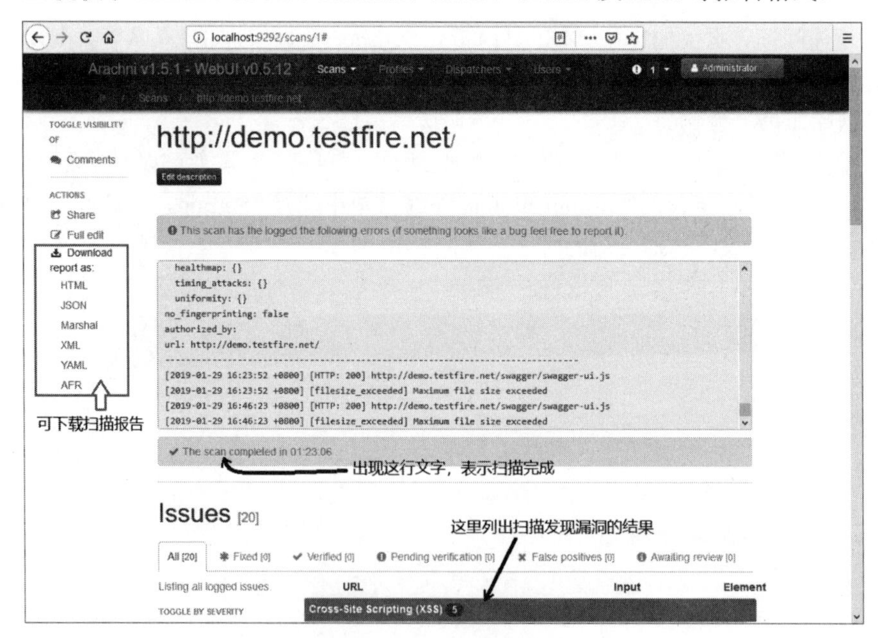

图 6-32　arachni 扫描完成

6.6　重点提示

- 直接对受测目标进行漏洞扫描时，通常会引发副作用，所以选择执行的时机非常重要。
- 许多软件的功能可能重叠，但其中一定有一项或几项与众不同或功能特异，不要偏重于特定工具。
- 应用软件协助探测可以省时省力，但要懂得操作原理，以免适得其反，或对探测结果做出偏差解读。
- 不要完全依靠软件扫描的结果。工具发现的漏洞要验证，工具可能会误判；若未发现漏洞，可适当进行人工协助，因为工具可能漏判。

第 7 章

网站渗透工具

本章重点

- 关于本地代理服务器（Proxy）
- ZAP
- Burp Suite
- THC-Hydra
- Patator
- Ncrack
- SQLMap

前两章着重在找出可能的漏洞或可利用的漏洞，本章将针对找到的漏洞信息进行实际验证（在整个测试操作中，需要花费的精力最多。对不同性质的漏洞，需要不同技巧与工具的支持。本章将会用到的工具如表 7-1 所示。

表 7-1　工具说明

工具类型或名称	主要用途
ZAP	作为本地代理服务器（Local Proxy），以拦截网页请求/响应的内容并篡改内容，以达到攻击目的
Burp Suite	虽然 Burp Suite（以下简称 Burp）也可以作为本地代理服务器（Local Proxy），但是使用上没有 ZAP 方便，笔者以 Burp Suite 作为在线暴力猜测工具
thc-hydra.py Patator Ncrack	3 套命令行在线密码猜测工具
CodeCrack	针对有图形验证码的登录页的暴力猜测工具
SQLMap.py	针对 SQL Injection 漏洞字段进行数据库暴力破解的工具

7.1　关于本地代理

本地代理（Local Proxy）的主要功能是用来“窥探”及“篡改”浏览器发送的请求（Request）和 Web 服务器响应（Response）的结果。ZAP 与 Burp 都具备本地代理的能力，但两套工具仍有些差异，通过这两套工具的应用，可取长补短！

当然不是使用 ZAP 或 Burp 就一定要打开本地代理的功能，例如第 6 章使用 ZAP 执行漏洞扫描就没有借助代理（Proxy）。因此，是否打开本地代理功能要视操作的目的来选择。

本地代理搭配浏览器使用时，必须打开浏览器的代理（Proxy）设置。本章的范例将以 9090 端口作为本地代理的接口，因而浏览器代理的地址要设成 127.0.0.1（或 localhost）、端口要设成 9090。

7.1.1　IE 的代理设置

1. 方法一

启动 IE 浏览器，依次选择“工具→Internet 选项”，切换到“连接”选项卡，单击右下方的“局域网设置”按钮，设置结果如图 7-1 所示。记得勾选“为 LAN 使用代理服务器”复选框，因为勾选后代理才会有作用，若要停用代理，只要取消此选项的勾选即可。再单击端口右边的“高级 (C)”按钮，在弹出的对话框中勾选“对所有协议均使用相同的代理服务器(U)”（可参考图 7-5），接着分别在各对话框单击“确定”按钮完成代理（Proxy）的设置。

图 7-1　IE 浏览器的代理设置

2. 方法二（针对 Windows 10）

在 Windows 的开始菜单上单击鼠标右键，从弹出的快捷菜单中选择“设置”打开 Windows 设置窗口，在窗口中单击“网络和 Internet”图标（见图 7-2）打开网络设置窗口。选择网络设置窗口左下方的“代理”（见图 7-3），然后启用“使用代理服务器”，并且在“地址”和“端口”文本框中填入适当的值（127.0.0.1:9090）。

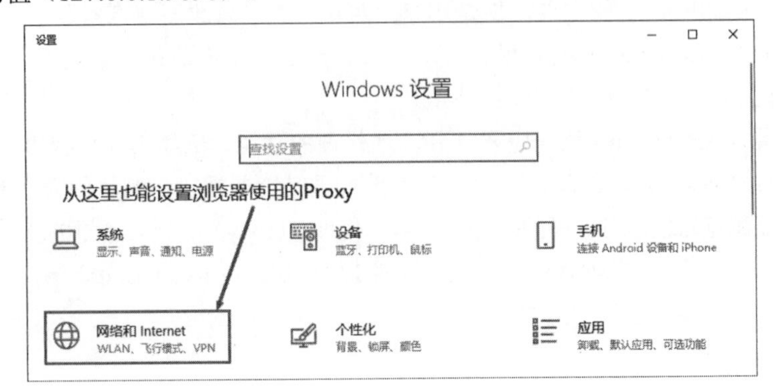

图 7-2 Windows 设置窗口中的网络和 Internet

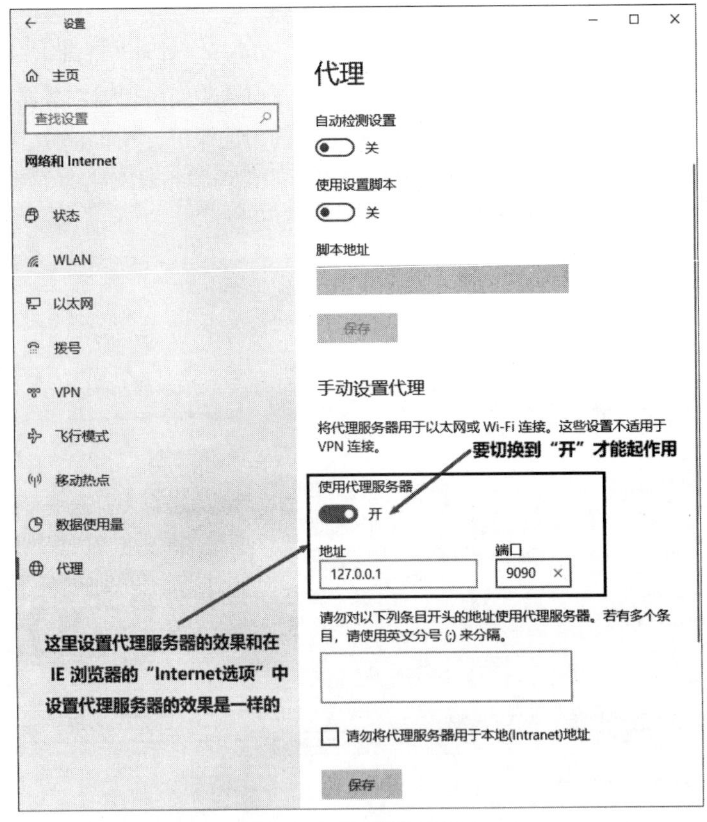

图 7-3 设置代理服务器

3. 方法三（Windows 7 和 Windows 10）

使用 Windows 的搜索功能搜索“控”，应该会出现“控制面板”，启动“控制面板”并从中打开“网络和 Internet”，再打开“Internet 选项”（见图 7-4），进入图 7-5 的设置界面，勾选“为 LAN 使用代理服务器”复选框（这样代理才会起作用），再单击端口右边的“高级(C)”按钮，在弹出的对话框中勾选“对所有协议均使用相同的代理服务器(U)”复选框，接着分别在各对话框单击“确定”按钮完成代理（Proxy）的设置。

图 7-4　依次打开“网络和 Internet → Internet 选项”

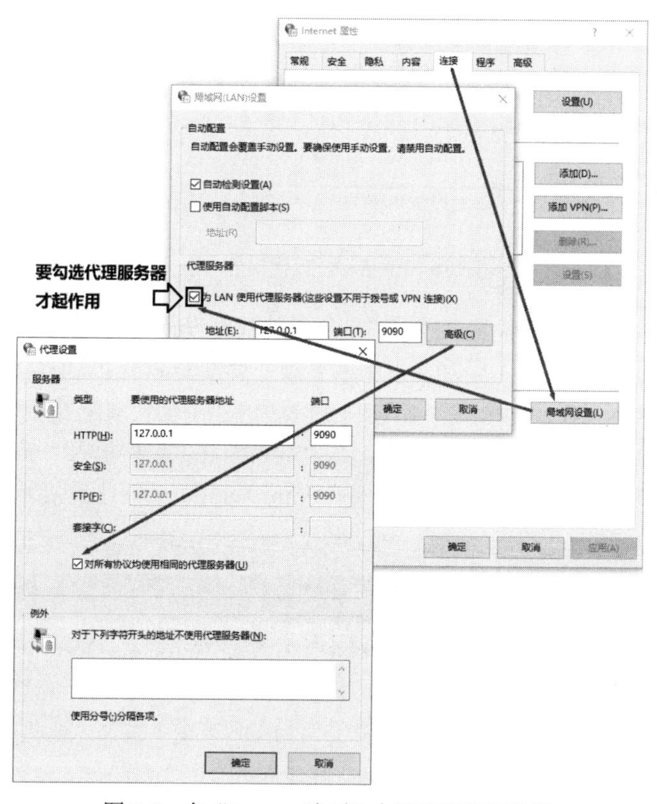

图 7-5　在“Internet 选项”中设置代理服务器

7.1.2 Firefox 的代理设置

选择 Firefox 浏览器的“工具”菜单项或单击 Firefox 浏览器右上角的 ≡ 按钮，从下拉菜单中选择“选项”（见图 7-6），接着显示出选项网页，将网页滚动到最下方，会看到“网络设置”选项，单击右边的“设置 (E)...”按钮打开网络设置页面。

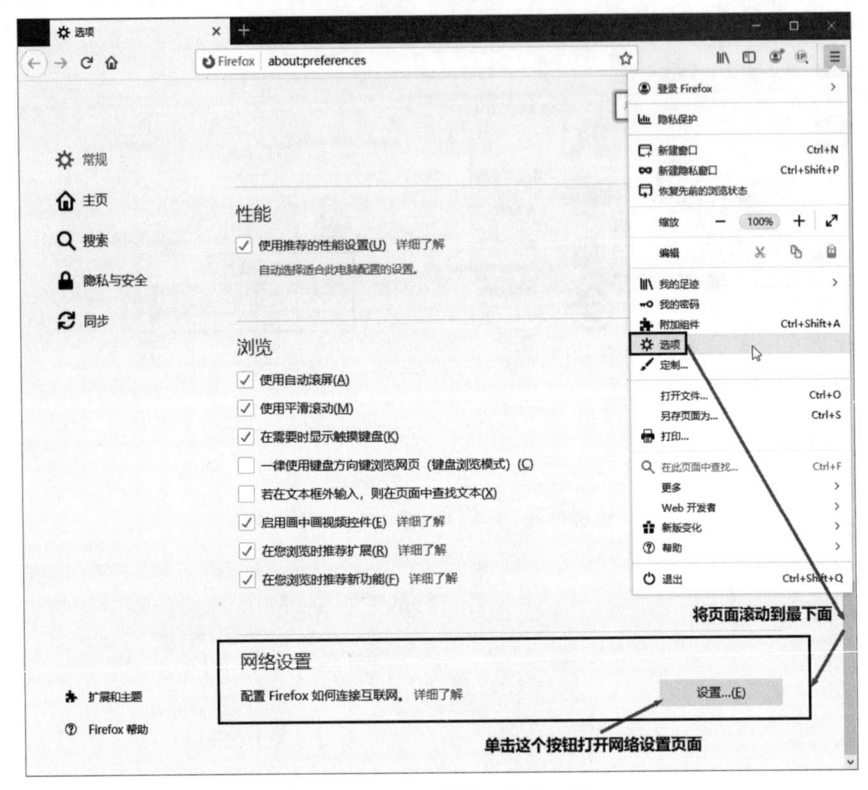

图 7-6 Firefox 设置代理的方法

在网络设置页面有 4 种代理设置，其中“使用系统代理设置”是直接使用 IE 的代理设置（也就是控制面板的“Internet 选项”），如此便不需要额外设置 Firefox 的代理。

若想让 IE 与 Firefox 在代理设置上“脱勾”，就要选中“手动代理配置”单选按钮（见图 7-7），并在“HTTP 代理”文本框中填入“127.0.0.1”、“端口”文本框中填入“9090”，并且勾选“为所有协议使用相同代理服务器”复选框，这样使用 https（SSL）的网络连接才能被本地代理拦截和处理。

备 注

为什么要让 Firefox 浏览器与 IE 浏览器“脱勾”？因为 Chrome、Opera 浏览器都直接引用系统的代理，就是和 IE 同步，所以不论谁启用代理，三者都会同时受到影响，但在进行渗透测试时还是有上网的需要，我们并不想让正常的上网流量也流经本地代理（Local Proxy）而干扰测试操作，此时让 Firefox 与 IE 脱勾，就能有一套浏览器经过本地代理、另一套不经过本地代理。

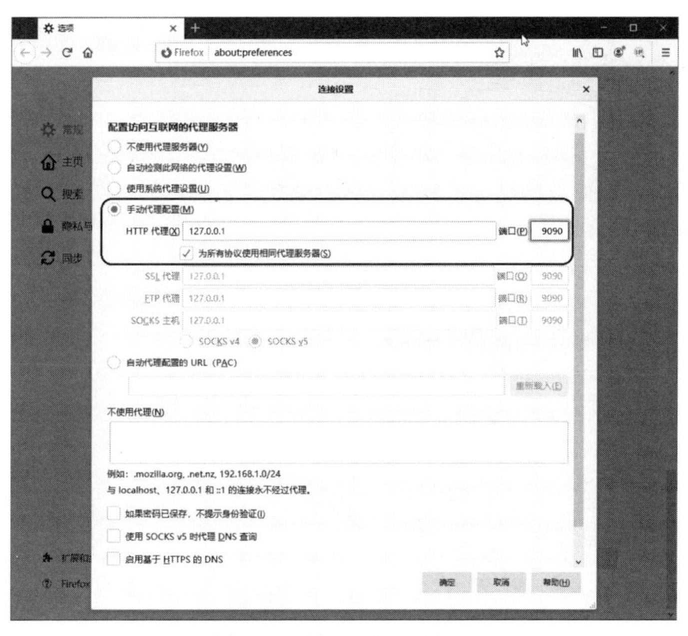

图 7-7　选择手动设置代理

7.1.3　Chrome 的代理设置

单击 Chrome 浏览器右上角的“⋮”按钮，从下拉菜单中选择“设置”选项，打开“设置”页面后，滚动到页面最下方，再单击“高级▼”按钮展开其他设置项，往下找到“系统”区块（见图 7-8），单击“打开你计算机的代理设置”即会打开“Internet 选项”设置窗口。

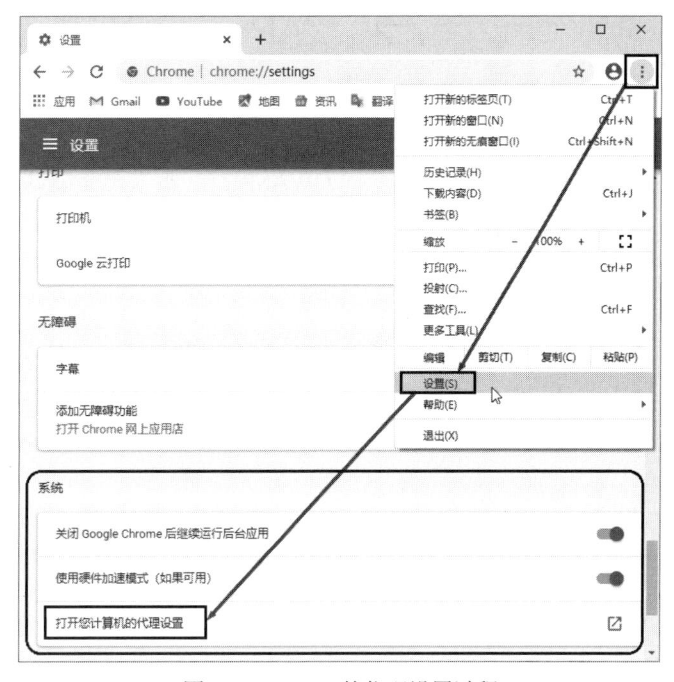

图 7-8　Chrome 的代理设置过程

7.1.4 Opera 的代理设置

单击 Opera 浏览器左上角的大“O”按钮，再从下拉菜单中选择“设置”选项，打开“设置”网页，选择“高级”选项，接着将页面向下滚动到“系统”区块，单击“打开您计算机的代理设置”（见图 7-9），即会打开“Internet 选项”设置窗口。

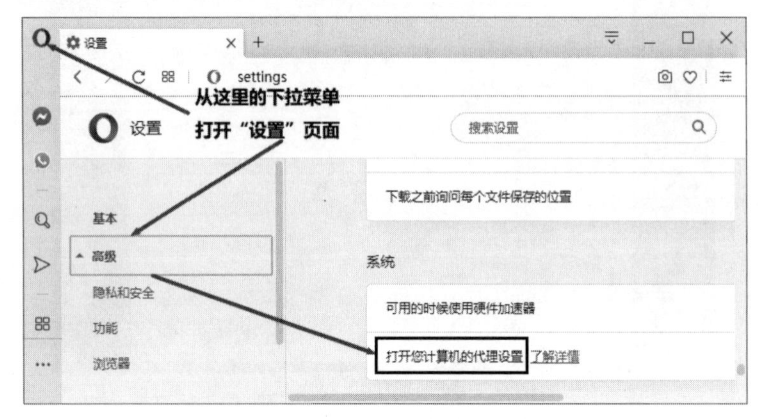

图 7-9　Opera 的代理设置过程

备　注

IE、Chrome 和 Opera 的代理设置是相关联的，不论在哪一个浏览器中进行设置，都会反应到另外两个浏览器上，因为它们都是使用系统平台的代理设置。

7.2 ZAP

工具来源：https://github.com/zaproxy/zaproxy/wiki/Downloads

ZAP 的下载安装及漏洞扫描功能在第 6 章的 OWASP ZAP 小节已介绍过，此处不再赘述。

7.2.1 设置本地代理

根据 NetMarketShare 的 2018 年操作系统市场占有率的调查，台式机操作系统有 90%是 Windows 7、Windows 8.1 及 Windows 10，许多网站已不再支持旧版浏览器（如 IE 7 以前的版本），进行渗透测试时不得不用较新的浏览器。ZAP 可以与 Firefox 或 IE 11 搭配使用，充当本地代理（Local Proxy）。

要将 ZAP 设为本地代理，请从菜单“Tools Options”打开设置窗口，然后选择“Local Proxies”选项，在 Address 文本框中填入“127.0.0.1”（或 localhost）、在 Port 文本框中填入“9090”（和浏览器的设置要保持一致），如图 7-10 所示。

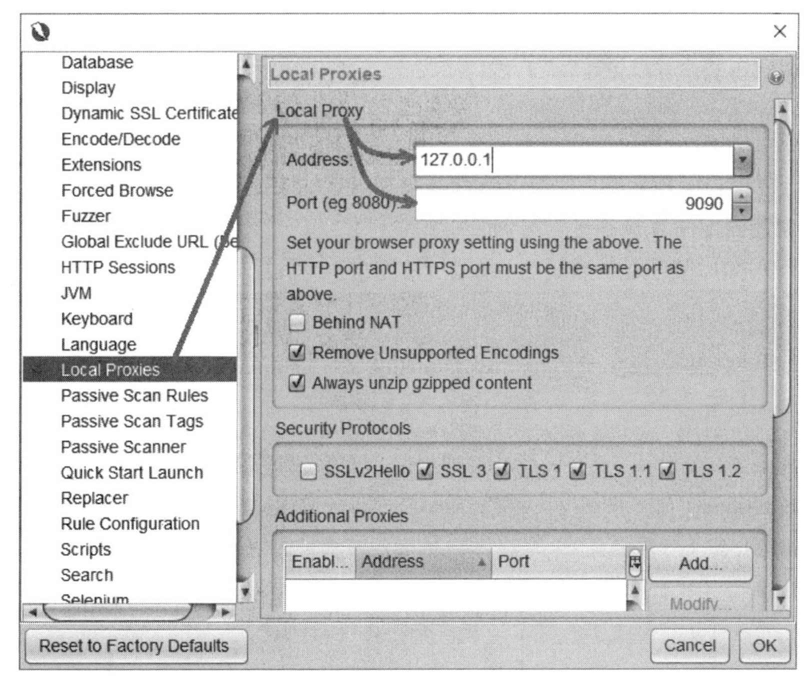

图 7-10　设置 ZAP 的 Local Proxy（本地代理）

完成设置后即可启用拦截功能。不过，读者可能只看到一个圆形“●”中断（Break）按钮，不像书上截图有向右“→”和向左“←”两个按钮。单击圆形中断按钮会拦截每一个请求（Request）和响应（Response）会话，但在测试网站时较常拦截单一方向的会话，将中断按钮分成 Request 和 Response 会更便于操作。若要将中断按钮分离，请打开“Options”设置窗口，然后选择“Breakpoints”选项，将 Break buttons mode 设置为“Separate Request and Response buttons”（见图 7-11）即可。

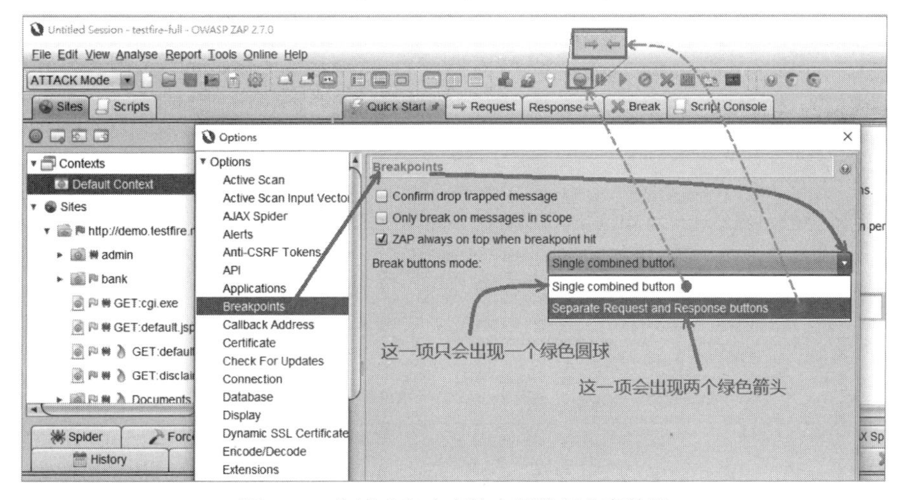

图 7-11　将请求和响应的中断按钮分离使用

7.2.2 ZAP 的窗口配置

ZAP 图形界面布满标签，每个标签都是一个信息窗格，初次使用 ZAP 会发现下半部只有少数几组标签，若想要看到所有标签，单击菜单“View Show All Tabs”即可，再单击菜单“View Pin All Visible Tabs”就能固定所有标签。

当将所有可用的标签都设为可见时，如图 7-12 所示。下面来看看 ZAP 图形界面的主要窗格及作用。

（1）操作模式选择。ZAP 共提供了 4 种操作模式，默认是 Standard Mode（标准模式），也是我们建议使用的模式。

- Safe Mode（安全模式）：只能执行普通操作，无法执行可能危害网站或网页的功能或攻击。
- Protected Mode（保护模式）：只能对加入 Scope 的 URL 执行可能有危害的功能或攻击。
- Standard Mode（标准模式）：允许我们执行任何功能或攻击。
- Attack Mode（攻击模式）：一种主动、积极的测试行为，只要网站在 Scope 中，凡是该网站被爬找到的网页都会被列入攻击目标，并实时进行测试。

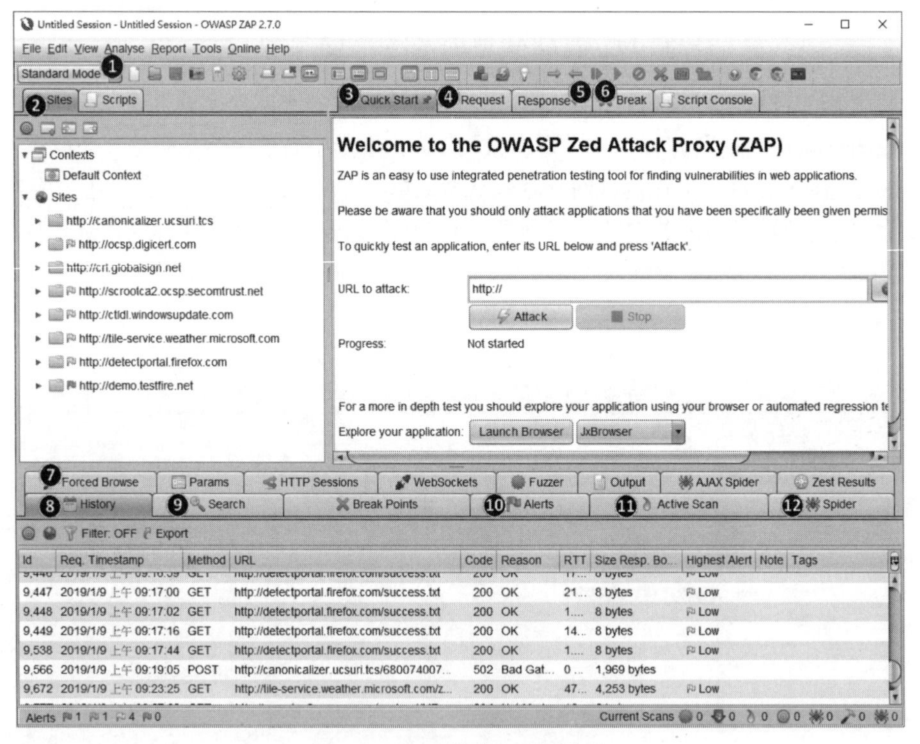

图 7-12　ZAP 的窗口配置情况

（2）Sites 选项卡中有两个区段，分别是 Contexts 和 Sites。

- Contexts：用来设置一个会话（Session）中相关联的对象（URL）。每次启动 ZAP 都会有一组 Default Context，我们也可以自己添加 Context，OWASP 建议为不同网站分批指定 Context。Context 可以视作待测 URL 的群组，以免彼此干扰。

- Sites：凡被 ZAP 收集到的网站都会列在 Sites 之下，但并不会主动加到 Context 中，可在 Sites 区段的网页或整个网站的 URL 中单击鼠标右键，从弹出的快捷菜单中选择“Include in Context Default Context”将此 URL 加入默认的 Context。

备　注

双击 Contexts 中的表项可打开“Session Properties”设置对话框，选择 Session\Contexts 下的 Context，即可设置此 Context 是否要加入 Scope。凡在 Scope 中的 Context 及 URL，其左边的图标都会多出一个红色圆圈；不在 Scope 中的，就没有红色圆圈。

参考图 7-13，http://demo.testfire.net 网站及其底下的 URL 都包含在 Default Context 之内，但 Default Context 没有置于 Scope 之内，Default Context 的图标上没有红色圆圈，连带 http://demo.testfire.net 的文件夹也没有红圆圈；而 http://demo.testfire.net/Documents 加到了 Documents 的 Context 中，且将 Documents 置入 Scope（注意右边 In Scope 有勾选标记），因此 Contexts 区段的 Documents 及 Sites 下的 Documents 文件夹图标多了红色的圆圈。

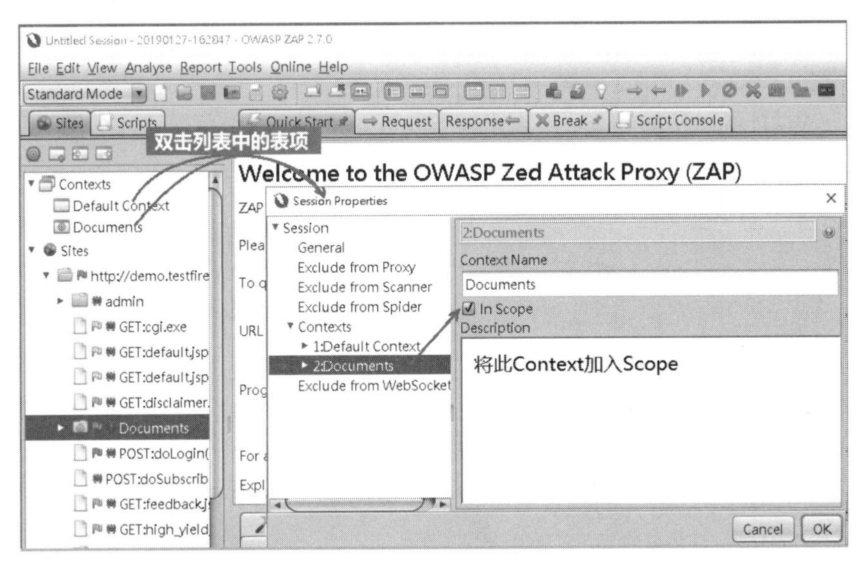

图 7-13　加入 Scope 后文件夹图标会出现红色圆圈

（3）Quick Start 选项卡可以让我们直接攻击网站，当选用标准操作模式时，可以在“URL to attack”一栏填入待攻击的网址，然后单击这一栏下方的“Attack”按钮即可执行漏洞扫描，此用法在第 6 章的 OWASP ZAP 小节已介绍过。

（4）Request 选项卡用以显示请求（Request）的标头及主体内容。只要单击 Sites 或下半部分页面的任何 URL，当时发送的请求数据就显示在此页面中。（可要求手动重传此次的请求事务处理，后文会介绍，在渗透测试中时常会用到重传功能。）

（5）Response 选项卡与 Request 选项卡相对应，用来显示服务器对此次请求的响应结果。

（6）Break 选项卡在启用中断操作后显示拦截到的请求（Request）和响应（Response）内容。ZAP 拦截到中断就会自动切换到此页面，我们可以直接修改 Break 的内容后再放行，这样便能达到篡改数据的目的。

（7）Forced Browse 选项卡可用来执行网址暴力猜测，但笔者惯用第 5 章介绍的 DirBuster，因为 DirBuster 比 Forced Browse 灵活。但是，如果猜测的结果要整合到 ZAP 中，就要使用 Forced Browse 功能。

（8）History 选项卡显示浏览的 URL 历程。

（9）Search 选项卡可用来搜索含有特定数据的事务处理，符合搜索条件的事务处理会显示在列表中。

（10）Alerts 选项卡用来显示主动扫描或漏洞攻击找到的漏洞。

（11）Active Scan 选项卡用来执行主动扫描（就是漏洞攻击）。跟 Quick Start 的 Attack 功能是一样的，但它会利用当前的连接状态（Session-Id），Active Scan 可以先手动完成网页登录（Login）后再进行扫描，也就是说 Active Scan 可以随时进行。对于须完成登录后才能访问的网页，就可以利用 Active Scan 在完成登录后再进行更深层的漏洞扫描。

（12）Spider 选项卡用来从网页中爬找可用的 URL。和 Forced Browse 不一样，Spider 是分析网页内容，然后一层一层找出可用的 URL。

笔者在实际工作中几乎没有用到其他选项卡，读者如想知道它们的用法或目的，请自行上网寻找。

这里有一项功能要特别提出来，希望读者可以熟练操作，就是可以随时在各项操作所存取过的历史轨迹（URL）上单击鼠标右键（见图 7-14），然后选择对应的后续操作，包括重传、用浏览器打开、从列表中排除或对 URL 加入说明。

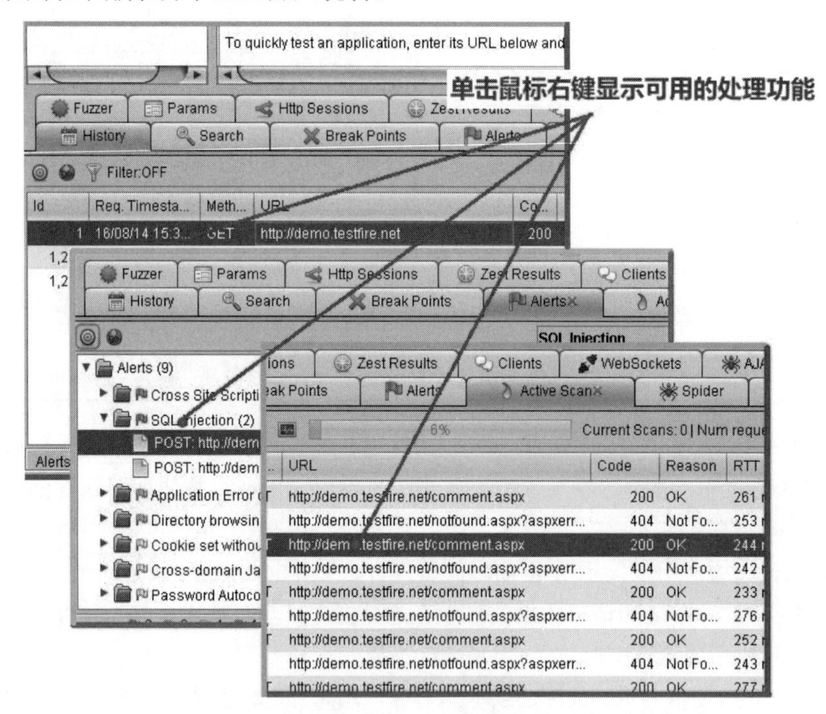

图 7-14 所有的历史轨迹都可以通过鼠标右键选择后续处理

7.2.3　使用 ZAP 自带的浏览器

其实 ZAP 自带一个名为 JxBrowser 的浏览器，功能虽然不如主流浏览器强，但有时不想启用或修改浏览器的代理设置就可以使用 JxBrowser 来替代主流浏览器，它会自动绑定 ZAP 的本地代理（Local Proxy）。有很多方式可以启动 JxBrowser，可以依次选择菜单项“Tools→Launch the ZAP JxBrowser”、菜单图标或 Quick Start 选项卡中的 Launch Browser 功能（见图 7-15），也可以先在 ZAP 已收集到的 URL 上单击鼠标右键再从弹出的快捷菜单中依次选择“Open URL in Browser→JxBrowser”。

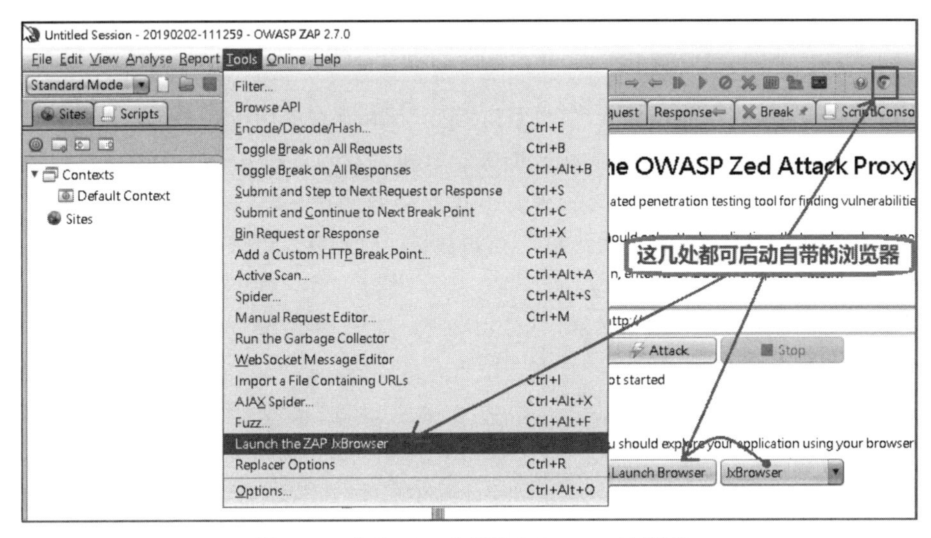

图 7-15　启动 ZAP 自带的 JxBrowser 浏览器

7.2.4　实践探讨

使用 Active Scan（或 Quick Start）可自动扫描来找出一些可能的漏洞，省去人工逐一测试网页的烦人过程，但现实网站不见得像 demo.testfire.net 这么容易找出漏洞。模拟一种情况，当成功使用 jsmith/demo1234（testfire 提供的一组测试账号/密码）登录后，发现其中一项功能“View Recent Transactions”（查看近期事务处理）可以查询指定区间内的事务处理列表，假设日期字段只能通过日历选择输入，要如何在日期字段填入任意值，以便测试此网页是否存在漏洞呢？

其实就是使用 ZAP 的“拦截→修改→放行”的功能，想象一下先使用日历挑选合乎要求的起止日期，例如“2018-05-05”到“2018-05-05”（见图 7-16），但暂时不要放行请求。

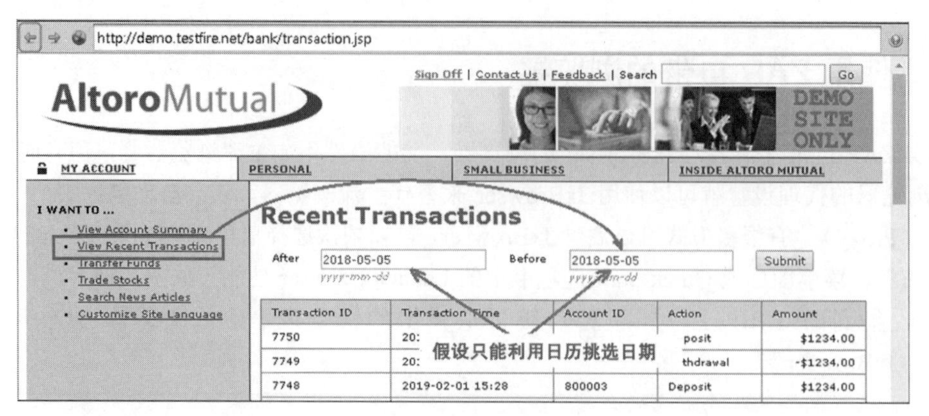

图 7-16　利用日历挑选日期

启用 ZAP 的 Request 中断模式后，再放行请求，ZAP 会自动切换到 Break 选项卡，接着进行“拦截→修改→放行”（见图 7-17）。由于旧版 testfire 在此网页的 Before 字段（名称为 endDate）有 SQL Injection 漏洞，因此对新版的网页也执行相同测试，将 endDate 字段中原本正常的“2018-05-05”改成“2018-05-05' OR 1=1--”后再放行，达到篡改请求内容的目的。

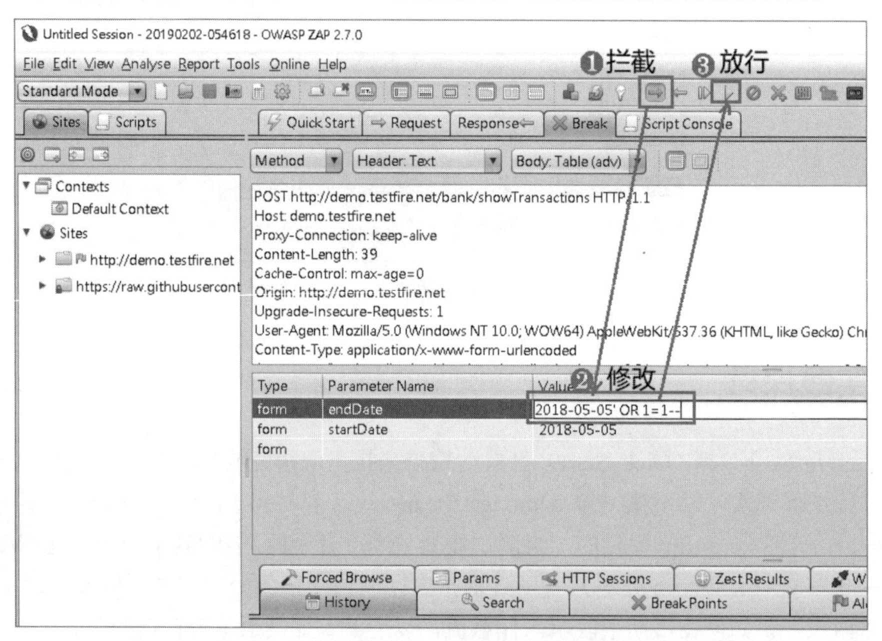

图 7-17　使用“拦截→修改→放行”篡改请求内容

结果造成系统内部错误，从响应的网页可知在调用 user.getUserTransactions 函数时，因日期格式不正确而造成内部服务器错误（Internal Server Error），这正是 Sensitive Data Exposure（A3）的漏洞。

熟悉本地代理的“拦截→修改→放行”功能对渗透测试会有很大的帮助，许多设计人员会利用 JavaScript 检查用户输入的数据，如果直接在 View Recent Transactions 网页的 Before 字段输入“2018-05-05' OR 1=1--”，那么放行请求时会显示数据不合规定的信息，请求内容到不了服务器，如图 7-18 所示。

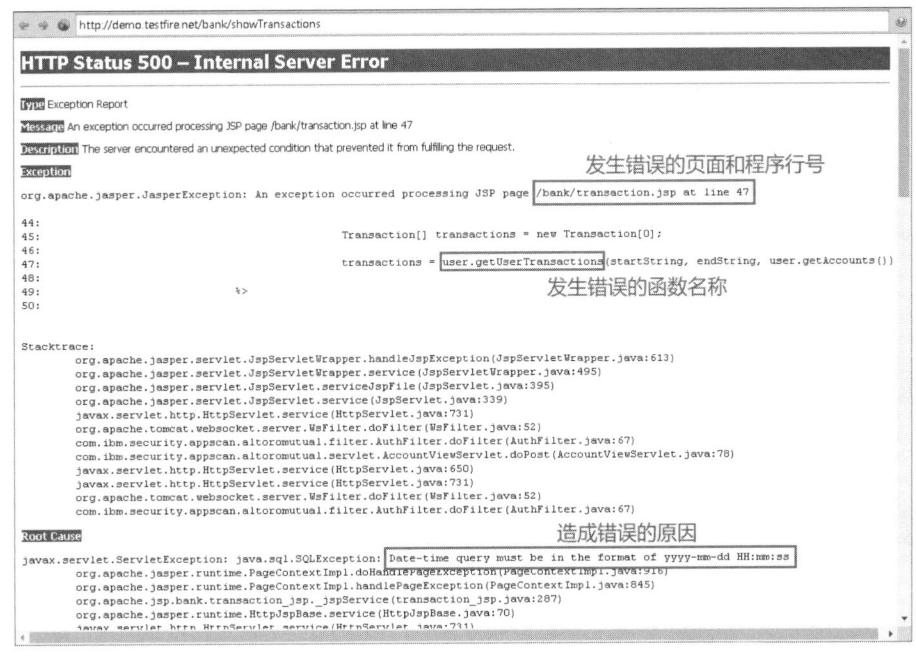

图 7-18　篡改请求内容后造成服务器内部发生错误

7.3　Burp Suite

工具来源：http://portswigger.net/burp/download.HTML

Burp 分成企业版、专业版及社区版，前两者为付费软件，具有漏洞扫描功能，而社区版就只有一些人工介入处理的功能。专业版一年约需 2400 元（人民币），就学习而言，这个学费算贵的了，只是学习的话建议用免费版。实际上，免费版的大部分功能在 ZAP 中也都有，只有一项是 ZAP 没有的，即 intruder。这是一组功能强大的暴力破解工具，也是笔者使用 Burp 最主要的目的。

Burp 是用 Java 开发的，请读者先确认自己的系统已正确安装了 JRE，而后下载 Burp 的 Windows 安装文件或 .jar 文件。如果计算机上的 JRE 设置适当，就可以直接执行 burpsuite_community_v1.X.jar，其中的 v1.X 是版本码。笔者撰写本书时，下载的版本为 burpsuite_community_v1.7.36.jar。

启动 Burp 之后，要先完成 Burp 代理（Proxy）以及浏览器代理的设置（参考本章关于本地代理那一小节内容），这里设置为 127.0.0.1:9090（请按个人习惯进行设置），以便 Burp 可以拦截请求/响应（Request/Response）事务处理。

由于 Burp 的操作界面由一层一层的标签所组成的，为简化文字，本节会以“第 1 层\第 2 层\第 3 层”的方式来表达标签的选择步骤，例如“Proxy\ Intercept\Raw”是指 Proxy 标签的 Intercept 子标签下的 Raw 标签。

7.3.1 设置本地代理

选择“Proxy \ Options”标签，默认应该已有一组 127.0.0.1:8080 的代理（Proxy），可以单击左边的“Edit”按钮来直接修改此组设置（见图 7-19），或单击“Add”按钮来添加一组代理，勾选某一组代理前面的 Running 字段，即表示启用该组 Proxy。记得依次选择菜单“Burp→Project options→Save project options”将设置存储起来，以便下次执行 Burp 时可以取回设置。

设置完成后，请勾选（启动）127.0.0.1:9090 的代理，并启用浏览器（如 IE）的代理设置，以便 Burp 可以拦截浏览器的事务处理流量。

备 注

如果 Burp 与 ZAP 的本地代理（Local Proxy）使用相同的端口号，则同一时间只能有一个工具可以使用此端口。也就是说，如果 ZAP 已启用 127.0.0.1:9090，Burp Suite 的 127.0.0.1:9090 就会失效，至于哪一个工具会失效，可能取决于计算机环境。

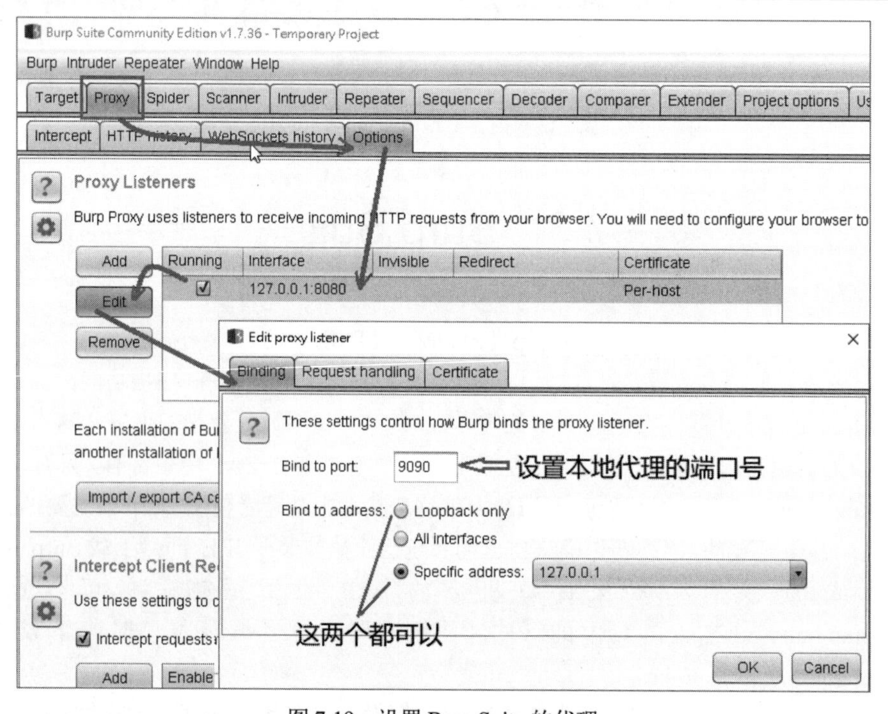

图 7-19 设置 Burp Suite 的代理

设置好本地代理后，切换到“Proxy\Intercept”标签，注意“Intercept is off”或“Intercept is on”按钮（见图 7-20）：当此按钮文字显示为“Intercept is on”时，表示会拦截每个请求或响应（ZAP 的中断功能）；若不需要篡改请求或响应内容，则将它切换为“Intercept is off”，以免一直要手动放行，影响测试操作效率。

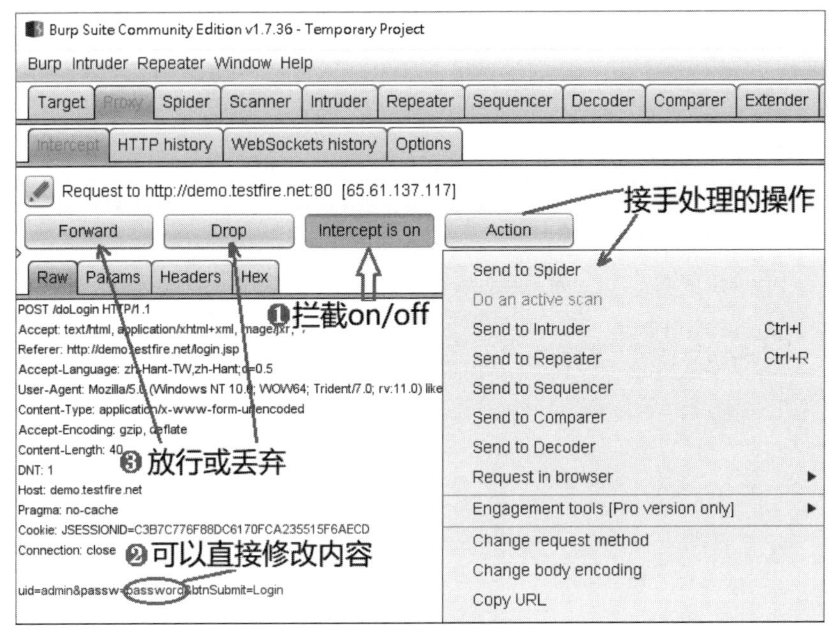

图 7-20　Intercept 功能

7.3.2　限定操作范围

前文介绍过ZAP的Scope(范围)功能,Burp也有相似的功能。当浏览目标网址时,在“Target\Site map”页面中会出现浏览过的URL,例如http://demo.testfire.net,可以在此URL上单击鼠标右键,从弹出的快捷菜单中选择“Add to scope”(见图7-21)将此网址加入操作范围。切换到Site map右边的Scope选项卡就可以看到有哪些URL在Scope中。

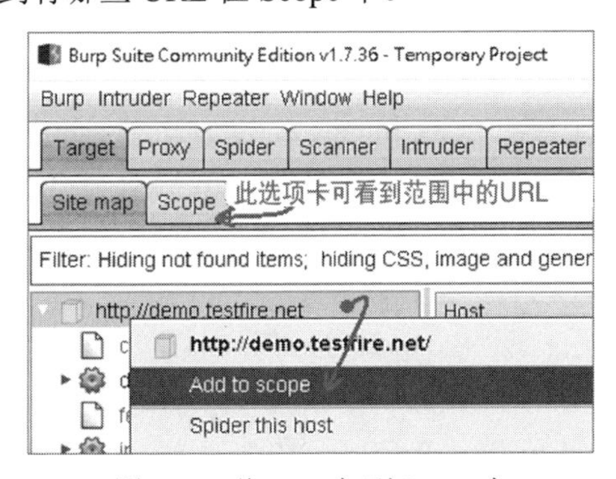

图 7-21　将 URL 加到 Scope 中

7.3.3　爬找资源

Burp的许多操作都是使用鼠标右键来启动的,例如要爬找testfire的网页,可以在起始网址(如图7-21的http://demo.testfire.net)上单击鼠标右键,接着从弹出的快捷菜单中选择“Spider this host”,主页面Spider的标题文字会呈现橘红色,表示该页面目前正在工作,如果Burp找到疑似登录表单,就会弹出“Submit Form”窗口，若确定此为登录页面，则可以填入账号及密码，然后提交表单的请求（见图 7-22）。成功登录后，Burp 会继续往下爬找。

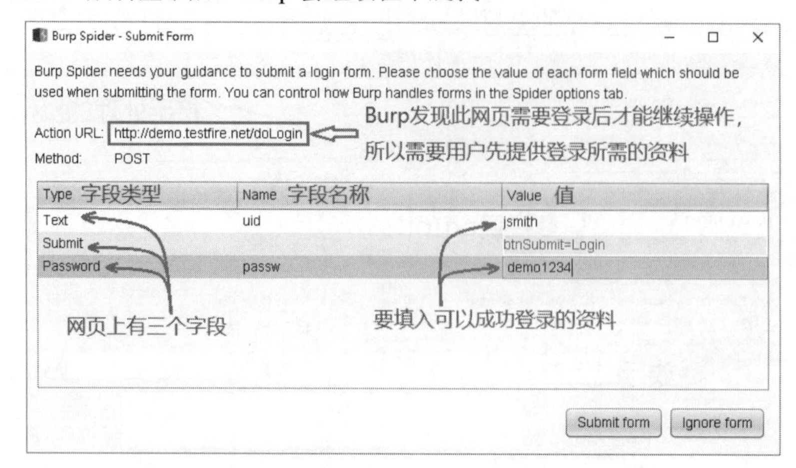

图 7-22　设置填入网页字段的数据（常用在登录页面）

Burp Suite 搜索或浏览过的网站会列在“Target\Site map”页面中，而浏览历程会出现在 Site map 右边的窗格中。

7.3.4　利用 Burp Suite 暴力破解登录账号及密码

上一小节在爬找 testfire 的资源时，通过手动登录让爬虫可以搜索更下层的网页，但更多时候是碰到登录页面却不知有什么账号/密码可用，暴力猜解账号是一条可用的途径。先忘记上一小节使用的 jsmith/demo1234 这组账户/密码，假设目前都还没找到可用的账户/密码，接下来将使用 Burp 的 intruder 功能执行账号及密码的猜测。

第一步当然是要先找到验证账号/密码的网页及字段，一样使用 Burp 的本地代理（Local Proxy）功能，拦截登录页面信息。先确定“Proxy\Intercept”页面中的“Intercept”按钮处于“off”状态，以免干扰操作。接着启动浏览器，尝试以 admin/password 登录 testfire，这组账户/密码当然不会成功，但是交易过程已被 Burp 录下来了。注意，要记下登录失败的信息“Login Failed:（后面文字省略）”，这是用来判断猜解成功与否的条件。

刚刚在 IE 浏览器上的操作会在“Proxy\HTTP history”页面留下历程，可利用 Request 子页面的内容来确认执行验证操作的 URL（是/doLogin，不是/login.jsp），在此 URL 上单击鼠标右键，从弹出的快捷菜单中选择“Send to Intruder”（见图 7-23），此时 Intruder 标签的标题会呈现橘红色，请切换到 Intruder 页面。

切换到 Intruder 页面后，第 2 层标签（有数字编号）通常会停在最近一次送过来的入侵请求上，第 3 层有 4 组标签：

- Target 是攻击的目标网址，通常不需要修正。
- Positions 用来指定载荷（Payload）注入点。
- Payloads 用来设置要使用的载荷。
- Options 是其他杂项设置，虽是杂项，却很重要。

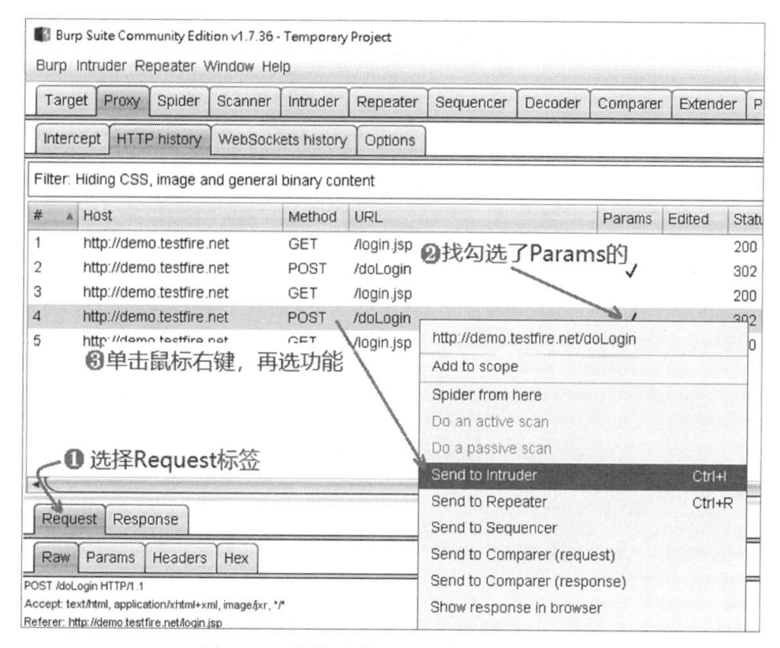

图 7-23　将指定的 URL 转送到 Intruder

请先选择“Positions”选项卡，发现 Burp 已事先选好可注入的接口（见图 7-24，用两个§括起），但通常都不是我们真正想要的，这里只想处理“uid”和“passw”这两个字段，其他都是多余的，因此要另外加工处理。

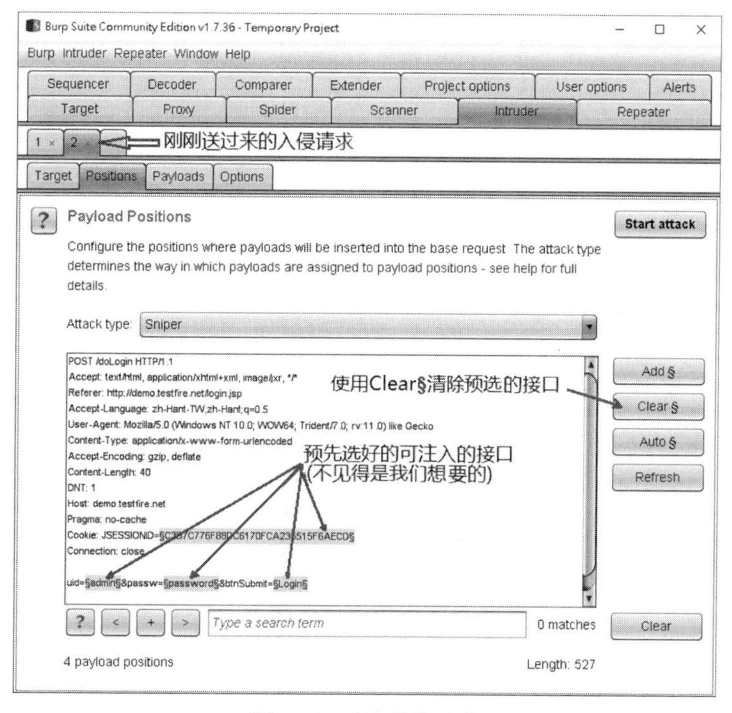

图 7-24　确认操作对象

先单击“Clear §”按钮清除预选的注入接口，再选择 admin，然后单击“Add §”按钮，password

也同样处理，接着选择攻击的模式（支持 4 种模式，本例采用 Cluster bomb），操作方式如图 7-25 所示。

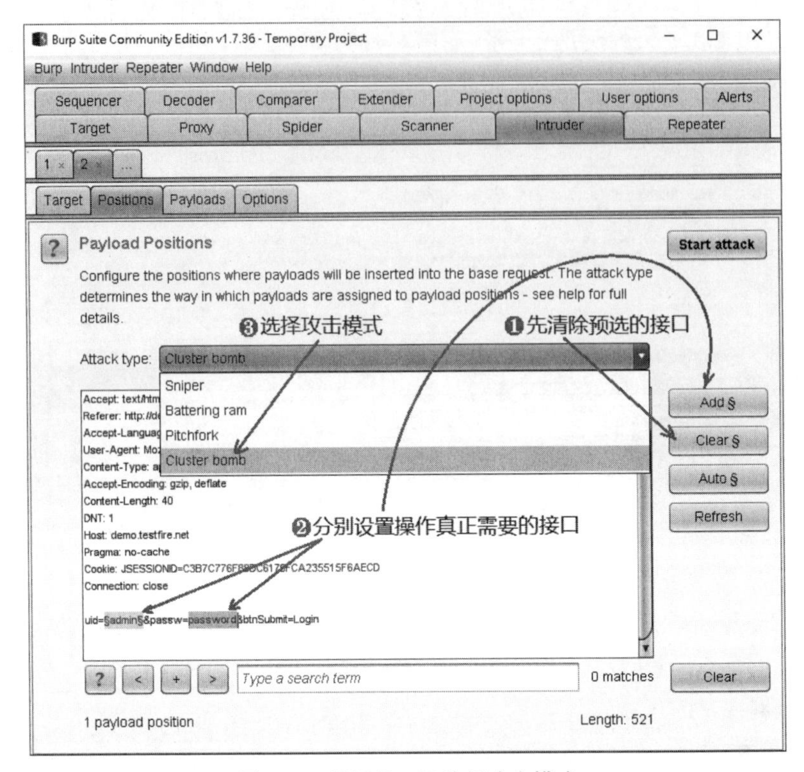

图 7-25　设置接口及选择攻击模式

有关 Burp 的攻击模式说明如下：

（1）Sniper（狙击手）：一组列表，攻击列表以轮转的方式按序填入接口的位置，攻击的总次数是“列表数目×接口数目”，以本例而言，有两个接口，会先将 passw 固定用 password，然后将列表数据按序填入 uid，测试有哪一个 uid 是使用 password 作为密码的；接着换成将 uid 固定用 admin，将列表数据按序填入 passw，测试 admin 的密码是否存在列表中。

（2）Battering ram（大槌）：一组列表，每次都将同一笔攻击数据填在每一个待替换的位置（同一笔数据填在多字段上），以本例而言，会以列表数据[1,1]、[2,2]、[3,3]、……的方式分别填入 uid 及 passw 字段。

（3）Pitchfork（干草叉）：多组列表，针对每一个待替换位置单独指定一组列表，但每一回攻击各位置的数据都会往前一笔，所以攻击的次数由最少的一组列表决定。也就是说，第一回攻击，位置 1 用第一组的第 1 笔、位置 2 用第二组的第 1 笔、位置 3 用第三组的第 1 笔；第二回攻击时，位置 1 用第一组的第 2 笔、位置 2 用第二组的第 2 笔、位置 3 用第三组的第 2 笔，以此类推。

（4）Cluster bomb（子母弹）：多组列表，针对每一个待替换位置单独指定一组列表，Burp Suite 会进行交叉汇编，攻击总次数是各个列表数连乘的乘积。

为了提高猜中机会，选择使用“Cluster bomb”，但它的运行时间最长，下面给出分别用于 uid 与 passw 字段的文字列表：

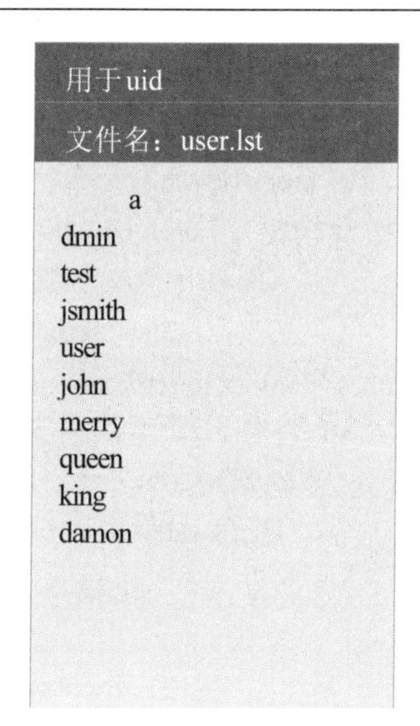

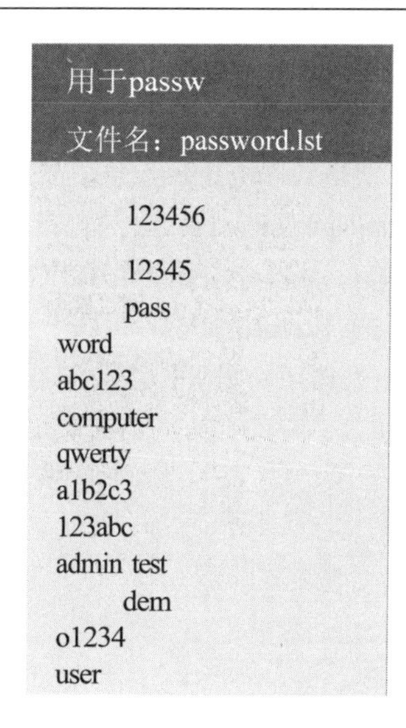

下一步设置“Payloads”（载荷）子页面中的内容，也就是将字符串列表指定给待测的接口。因为有两个接口，所以 Payload set 会有两组（1、2）要分别设置，以本例而言，攻击列表的数据源是文本文件，故 Payload type 选择“Runtime file”，分别对 1、2 组 Payload 选择来源文件，如图 7-26 所示。

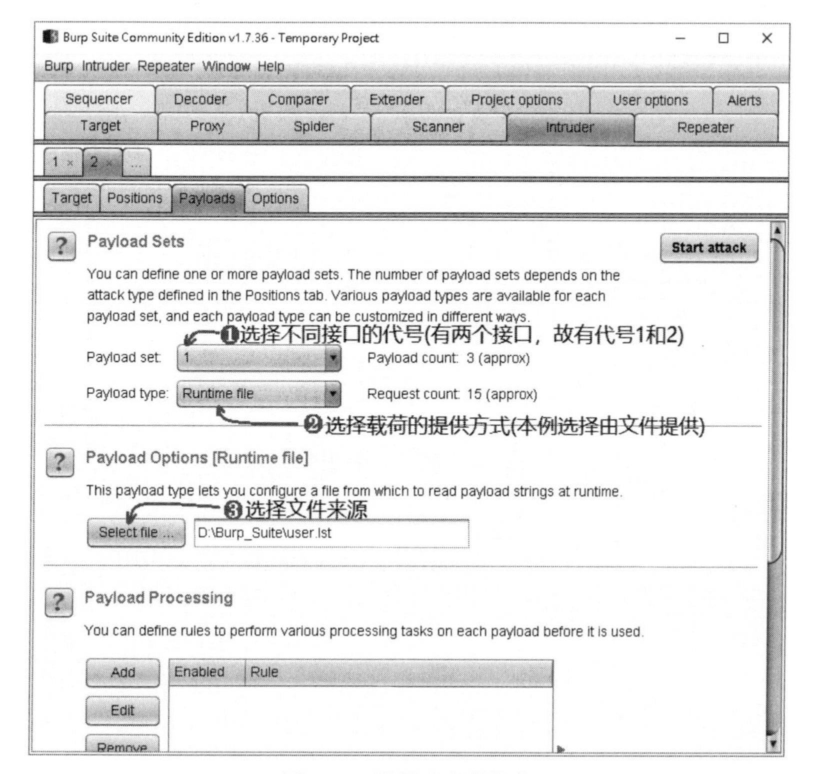

图 7-26　设置攻击的载荷

还记得上面提到登录失败的信息吗？开头“Login Failed”这两个字就是猜测是否成功的基准，

当 Burp 按序使用列表的字符串尝试登录时，如果响应的网页中含有“Login Failed”就表示登录失败；反之，即为测试成功。

参考图 7-27，切换到“Options”子页面，并找到“Grep-Match”区段，勾选 “Flag result items with responses matching these expressions”，在判断列表中加入“Login Failed”，对比模式选择“Simple string”（单纯字符串），并勾选“Exclude HTTP headers”以免标头中的文字造成误判。再将“Options”页面滚动到最底下的“Redirections”区段，还有一个重点选项 Follow redirections 要设置。记住，不可以选择“Never”选项。另外，还要勾选“Process cookies in redirections”复选框。

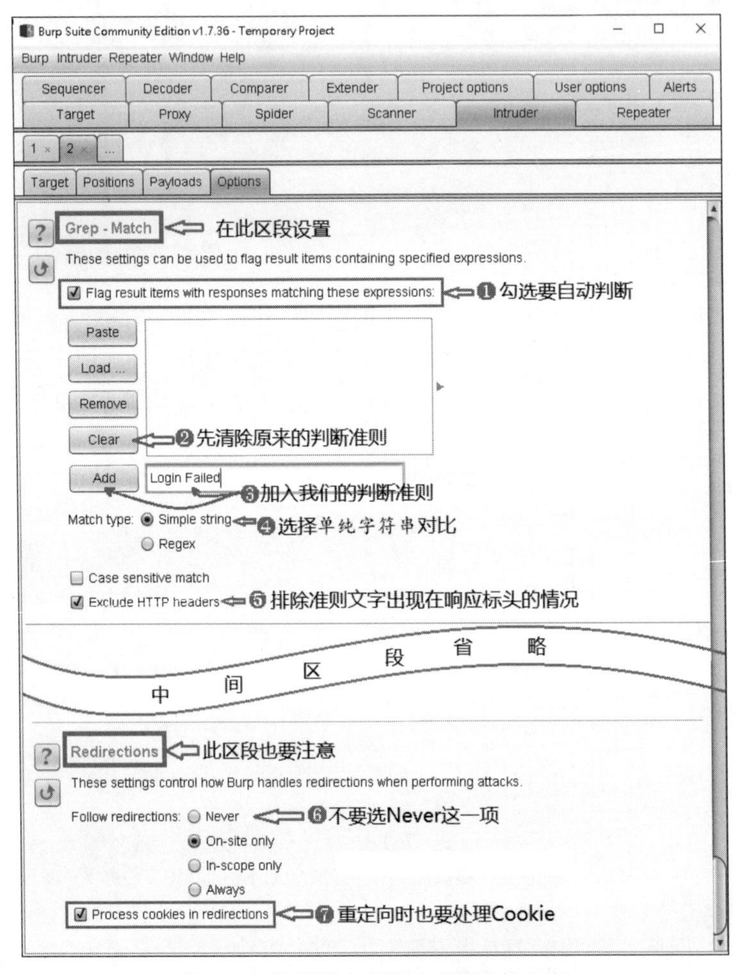

图 7-27　设置用来判断响应结果的文字

完成“Grep-Match”和“Redirections”区段设置后，将页面滚动到最上面，单击右上方的“Start attack”按钮，社区版会出现一段警告信息，大意是说“不用钱的，有些功能是不给的，而且攻击有限速（意思是比较慢了）……”限速，那就耐心等候好了！单击提示信息右下角的“OK”按钮，Burp 即会进行暴力猜测。如果不想将页面回滚到最上面，也可以直接选择 Intruder 菜单的“Start attack”选项执行攻击操作（见图 7-28）。

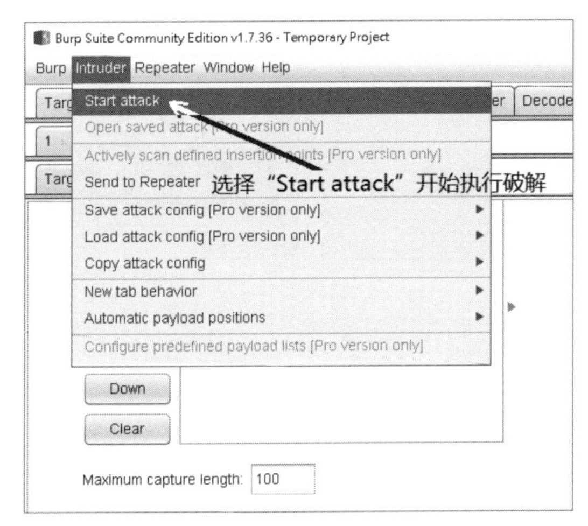

图 7-28　由菜单发动攻击

接着出现另一个窗口，显示当前攻击的结果和进度以及已完成的攻击，Burp 会把和 Grep Match 的准则对比结果以字段方式显示出来。我们只设置了一项“Login Failed”，用鼠标单击字段标题将它排序，会发现有两笔 admin 和 jsmith 是没有选中的（见图 7-29），也就是响应的数据中并未出现“Login Failed”，表示登录成功，经猜测结果找到了“admin/admin”和“jsmith/demo1234”两组账号及密码。

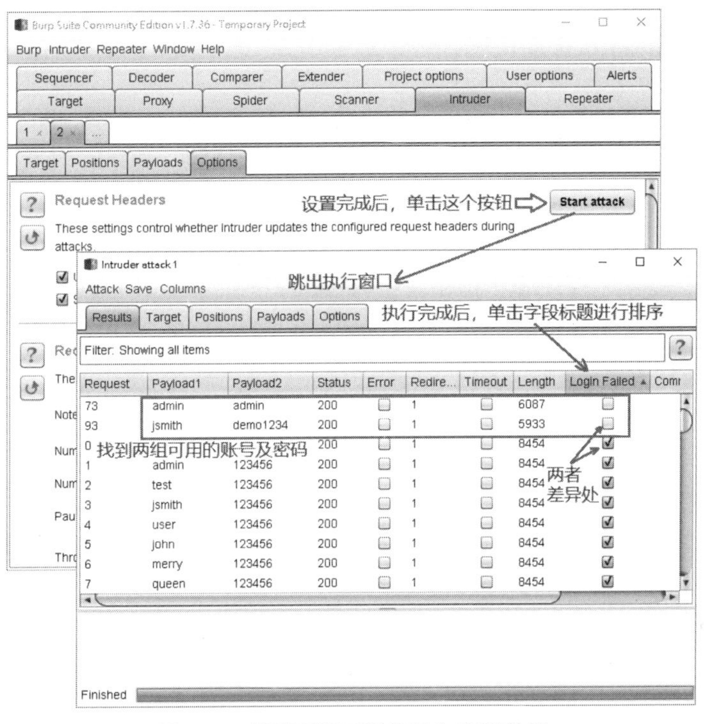

图 7-29　找到两笔可用的账户/密码数据

验证这两组账户/密码，确实可以登录 testfire，其中 admin 具备管理员权限。从 Edit Users 功能又发现另外 3 组账号 jdoe、sspeed、tuser（见图 7-30），读者可以试着利用本小节介绍的方式猜解它们的密码。

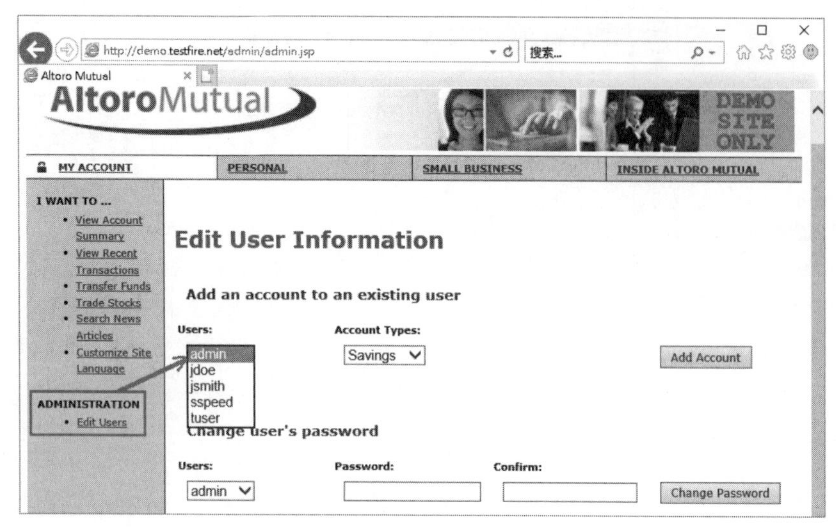

图 7-30 利用管理员权限又找到另外 3 个账号

Burp 和 ZAP 的功能有很高的重叠性，笔者从事渗透测试时，大部分场合都使用 ZAP，只有遇到需要猜测表单数据时才会使用 Burp。Burp 的 Intruder 弹性很高，可以应付不同的字段数，不过相对而言，要用得好，必须费心进行设置，对渗透测试来说太麻烦，并且需要同时对多重字段进行暴力破解的机会也不多，若非必要，笔者很少“请”Burp 帮忙。

7.4 THC-Hydra

工具来源： https://github.com/maaaaz/thc-hydra-windows/releases

撰写本书时，8.7 版尚属开发版，而稳定版为 8.5，本书的内容是以 8.5 版为基础写成的，当读者阅读本文时，或许更高版已正式发行，但是使用方式应该不会有太大的差异。

THC-Hydra（简称 Hydra）是一个命令行的账户/密码暴力破解工具，可以破解许多类型的登录账户/密码。常见的系统有 cisco、ftp、http[s]、ldap2[s]、mssql、mysql、oracle-listener、pop3[s]、postgres、rdp、smb、smtp、ssh、telnet[s]、vnc 等，这些类型的登录机制 Hydra 都可以应付。其中多数系统是使用命令行（CLI）方式执行身份认证，系统都有固定的响应格式，且命令行不会出现图形验证码，因此 Hydra 执行效果相当不错。但是，每一个 Web 应用系统、每位设计人员的风格不同，网页的登录表单各有不同的字段名、成功或失败响应方式，因此使用 hydra 命令执行 http[s] 类型的破解时需要较繁复的前置操作。

（1）语法

```
hydra [[-l LOGIN | -L LOGIN_FILE] [-p PASS | -P PASS_FILE]] | [-C CMB_FILE]
[OTHER_OPTs] service://server[:PORT][/OPT]
```

（2）常用参数

上述 hydra 命令的语法中有很多选项，常用的选项说明如下：

- -l LOGIN 或-L LOGIN_FILE：用来指定测试的账号，小写字母 l 只能指定一组账号，如果要测试多组账号，请用大写字母 L 指定账号列表文件（一行文字表示一组账号）的来源。
- -p PASS 或-P PASS_FILE：用来指定测试的密码。小写字母 p 只能指定一组密码，如果要测试多组密码，请以大写字母 P 指定密码列表文件（一行文字表示一组密码）的来源。
- -C CMB_FILE：-L 及-P 是分开设置账号、密码，测试的笔数是两组列表的数量相乘；-C 则使用一个列表文件，账户/密码以"login:pass"格式组成。-C 或-L/-P 只能选择其中一种。基于测试操作的弹性，笔者都采用-L/-P 方式。
- -x MIN:MAX:CHARSET：以指定的字符产生密码组合，用来取代密码字典文件，属于真正的暴力攻击。其中，MIN:MAX 是数字，表示密码最少及最大长度，而 CHARSET 是由字符组成的，其中以 1 代表数字、a 代表小写字母、A 代表大写字母，如果要用其他特殊字符，就直接串接在后面，例如"1A@#!"表示密码是由数值、大写字母及"@#!"3 个特殊字符组成的。
- -y：配合-x 使用，当指定-y 选项时，1、a、A 就不再是代表数字、小写字母、大写字母，而是单独的字符。这种情况最常用于产生十六进制的字符串。
- -u：命令默认时使用密码先行，先挑一组账号，然后测试所有可用的密码，这种方式常造成账号被锁定；-u 则改用账号先行，先挑一组密码，测试所有可用的账号。
- -o 输出文件：指定存储测试结果的输出文件名称。
- -s 端口编号：如果测试的服务器不是使用默认端口，可以使用-s 来强制指定。
- -U 服务模块：查看指定服务模块的使用细节，例如"-U https-post-form"。对于网页登录使用的模块为 http[s]-{get|post}-form，也就是有 http-get-form、http-post-form、https-get-form、https-post-form 共 4 种形式。
- -e nsr：使用所提供的账号和密码进行额外的变形尝试。nsr 可按需组合，其中 n 指测试空密码（不指定密码），s 是把账号也当成密码使用，r 是将账号和密码调换使用。此选项是额外尝试，也就是除了正常的猜测外，还要加上本选项的变形应用。
- -M 目标网址文件：指定多组要猜测的服务器网址，一行一台，如有特殊端口，可在网址之后加上":端口号"，通常用于同一个应用程序部署于多台服务器的场景。
- -f 或-F：当加入此选项时，只要测到一组成功的账户/密码就停止后续测试；否则，hydra 会尝试所有的测试组合。当使用-M 选项时，-f 作用于每一个网站，-F 则是对全部网站。
- -t 连接数：搭配-M 使用，指定同一时间的连接数，默认为 16。如果机器性能够高、网络带宽够宽，可以提高连接数；反之，则应降低连接数。
- -w 秒数：当发送登录连接后，等待响应的超时秒数。
- -W 秒数：发送连接之间的间隔秒数。
- -6：使用 IPv6 连接，默认是使用 IPv4。
- -S：启用 SSL 连接。
- -o：强制使用旧版的 SSL v2 及 v3。
- -q：不要显示连接错误的信息。

- -v：显示执行历程。
- -V：显示每一次尝试的账号及密码。
- -d：显示调试信息。

除了上述的控制选项外，暴力猜解中最重要的就是攻击目标及判断方式，也就是语法最后面的“service://server[:PORT]["/OPT"]”：

- service 代表服务模块，例如 http-post-form（也可以写成 http-form-post）。
- server 代表 IP 或网站的网址，例如 65.61.137.117 或者 demo.testfire.net。
- PORT 代表端口号，当服务不是绑定在公认端口时，可使用 PORT 或-s 选项指定。
- OPT 还可以细分成几个部分，以网页表单登录来看，大致可分成 4 个部分：验证网址、表单字段及数据、判断准则、其他选用的控件。这几个部分之间要用冒号“:”分隔开，如果 OPT 的字符串会用到空格，则前后要用引号“" "”括起来；如果字符串中会用到冒号，则要用“\:”进行转义处理，但不要对倒斜线“\”进行转义处理。
  - ➢ 验证网址：一定是从根路径开头，例如“/doLogin”或“/bank/ login.aspx”。
  - ➢ 表单字段及数据：要传送给验证网址的数据（表单字段），遵照 http 的数据文本格式，例如“uid=^USER^&passw=^PASS^&btnSu bmit=Login”，在此字符串中“^USER^”和“^PASS^”具有特殊意义，分别是测试账号及密码的占位符。如果表单有许多字段，要全数列上，不要只传送账号和密码字段。（可使用 ZAP 拦截传送的文本内容。）

备 注

当只有一组账号（如 admin）时，可以使用-l admin 指定，也可以直接将表单字段及数据写成 uid=admin&passw=^PASS^，表示固定账号，但密码可变。反之，只使用一组密码（如 p@ssW0rd）时，也可使用 uid=^USER^&passw=p@ssW0rd。不过有-l/-L 就要搭配-p/-P。

  - ➢ 判断准则：供 hydra 对比成功与否的字符串，可以使用“F=登录失败的信息字符串”，例如“F=Login Failed”（不加 F=，预设即代表 F=）；或者使用“S=登录成功的信息字符串”，例如“S=Login Success”。

备 注

当 OPT 字符串里有多组^USER^时，每一次测试都会用同一组账号取代所有^USER^占位符。若有多组^PASS^，也是用一组密码取代所有^PASS^占位符。

  - ➢ 其他选用的控件：
    - ■ C=/ 网址：指定在传送测试数据之前先向指定的网址取得 Cookie 信息。有些身份认证网页为了防止 CSRF（跨站请求伪造），会对比请求的来源，此时就可以使用 C 选项指定前面的网页，例如 testfire 就需要指定 C=/login.jsp。
    - ■ h=标头字段\: 字段值：在请求标头的后面追加字段。注意，在“:”与字段值之间有一个空格。
    - ■ H=标头字段\: 字段值：请求标头若已有指定的标头字段，就以字段值取代旧有的值；若没有指定的标头字段，就在请求标头的后面追加字段。注意，在“:”与字段值之间有一个空格。

- H 参数最常用来设置 User-Agent 字段，因为某些网站会靠 User-Agent 的内容判断浏览器的版本。

7.4.1 选择判断准则的注意事项

在选择判断准则字符串时要特别留心，选错字符串，测试结果就不会正确。这里提醒一下读者，不要只看网页上的信息，要注意源代码里的变化（特征值）。笔者曾遇到过几种特殊情况，在此与读者分享：

（1）使用 HTML 标签的属性控制信息显示，如果只单纯对比界面上的信息，将会发现所有账户/密码都是登录失败，例如使用 display 属性的 none/inline 来隐藏或显示信息：

初始网页内容：

```
<span style="display:none">Login Failed.</span>
```

登录失败时：

```
<span style="display:inline">Login Failed.</span>
```

两者的差异在于 HTML 语法中的 none/inline，不是信息本身，若使用信息“Login Failed.”来判断是否成功登录，则不论成功与否都会有“Login Failed.”这段文字，Hydra 会认为登录失败。

（2）信息本身被其他 HTML 语句包围，以至 Hydra 无法正确对比，例如登录失败信息的源代码为：

```
<span style="color:#FF0066">Login</span>&nbps;
<span style="color:#FF0066">Failed.</span>
```

页面上虽然看到“Login Failed.”，但实际要对比的文字是“Login</span>&nbps;<span style="color:#FF0066">Failed.”。若直接使用“Login Failed.”，则会由于 Hydra 无法正确对比响应文字而造成每次测试都成功。当发现同一组账号有好几组可用密码时，就要怀疑是不是选错了判断对象。

（3）验证身份的网址经过多次转发（Forward），真正判断登录成功与否的数据不在网页本文中，而是在响应标头（Header）中。一般不会注意响应标头，只在意最后显示的页面，此时可能需要动用 Hydra 的调试模式、浏览器的历程记录或使用 ZAP 拦截每回登录的处理过程响应数据。遇到这种情况，建议使用 Burp 破解（见上一节），会更容易操作。

（4）响应消息是多字节文字（例如中文），有关这部分的处理方式，请参考后面“当 THC-Hydra 遇到中文”那一小节。

7.4.2 用 Hydra 猜测账号及密码

本小节依然以 demo.testfire.net 的 login.jsp 页面来进行测试。要破解网页表单的登录，需要具备 HTML 基本知识，找出字段的名称、执行验证的 URL、成功或失败的响应结果。首先使用“开发人员工具”（按【F12】键）查看网页的源代码（见图 7-31），找出正确的 form 位置，记下验证登录的网址及账号、密码字段。发现此网页的账号字段是 uid、密码字段为 passw，使用 post 方式传给 doLogin 处理身份认证操作，因此决定使用 Hydra 的 http-form-post 协议。

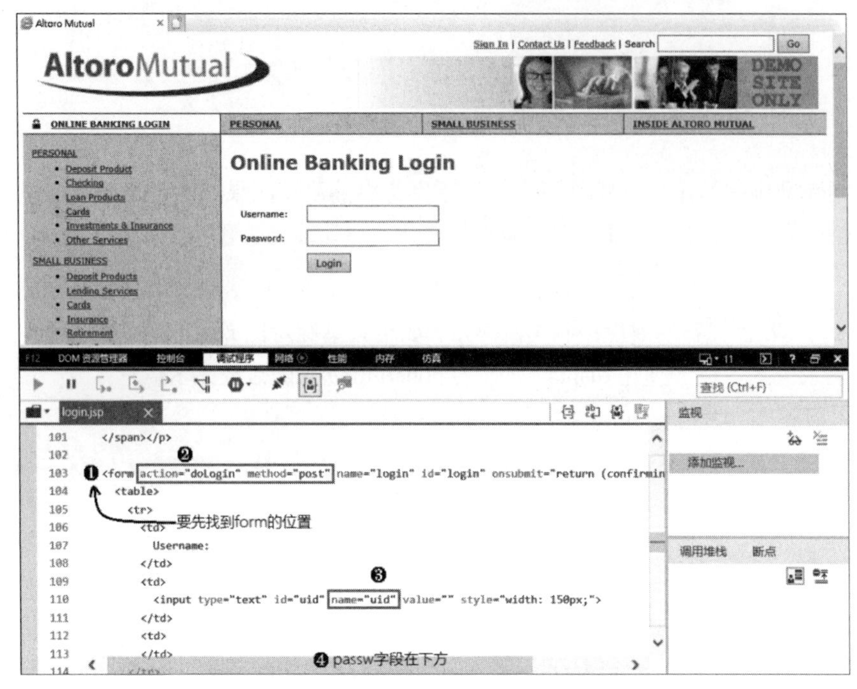

图 7-31　确认网页中验证登录的要素

分析 Login.jsp 的网页源代码后，确认 hydra 语法的 OPT 部分为：

```
"/doLogin:uid=^USER^&passw=^PASS^&:F=Login Failed"
```

将使用 Burp 破解账户/密码时使用的 user.lst 及 password.lst 作为字典文件，因此建立暴力猜测指令如下：（基于排版需要，命令文字分成 4 段呈现，实际是同一行命令，而且第 2、3、4 段的换行处是紧邻的，彼此间没有空格）

```
hydra -L D:\Burp_Suite\user.lst -P D:\Burp_Suite\password.lst
    http-post-form://demo.testfire.net/doLogin:
    "uid=^USER^&passw=^PASS^&btnSubmit=Login:Login  Failed:
    C=/login.jsp"
```

在“命令提示符”（DOS 窗口）下输入上述命令，尝试以字典文件模式找出可能的用户账号及密码，执行结果如图 7-32 所示。与 Burp 工具的执行结果相同，找到了 admin/admin 和 jsmith/demo1234 两组用户信息。

测试目标的格式为“service://server[:PORT][/OPT]”，各个部分之间不留空格，而另一种格式为“server[:PORT] service [/OPT]”，各个部分之间以空格分隔，且 server 与 service 的位置也调换，所以上面的指令也可以换成：

```
    hydra -L D:\Burp_Suite\user.lst -P D:\Burp_Suite\password.lst
    demo.testfire.net http-post-form
    "/doLogin:uid=^USER^&passw=^PASS^&btnSubmit=Login:Login
Failed:C=/login.jsp"
```

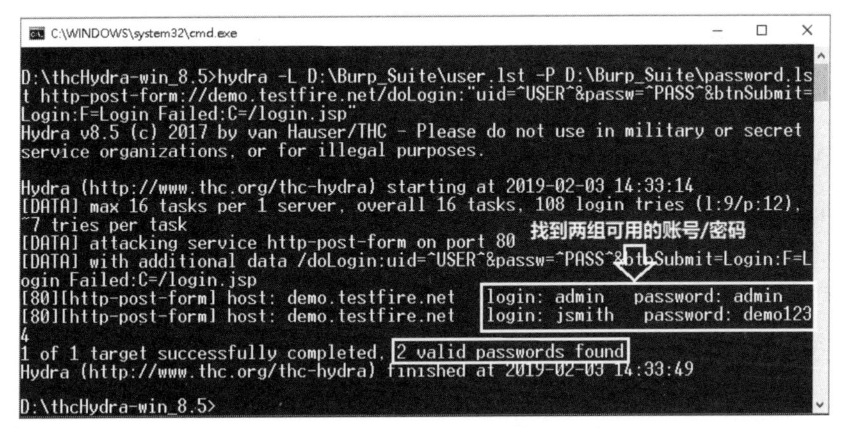

图 7-32　使用字典暴力破解的结果

备　注

基于排版需要，指令分成 3 行，实际是同一行文字，而且第 1、2 行的结尾有一个空格。

也许读者会问：Burp 就可以暴力猜解密码，为什么还要使用 Hydra？其实 Burp 与 Hydra 的设计理念并不相同，只是本书应用场景恰巧相同罢了：Burp 针对网页（http/https）的字段进行猜解，而且猜解的字段可以从 1 个至数个，只要计算机的处理能力负荷得起就能运行良好；Hydra 用来猜测各种系统的账号、密码，例如测试目标开通了端口 21，可以使用 Hydra 猜测 ftp 的登录账号、密码，而这不是 Burp 擅长的领域。建议读者熟悉这两个工具的用法，对于不同的应用场景，选用合适的工具，渗透测试才能无往不利。

上面介绍的例子是针对登录页面来猜测用户的账号及密码，若已知 demo.testfire.net 系统的登录页面 Username（字段名称 uid）有 SQL Injection 漏洞，则想象它的 SQL 语法是：

```
"Select * from UserTable Where uid='" + uid +"' and pwd='" + passw +"'"
```

如果使用 uid 进行注入，可以让它变成：

```
Select * from UserTable Where uid= 'XXX' -- and pwd='1234'
```

也就是变量 uid 用“XXX' --”来输入，而 XXX 就是要测试的账号，则修改上一个例子的 hydra 命令为：

```
hydra -L D:\Burp_Suite\user.lst -p 1234 demo.testfire.net http-post-form
"/doLogin:uid=^USER^' --&passw=1234:Login Failed:C=/login.jsp"
```

Hydra 就变成猜账号的工具了。相应的结果请读者自行演练得出。

或许有人会问：能够同时猜账号及密码，何必只去猜账号呢？其实工具的应用必须配合测试的场景，假设 testfire 启用了密码尝试 3 次错误即锁定的机制，要猜出账号及密码的正确组合就相对困难了，但当系统存在 SQL Injection 漏洞时，因为每一个账号只会被尝试一次，只要找出系统用户账号，就可以利用 SQL Injection 方式绕过密码而成功登录，所以只猜账号的这种情况也时常遇到。

7.4.3 当 THC-Hydra 遇到中文

在我们日常进行渗透测试时，会发现许多系统的响应消息是中文。经常碰到的内码有 GBK、GB2312、BIG5 及 UTF-8，而 Hydra 是以 Byte to Byte（字节对字节）方式对比信息的，若直接输入中文是无法对比的。以笔者曾经执行的测试为例，在某个产品的后台管理登录页面，登录失败时只响应中文信息（见图 7-33），原本以为使用下列指令即可以进行暴力测试：

```
hydra -l root -P pwds.lst www.tester.com:260 http-post-form "/cgi-bin/admin/
sessmgr.cgi:user=^USER^&pwd=^PASS^&act=login&savepwd=1: 登录失败 "
```

结果是每一组账号/密码都成功（其实是误判）！原来 Hydra 不认识“登录失败”这几个中文，也就是 Hydra 不支持多字节字符集（MBCS），因此要将中文拆成一系列的字节（Byte）字符。

图 7-33 登录失败时显示中文信息

（1）首先使用 Hydra 的调试功能，利用-v -d 参数输出详细信息，以便取得中文字的内码：

```
hydra -vd -l root -p password www.tester.com:260 http-post-form "/cgi-bin/
admin/sessmgr.cgi:user=^USER^&pwd=^PASS^&act=login&savepwd=1: 登录失败 " >
hydra_debug.txt
```

这里只使用-l/-p 测试一组账户/密码，再以重定向“>”将输出信息记录到 hydra_debug.txt 文件，方便后续搜索比较。

（2）使用 Notepad++从 hydra_debug.txt 中找出未登录前的登录页面（使用 GET 取得登录页面）的响应内容，以及用 POST 送出登录请求后所响应的登录失败信息。登录失败时，页面多出了“e799 bbe5 85a5 e5a4 b1e6 9597 efbc 8ce8 ab8b e987 8de6 96b0 e8bc b8e5 85a5 e5b8 b3e8 999f e5af 86e7 a2bc”（见图 7-34），这一段编码恰好是“登录失败，请重新输入账号密码”的 UTF-8 编码，其

中前 12 个字节就是“登录失败”。

第一回以GET取得登录页面的响应内容

```
196 0a10:  3c2f 7464 3e0a 2020 2020 2020 2020 3c2f   [ </td>.        </ ]
197 0a2                                       723e   [ tr>.       <tr> ]
198 0a3                                       2076   [ .         <td v ]
199 0a40:  616c 6967 6e3d 2274 6f70 2220 6261 636b   [ align="top" back ]
200 0a50:  6772 6f75 6e64 3d22 2f69 6d67 2f74 6162   [ ground="/img/tab ]
201 0a60:  6c65 5f6c 6566 745f 6267 2e67 6966 223e   [ le_left_bg.gif"> ]
202 0a70:  266e 6273 703b 3c2f 7464 3e0a 2020 2020   [  </td>.     ]
203 0a80:  2020 2020 2020 3c74 6420 7661 6c69 676e   [       <td valign ]
204 0a90:  3d22 6d69 6464 6c65 223e 3c62 723e 0a20   [ ="middle"><br>.  ]
205 0aa0:  2020 2020 2020 2020 2020 203c 6469 7620   [            <div  ]
206 0ab0:  616c 6967 6e3d 2263 656e 7465 7222 3e3c   [ align="center">< ]
207 0ac0:  7370 616e 2063 6c61 7373 3d22 7761 726e   [ span class="warn ]
208 0ad0:  223e 3c2f 7370 616e 3e26 6e62 7370 3b3c   [ "></span> < ]
209 0ae0:  2f64 6976 3e0a 2020 2020 2020 2020 2020   [ /div>.           ]
210 0af0:  3c2f 7464 3e0a 2020 2020 2020 2020 2020   [ </td>.           ]
211 0b00:  3c74 6420 7661 6c69 676e 3d22 746f 7022   [ <td valign="top" ]
212 0b10:  2062 6163 6b67 726f 756e 643d 222f 696d   [  background="/im ]
213 0b20:  672f 7461 626c 655f 7269 6768 745f 6267   [ g/table_right_bg ]
214 0b30:  2e67 6966 223e 266e 6273 703b 3c2f 7464   [ .gif"> </td ]
215 0b40:  3e0a 2020 2020 2020 2020 3c2f 7472 3e0a   [ >.        </tr>. ]
```

第二回以POST送出账号和密码的响应内容（登录失败）

两者差异处

```
673 0a10:  3c2f 7464 3e0a 2020 2020 2020 2020 3c2f   [ </td>.        </ ]
674 0                                   3c74 723e   [ tr>.       <tr> ]
675 0                                   7464 2076   [ .         <td v ]
676 0                                   6261 636b   [ align="top" back ]
677 0a                                  2f74 6162   [ ground="/img/tab ]
678 0a60:  6c65 5f6c 6566 745f 6267 2e67 6966 223e   [ le_left_bg.gif"> ]
679 0a70:  266e 6273 703b 3c2f 7464 3e0a 2020 2020   [  </td>.     ]
680 0a80:  2020 2020 2020 3c74 6420 7661 6c69 676e   [       <td valign ]
681 0a90:  3d22 6d69 6464 6c65 223e 3c62 723e 0a20   [ ="middle"><br>.  ]
682 0aa0:  2020 2020 2020 2020 2020 203c 6469 7620   [            <div  ]
683 0ab0:  616c 6967 6e3d           65 7222 3e3c   [ align="center">< ]
684 0ac0:  7370 616e 2063           22 7761 726e   [ span class="warn ]
685 0ad0:  223e e799 bbe5 85a5 e5a4 b1e6 9597 efbc   [ ">.............. ]
686 0ae0:  8ce8 ab8b e987 8de6 96b0 e8bc b8e5 85a5   [ ................ ]
687 0af0:  e5b8 b3e8 999f e5af 86e7 a2bc 3c2f 7370   [ ............</sp ]
688 0b00:  616e 3e26 6e62 7370 3b3c 2f64 6976 3e0a   [ an> </div>. ]
689 0b10:  2020 2020 2020 2020 2020 3c2f 7464 3e0a   [           </td>. ]
690 0b20:  2020 2020 2020 2020 2020 3c74 6420 7661   [           <td va ]
691 0b30:  6c69 676e 3d22 746f 7022 2062 6163 6b67   [ lign="top" backg ]
692 0b40:  726f 756e 643d 222f 696d 672f 7461 626c   [ round="/img/tabl ]
```

图 7-34　比较中文信息所对应的内码

（3）得到中文编码后，将上面的指令改成下面的样子就可以正常测试了：

```
hydra -l root -P pwds.lst www.tester.com:260 http-post-form "/cgi-bin/admin/
sessmgr.cgi:user=^USER^&pwd=^PASS^&act=login&savepwd=1:\xe7\x99\xbb\xe5\
x85\xa5\xe5\xa4\xb1\xe6\x95\x97"
```

要以内码形式把数据提供给 Hydra 时，只需在内码前面加上“\x”即可，例如\xe7，所以“登录失败”代码页就显示成了“\xe7\x99\xbb\xe5\x85\xa5\xe5\xa4\xb1”。（这里讲“内码”的内容不够精准，请读者别挑剔。）

7.5 Patator

工具来源：https://github.com/maaaaz/patator-windows

前面介绍了 Hydra 暴力破解工具，Patator 是以 Python 编写而成的另一个暴力破解工具。它支持多种协议，在进行破解时，必须加载对应的操作模块，就像 Hydra 要指定服务模块一样。Patator 常用的模块有：

- ftp_login：猜解 FTP 的登录账号和密码。
- ssh_login：猜解 SSH 的登录账号和密码。
- telnet_login：猜解 Telnet 的登录账号和密码。
- smtp_login：猜解邮件传输（SMTP）服务器的登录账号和密码。
- smtp_vrfy：使用 SMTP VRFY 命令枚举邮件用户账号。
- smtp_rcpt：使用 SMTP RCPT TO 命令枚举邮件用户账号。
- finger_lookup：使用 Finger 协议枚举用户账号。
- http_fuzz：猜解 HTTP/HTTPS 的登录账号和密码。
- rdp_gateway：猜解远程桌面协议（RDP）的登录账号和密码。
- ajp_fuzz：猜解 AJP 协议的登录账号和密码。
- pop_login：猜解邮箱（POP）服务器的登录账号和密码。
- imap_login：猜解 IMAP 电子邮件的登录账号和密码。
- ldap_login：猜解轻型目录访问协议（LDAP）的连接账户/密码。
- smb_login：猜解 SMB 的连接账户/密码。
- rlogin_login：猜解 rlogin 的登录账号和密码。
- vmauthd_login：猜解 VMWare 的身份认证账户/密码。
- mssql_login：猜解 MSSQL 数据库的连接账户/密码。
- oracle_login：猜解 Oracle 数据库的连接账户/密码。
- mysql_login：猜解 MySQL 数据库的连接账户/密码。
- rdp_login：猜解远程桌面协议（RDP）的新验证方式 NLA（网络级别身份验证）的登录账号和密码。
- pgsql_login：猜解 PostgreSQL 数据库的连接账户/密码。
- vnc_login：猜解虚拟网络控制台（VNC，即远程桌面）的登录账号和密码。
- snmp_login：猜解 SNMPv1/2 及 SNMPv3 的社区字符串。
- unzip_pass：猜解加密的 ZIP 文件的解压缩密码。

其中，http_fuzz 即针对网站系统的登录暴力猜解，也是本节介绍的重点。

（1）语法

```
patator MODULE MODULE-OPTs [GLOB-OPTs]
```

（2）常用参数

① MODULE：要执行的功能模块，功能模块名称如本节前面所列。

② MODULE-OPTs：与模块相关的参数，可使用-h 选项查询模块参数。

③ GLOB-OPTs：所有模块共享的参数。

- -h：要查询各模块的使用方法，可执行 patator MODULE -h，例如查 http_fuzz 的使用方法即为“patator http_fuzz -h”。
- -x ACTIONS:CONDITIONS：设置当破解过程中得到的结果符合 CONDITIONS 条件时就执行 ACTIONS 指定的操作。
  - ACTIONS 可以是下列操作的组合，指定多个操作时，用逗号“,”分隔开：
    ignore：忽略本次测试，也不汇报结果。
    retry：重发本次测试。
    free：后续操作将不再使用类似的载荷（Payload）。
    quit：结束程序执行。
    reset：关闭当前连接，以供下回重启连接。
  - CONDITIONs：由一组或多组测试条件组成，条件判断表达式格式为“目标 = 值”或“目标 != 值”（“!=”表示不等于）。常用目标如下：
    code：响应的状态代码（数值），例如 code=300。
    size：返回数据的长度（数值或数值范围）。例如：
    “size=300”：长度等于 300 字节。
    “size=300-1024”：长度介于 300 到 1024 字节之间。
    “size=300-”：长度在 300 字节以上。
    “size=-1024”：长度在 1024 字节以下。
    mesg：对比返回的信息（字符串），例如 mesg='Connection closed by remote host'。
    fgrep：从返回的数据中对比子字符串，例如 fgrep='Location: login. jsp'。
    egrep：从返回的数据中对比符合正则表示式（RegExp）的字符串，例如 egrep='^Location:.*'。
    clen：对比表头中的 Content-Length（内容长度）值。例如：
    “clen=300”：长度等于 300 字节。
    “clen=300-1024”：长度介于 300 至 1024 字节之间。
    “clen=300-”：长度在 300 字节以上。
    “clen=-1024”：长度在 1024 字节以下。
- --start=N：执行猜解操作时，从列表文件的第 N 个载荷开始“喂送”（提供）。
- --stop=M：当提供完列表文件的第 M 个载荷即结束程序。
- -t T：指定同时连接数（Thread，线程数），默认为 10。
- -C STR：使用参数组合文件（一行中有两组以上的参数）时，自定义参数之间的分隔符，默认为“:”。
- -X STR：当使用多重条件时，自定义各条件之间的分隔符，默认为“,”。
- -l DIR：将所有输出及网页响应存储到指定的目录中。
- -L STR：在存入“-l DIR”的文件尾端串接指定的字符串值 STR。

- -d: 输出调试信息。
- -e TAG:ENCODING: 在传送的载荷中，凡以 TAG 括起来的文字都要先经指定的编码或加密方式处理后再传送，例如: "-e _@$_:md5" 表示在两个 "_@$_" 之间的文字要转换成 md5 格式。可用的编码方法有 url、sha1、md5、hex、unhex、b64。

（3）共享参数的范例

① 对_@$_FILE0_@$_文件列表的内容在发送前先进行 md5 哈希处理。

```
host=172.31.1.6 user=admin password=_@$_FILE0_@$_ -e _@$_:md5
```

② 当响应的状态码是 500 且（AND）内容中有"Page Error"字符串时，忽略本次测试的结果，这是两个条件的组合。

```
-x ignore:code=500,fgrep='Page Error'
```

③ 如果要采用 OR 条件，就使用两组-x，例如：

```
-x ignore:code=500 -x:ignore:fgrep='Page Error'
```

7.5.1 Patator 的载荷占位符

Patator 使用数据字典提供载荷数据，字典可以采用一行一字（FILE）或一行多字（COMBO）方式。FILE 和 COMBO 是占位符（Placeholder）的关键词，使用说明如下：

（1）利用关键词 FILE 或/及 COMBO 来设置由文件输入：

- FILEn: FILE 表示字典文件采用一行一个数据的格式，n 是用来对应文件的序号。例如，FILE0 表示载荷数据将由 0=user.lst 所指定的 user.lst 提供。
- COMBOn0、COMBOn1、…: COMBO 表示字典文件的每一行提供多个载荷数据（用:分隔），n 是用来对应文件的序号，接在 n 后面的 0、1、…代表每行载荷数据的第几个（由 0 算起）。例如：

```
    host=FILE0 user=COMBO10 password=COMBO11 0=hosts.txt 1=combos.txt
    # 0=hosts.txt 就是将 hosts.txt 的数据逐行提供给 FILE0 这个占位符
    # 1=combos.txt 就是将 combos.txt 的数据行（多重值）的第 1 个提供给 COMBO10、第 2 个提供给 COMBO11
    host=FILE2 user=FILE1 password=FILE0 2=hosts.txt 1=logins.txt 0=pass-words.txt
    # 2=hosts.txt 就是将 hosts.txt 的数据逐行提供给 FILE2
    # 1=logins.txt 就是将 logins.txt 的数据行提供给 FILE1
    # 0=passwords.txt 就是将 passwords.txt 的数据行提供给 FILE0
```

（2）除了常用的 FILE、COMBO 外，还可以使用 NET 和 RANGE 占位符。NET 用来指定一个 IP 或多个 IP，RANGE 可以表示一段范围的值，例如：

```
host=NET0  0=10.0.1.0/24,10.0.2.0/24,10.0.3.128-10.0.3.255
param=RANGE0 0=hex:0x00-0xff
param=RANGE0 0=int:0-500
param=RANGE0 0=lower:a-zzz
```

7.5.2 利用 http_fuzz 模块破解网页登录账号和密码

Patator 有许多暴力破解模块，但本书的目标是网页渗透测试，因此只讨论 http_fuzz 模块，其他模块请读者自行学习。

想要了解 http_fuzz 有哪些参数可用，请先执行"patator http_fuzz -h"。笔者在此仅以攻击 testfire 网站为例，介绍常用的参数：

- url=URL: 要进行暴力破解的网址，格式为 proto://host[:port]/path?query，例如"url=http://demo.testfire.net/doLogin"。
- body="FIELD1=VAL1&FIELD2=VAL2": 要传送网页表单的字段内容，例如"body="uid=FILE0&passw=FILE1&btnSubmit=Login""使用 FILE 作为传递测试账户/密码的占位符。
- header=HEADER: 自定义的 Request 标头的字段。如果只有一组字段，可用'KEY=VALUE'; 如果是将标头存成文件，则用 header=@FilePath。
- method=METHOD: Request 的方法，常用的有 GET、POST、HEAD。testfire 的 doLogin 是使用的 POST，故使用"method=POST"。
- user_pass=USER:PASS: 针对 WWW-Authenticate 身份认证（不是使用表单验证），可使用 user_pass 进行破解，例如"user_ pass=FILE0:FILE1"。
- auth_type=TYPE: WWW-Authenticate 身份认证的类型，包括 basic、digest、ntlm。
- follow={0|1}: 是否会产生转址现象，0 表示不会转址，1 表示会转址。testfire 的 doLogin 会转址，所以要使用"follow=1"。
- max_follow=N: 若有转址，最多侦测几层，默认为 5 层。
- accept_cookie={0|1}: 是否保存 Cookies 作为之后 Request 使用。对于 testfire 网站，要使用"accept_cookie=1"。
- http_proxy=HOST:PORT: 如果有代理服务器，则指定代理服务器的地址及端口（host:port）。
- ssl_cert=CERT_FILE: 指定浏览器端的 SSL 凭证文件（PEM 格式）。当网站使用 https 连接时，需要指定凭证文件才能适当解析响应数据。
- before_urls=URLs: 针对主要 url 进行攻击前先请求哪些网址，如有多组网址，可用","分隔开。在 testfire 的 doLogin 之前要先从 login.jsp 取得 Cookie，因此要使用"before_urls=/login.jsp"。
- before_egrep="GREP": 使用 egrep 语法，提取 before_urls 响应的数据，以便用于主要 url 的请求。
- after_urls=URLs: 在请求主要 url 之后，要接着浏览的 url，如果有多组网址，就用","分隔开。对于 testfire 网站，请求主要 url 后不需要浏览其他网页，故不需要指定此参数。
- persistent={0|1}: 是否使用持续连接，本例设为"persistent=1"。

综合上面的说明，针对 testfire 的暴力破解语法如下：（因本书排版的需要，指令分行列出，实际是同一行的文字，各参数之间记得要保留一个空格符）

```
patator http_fuzz url=http://demo.testfire.net/doLogin
body="uid=FILE0&passw=FILE1&btnSubmit=Login"
method=POST follow=1 accept_cookie=1 persistent=1
```

```
before_urls=http://demo.testfire.net/login.jsp
0=D:\Burp_Suite\user.lst 1=D:\Burp_Suite\password.lst
-x ignore:fgrep="Login Failed"
```

执行结果如图 7-35 所示，与 Burp 及 THC-Hydra 的执行结果相同。至于执行速度，Patator 确实略胜一筹。

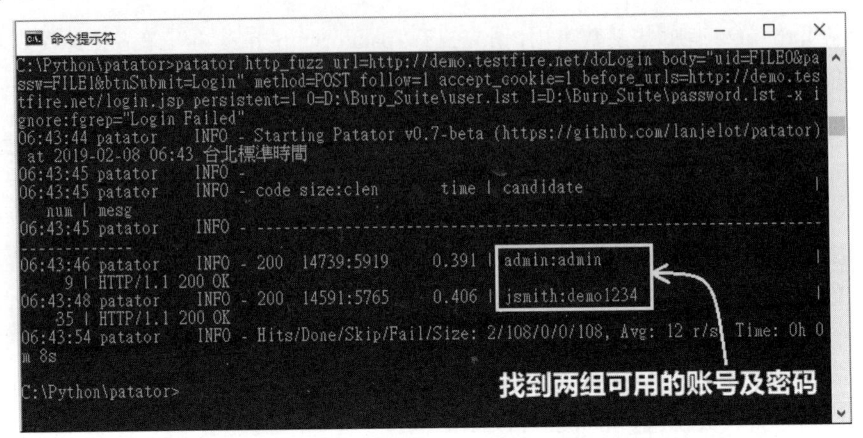

图 7-35　Parator 的 http_fuzz 模块的执行结果

7.5.3　当 Patator 遇到中文

如同“当 THC-Hydra 遇到中文”那一小节所述，如果将中文应用到 Patator 命令一样会发生误判的情况，最好的方式还是使用内码，但是不能使用 fgrep 参数，而需改用 egrep。

```
patator http_fuzz
url=http://www.tester.com/cgi-bin/admin/sessmgr.cgi?act=getlogin
body="user=FILE0&pwd=FILE1&act=login&savepwd=1"
method=POST follow=1 accept_cookie=1 persistent=1
0=D:\Burp_Suite\user.lst 1=D:\Burp_Suite\password.lst
-x ignore:egrep=\xe7\x99\xbb\xe5\x85\xa5\xe5\xa4\xb1\xe6\x95\x97
```

7.6　Ncrack

工具网址：https://nmap.org/ncrack/

Ncrack 是一个高速网络账号和密码破解工具，支持的协议有 SSH、RDP、FTP、Telnet、HTTP(S)、POP3(S)、IMAP、SMB、VNC、SIP、Redis、PostgreSQL、MySQL、MSSQL、MongoDB、Cassandra、WinRM 及 OWA 等，但 HTTP 协议目前只支持 WWW-Authenticate 的 Basic 验证模式，尚未支持网页表单（Form）的登录验证。

与 Hydra 或 Patator 相比，Ncrack 可以在一次的命令中执行多种协议的暴力破解。想象一种场景，当执行 NMAP 扫描时，发现测试目标存在多种服务，不管是一台主机同时启用多重服务还是多台主机分别提供不同服务，若想要一次对这些服务进行暴力破解，Ncrack 绝对是最合适的工具。

本书的目标是网站渗透测试，可能 Ncrack 不如 Hydra 或 Patator 好用，等到踏入渗透测试高级阶段时，一定要回头试试 Ncrack。

（1）什么是 WWW 身份认证

有时链接某个网址时会跳出类似于图 7-36 所示的身份认证页面。检查服务器的请求（Response）标头会发现 HTTP 响应码是 401（Unauthorized），且有 WWW-Authenticate 字段，表明浏览器要访问指定的网址需要通过 WWW 身份认证（又称为 HTTP 身份认证）。WWW 身份认证有多种不同类型（例如 Basic、Digest、ntlm……），其中最常见的应该是 Basic。读者可以浏览 http://demo.testfire.net/manager/html 体验看看，这一类型的暴力破解语法比网页表单的身份认证更为直截了当。

图 7-36　WWW 身份认证模式（非表单式身份认证）

（2）语法

```
ncrack [OPTIONs] SERVICE://TARGET[:PORT][,MISCs]
```

（3）目标参数

- SERVICE：服务类型，就是 Ncrack 支持的协议，例如 ssh、rdp、http、https。
- TARGET：待测目标的 IP、hostname 或网段，例如 demo.testfire.net、scanme.nmap.org、microsoft.com/24、192.168.0.1、10.0.0- 255.1-254。
- PORT：指定目标服务使用的端口。若不指定，Ncrack 会按照服务类型而使用公认端口，例如 HTTP 服务默认为端口 80、RDP 默认为端口 3389。

- MISCs 是和目标参数相关的变量:
  - ssl: 在指定的服务上启用 SSL 连接，例如“ftp://192.168.1.1,ssl”相当于“ftps://192.168.1.1”。
  - path=PATH:应用在 HTTP 或 HTTPS 上，用来指定网页的路径，必须从服务器的根路径开始，例如“http://demo.testfire.net,path=/manager/html”。若字符串中有空格符，则要使用引号“" "”括住；若字符串中用到等号“=”，则等号前面要加上倒斜线“\”进行转义处理。
  - db=DB_NAME：针对数据库服务（如 PostgreSQL、MySQL），用来指定数据库实例，例如“MySQL://192.168.1.99,db=HR_MANAGEMENT”。

（4）选项参数

- -iX IN-FILE：使用 Nmap -oX 产生的 XML 文件作为目标来源。
- -iN IN-FILE：利用 Nmap -oN 产生的文本文件作为目标来源。
- -iL IN-FILE：使用目标列表文件作为目标来源。
- --exclude HOST1[,HOST2,...]：排除所指定的主机，不对这些主机进行破解。
- --excludefile EX-FILE：排除列表文件中的主机。
- -p SERVICE：指定默认的服务类型，例如“-p ftp:21-35,telnet”表示对所有 Target 的端口 21 到 35 都尝试用 FTP 协议暴力登录，也对端口 23 尝试 Telnet 暴力登录。

（5）验证的选项

- -U FILE：账号字典文件。
- -P FILE：密码字典文件。
- --user ID1,ID2,...：直接指定账号列表，用“,”分隔开。
- --pass PWD1,PWD2,...：直接指定密码列表，用“,”分隔开。
- --passwords-first：对每一个用户，轮流测试密码（默认是对每一组密码，先测试账号）。

（6）输出选项

- -oN | -oX FILE：将扫描的结果以文本文件或 XML 格式输出。
- -oA FILE：同时输出文本文件及 XML 格式的文件。
- -dN：调试输出的详细度，1 到 10，数值越大越详细。
- --log-errors：将错误或警告信息输出到（-oN）文本文件中。
- --append-output：将输出“附加”到现有文件之后，如果未指定，则会覆写现有文件。

（7）其他选项

- --save FILE：指定用来存储执行进度的文件，若半路中止程序，则可使用--resume 选项继续未完的操作。
- --resume FILE：继续之前由--save 所存储的操作。
- -f：只要找到一组成功的账户/密码就结束操作。
- -6：使用 IPv6 协议。

（8）范例

下面的指令用于尝试破解 testfire 的 Tomcat 网站管理账户/密码（当然是没有成功）。因本书排版的需要，指令分行列出，实际是同一行文字，各参数之间记得要保留一个空格符。

```
ncrack http://demo.testfire.net,path=/manager/html
-U D:\Burp_Suite\user.lst
-P D:\Burp_Suite\password.lst
```

7.7　SQLMap

工具来源：https://github.com/sqlmapproject/sqlmap/zipball/master

在第 6 章通过 ZAP 扫描，已知网站 demo.testfire.net 登录页面的两个字段 uid 和 passw 存在 SQL Injection 漏洞，可以让我们直接绕过身份认证机制而登录系统，这是 SQL Injection 漏洞被利用的最基本方式。若事先不知道 testfire 有哪些用户，是否注意到每次利用 SQL Injection 登录系统都会得到固定的账号？testfire 的第一组账号刚好是 admin，所以登录后具备管理员权限，假使数据库中的第一位用户是 guest，就算绕过验证机制，也只能取得最低权限。那么，是否想过利用 SQL Injection 取得数据库里的所有账号呢？当然，这种工作不可能通过人工逐一输入测试语句，SQLMap 是自动攻击 SQL Injection 漏洞的不二工具。

由于 SQLMap 是用 Python 编写而成的，假设读者已按第 3 章的介绍准备好了 Python 的执行环境，也在第 5 章学习了 theharvester.py 的执行方法，因此读者应该知道如何执行 sqlmap.py 了。先切换到 SQLMap 的安装目录，就可以简捷地以“py -2.7 sqlmap.py”方式来执行 SQLMap 程序。如要查看 SQLMap 的帮助说明，可执行“py -2.7 sqlmap.py -h”。

虽然在第 6 章已找出 testfire 的 doLogin 存在 SQL Injection 漏洞，但是以下列指令为基础攻击 testfire 网站，并尝试不同参数的组合，仍然无法从 testfire 转储出数据库的内容。

```
py -2.7 sqlmap.py -u "http://demo.testfire.net/doLogin" --titles
--method=POST --data="uid=admin&passw=admin&btnSubmit=Login"
--threads=8 --dbs -p "passw"
--referer="http://demo.testfire.net/login.jsp"
--host="demo.testfire.net" --keep-alive --batch
```

暴力破解本身就是一种猜测行为，既然是猜测，当然需要通过许多不同的载荷响应结果作为判断依据，发送的载荷能否顺利到达后端程序会影响猜测的准确度，显然新版的 testfire 已强化后端程序的防御功能。因此，本节改以攻击第 3 章的另一个在线测试网站：Crackme Bank。

（1）直接动手吧

SQLMap 的参数繁多，对初学者而言，学习这么多参数也是一种负担，下面直接以例子来说明 SQLMap 的基本使用方式。如果读者想先体验一下 SQLMap 的威力，可以在“命令提示符”窗口执行下列命令：

```
py -2.7 sqlmap.py -u "http://crackme.cenzic.com/kelev/php/login.php"
--method=POST --threads=8 --dbs
--data="hLoginType=&hPageName=accttransaction.php&whoislog=Welcome+ to+
 CrackMeB ank+Investments&hUserId=0&LoginName=admin&Password=admin&
sendbutton1=
 Login" -p "LoginName" --batch
```

若执行过程没有发生错误，则可看到类似于图 7-37 所示的结果。

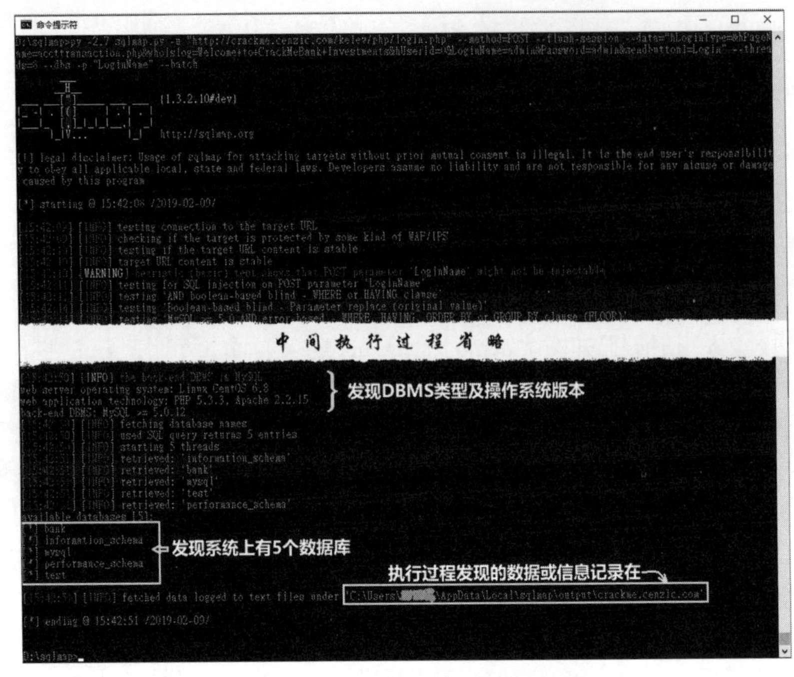

图 7-37　SQLMap 的执行过程及结果

从输出结果得到 bank、information_schema、mysql、performance_schema 及 test 5 个数据库，推测 bank 应该是 crackme 银行的数据库。

（2）指令说明

针对上面的指令所使用的参数进行简要说明具体如下：

- -u "http://crackme.cenzic.com/kelev/php/login.php"：指定攻击的标的网页，也就是此网页上的字段存在 SQL Injection 漏洞。和 Hydra 类似，此网址是数据提交的对象，不见得是浏览器网址栏上的那个 URL。
- --method=POST：指定数据提交的方式，可能是 POST、GET 或 PUT。
- --threads=8：指定同时间内的最大操作连接数，默认是 1。
- --dbs：指定本次攻击的目的是要找出有哪些数据库，本例共找到 5 个。
- --data="hLoginType=&hPageName=accttransaction.php&whoislog=Welcome+to+CrackMeBank+Investments&hUserId=0&LoginName=admin&Password=admin&sendbutton1=Login"：此参数搭配--method=POST 使用，提示提交数据的字段内容，建议使用 ZAP 或 Burp 拦截浏览器发出的请求（Request），直接复制数据主体的字符串内容，可避免人工编制造成的失误。
- -p "LoginName"：指定要在哪一个字段执行注入测试。从--data 内容可知提交的字段有 hLoginType、hPageName、whoislog、hUserId、LoginName、Password、sendbutton1，本例选择 LoginName 作为测试目标。如果怀疑多个字段都可能存在 SQL Injection 漏洞，也可以一次指定多个测试目标，例如“-p "LoginName,Password"”，不同字段间用逗号“,”分隔开即可。
- --batch：SQLMap 执行过程中会有几次要求用户选择后续处理方式，若需要长时间执行测试操作，则测试人员不太可能一直在屏幕前等待 SQLMap 的询问，为了让 SQLMap 自己选择处理方式，可以加入--batch 选项，需要做出抉择时，SQLMap 会直接采用默认选项，如此便能让测试人员下达完指令，然后等待结果即可。

（3）更多参数

这里要特别说明一下--dbs，在上例中只找出了有哪些数据库，但对我们而言，更重要的是数据库中数据表里的内容（如账号及密码），可以通过将--dbs 换成不同选项来完成。下面是在已取得特定数据后继续处理的几种参数：

- -D DBNAME --tables：找出指定数据库内的数据表，例如“-D bank –tables”。
- -D DBNAME -T TABNAME --dump：当已得知数据库内有哪些数据表时，可以转储出某个数据表的内容，例如“-D bank -T user –dump”。
- -a：可以直接将--dbs 换成-a（或--all），让 SQLMap 一次就将所有数据库中的数据表以及其中的数据都转储出来。不过-a 会尝试找出系统上的所有信息，整个运行时间会更长，况且某些数据或信息并非我们的目标，因此不必浪费这些时间。
- --dbms=DBMS：若已使用其他工具（如 NMAP）探测出后端数据库的类型，则可使用此参数直接指定数据库系统，例如“--dbms="MySQL"”，这样可以节省 SQLMap 的测试步骤。
- --flush-session：SQLMap 会记住同一网站的执行结果，当执行过一回 SQLMap，下次再执行时，SQLMap 会以之前的结果作为基础而跳过已执行的测试，如果想让 SQLMap 重新测试，可以使用--flush- session 选项重置 SQLMap 的状态。
- --output-dir=PATH：指定执行日志及测试结果的输出目录，例如“--output-dir="D:\temp\"”；若不指定，默认为%USERPROFILE%\AppData\Local\sqlmap\output\。

备 注

SQLMap 支持的数据库类型有 MySQL、Oracle、PostgreSQL、Microsoft SQL Server、Microsoft Access、IBM DB2、SQLite、Firebird、Sybase 及 SAP MaxDB 等。

7.8 重点提示

- 图形化软件虽然容易操作，但是命令行工具灵活度高，尤其是进行批量（自动化）测试时，命令行工具更为便利。
- 没有一种可以应付各种不同场景的黑客工具，因此必须学会判断漏洞的特性，再选择合用的工具，这样渗透测试工作才能无往不利。
- 许多工具利用的是外部字典文件，若要让工具发挥最佳效能，则平时应该用心整理属于自己的字典文件。
- 中国人使用计算机的习惯与西方人的习惯不尽相同（如账号或密码的设置），必须斟酌微调、因地制宜（例如人们会用拼音的顺序来设置密码、有些账号会使用员工编号等）。

第 8 章

离线密码破解

本章重点

- 使用搜索引擎寻找答案
- RainbowCrack
- Hashcat
- John the Ripper
- 破解文件加密

前一章是渗透测试中真正进行攻击的步骤，也是漏洞爆破或漏洞验证的程序，但有些时候可能会因权限不符合而无法执行某些业务，有些操作功能可能锁定特定身份，我们就会尝试利用漏洞从数据库取得其他用户信息，或许能转储数据库的内容、取得所有的用户账户及密码。如果真的幸运地“拿到”了账号和密码，密码大概也被哈希或加密过，必须先将它转换成明码才能使用，这一章就来讲述破解加密过的数据技巧！

交互式网站已发展多年，早期密码采用明文存储，拿到了用户信息，就等于掌控了用户的所有权限，随着人们信息安全意识的提升，设计人员已懂得对密码（或敏感）字段加密，信息安全专家建议使用哈希方式对密码进行单向加密，因为哈希值无法利用计算方式反解，要破解哈希过的密码，只能通过字典查表或暴力计算对比方式。对于哈希密码，利用暴力计算对比方式非常低效，而且每次执行时都要重新计算、猜测字符串及其哈希值，在进行渗透测试时，大多采用字典查表方式，事先将可能的密码值转换成哈希表（RainbowTable，彩虹表）存储起来，这些哈希表就可以反复使用，但使用哈希表的缺点是要占用大量的存储空间。

随着硬件技术的不断进步，利用 GPU 来计算哈希表的技术越来越成熟。早期靠 CPU 暴力破解哈希值，就算只是 MD5，大概也有 3.4×10^{38} 种组合，使用一般个人计算机可能这辈子都算不完。不过，就算 GPU 比 CPU 可以快上百倍，要完全计算 MD5 哈希也不切实际，在渗透测试时只会针对弱密码进行破解。

本章将会用到的工具如表 8-1 所示。

表 8-1　工具说明

工具类型或名称	主要用途
在线破解	使用 Google 或在线网站破解 MD5 或 SHA1 哈希的密码
RainbowCrack	使用事先建立的彩虹表，以查表方式破解加密数据
Hashcat	借助 GPU 执行暴力破解的工具
John the Ripper	使用密码字典或暴力生成字符串来执行密码破解的工具

8.1　使用搜索引擎寻找答案

如同本章前言所说，哈希的组合非常多，容量极大，要得到一组完整的彩虹表极不容易，而 Google 公司“串联”了全世界的网站，只要是一般常见的密码，可能已经有人计算出其哈希值，这样使用 Google 搜索功能反倒是破解弱密码的好方法。

当我们取得一组哈希（Hash）值时，要反解其原来的字符串，最简单的方式就是交给 Google，虽然不是每个哈希值都可以找到对应的原始值，但只要是常见的密码，用 Google 就都能破解，而且速度超级快。

下面我们以几个常见的懒人密码为例，从 Google 查询“5690dddfa28ae085d23518a035707282”，结果第一个就是我们想要的答案（见图 8-1）。

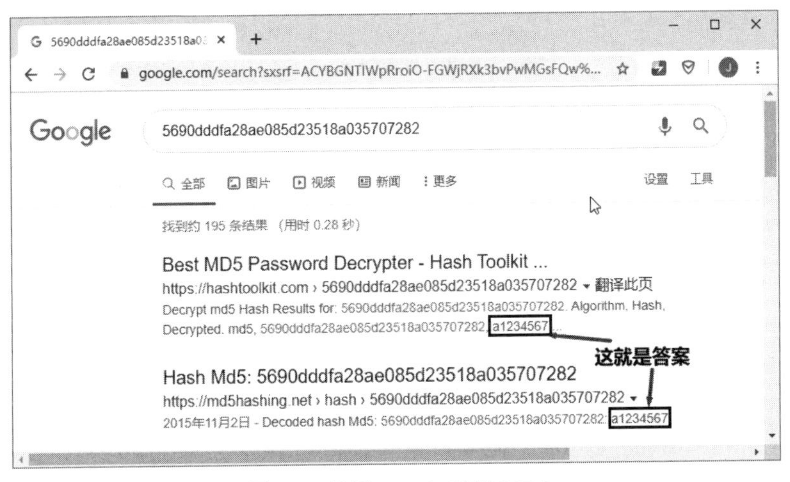

图 8-1　使用 Google 破解 MD5

用鼠标单击进去一看，果不其然，其原始字符串就是“a1234567”，这里不只找出 MD5 哈希，连 SHA1、SHA256、SHA384 及 SHA512 也都事先算出来了（见图 8-2），再次印证“弱密码是不安全的”。

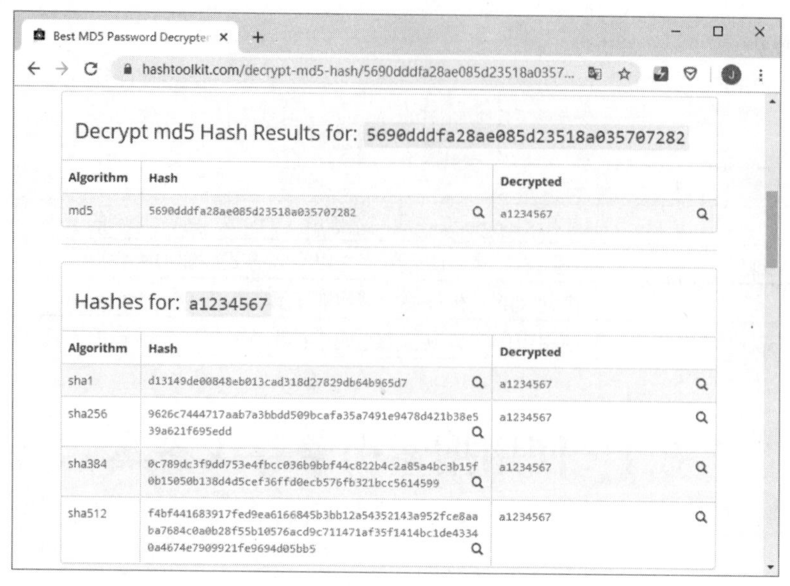

图 8-2　Google 找到的 MD5 结果

同样，下面这几组请读者也如法炮制，看看能不能反查其明文。

098f6bcd4621d373cade4e832627b4f6

0f359740bd1cda994f8b55330c86d845

161ebd7d45089b3446ee4e0d86dbcf92

5f4dcc3b5aa765d61d8327deb882cf99

实际上，如果必须反查的密码数量不多，则直接使用 Google 搜索最具效率。如果使用 Google 查不到，就表示此密码不是常用密码。

除了用 Google 反查密码外，这也告诉我们一件事：不要用懒人密码（弱密码），即便它符合密码原则（长度为 8 个字符，且为英文字母和数字混合），通过 Google 仍然很容易被破解。进行渗透测试时若发现用户的密码属于懒人密码，也算受测系统的弱点之一，仍应于测试报告中提出。

少量的密码反解，使用 Google 查询很方便，但若要对大量密码进行反解，应使用工具辅助更有效率，以下将介绍几款加密数据反解的工具。

8.2 RainbowCrack

工具来源： http://project-rainbowcrack.com/index.htm

下载并解压缩 RainbowCrack 工具后，会得到下列几个文件：

- rtgen.exe：建立彩虹表文件。
- rtsort.exe：对彩虹表进行排序。
- rt2rtc.exe：对彩虹表进行压缩（不一定要执行）。
- rtc2rt.exe：对压缩的彩虹表进行解压缩（不一定要执行）。
- rcrack.exe：基本型的命令行模式的彩虹表查找工具。

- rcrack_gui.exe：基本型的图形化界面的彩虹表查找工具。
- rcrack_cuda.exe：利用 NVIDIA GPU 加速（CUDA 技术）的命令行模式的彩虹表查找工具。
- rcrack_cuda_gui.exe：利用 NVIDIA GPU 加速（CUDA 技术）的图形化界面的彩虹表查找工具。
- rcrack_cl.exe：利用 AMD GPU 加速（OpenCL 技术）的命令行模式的彩虹表查找工具。
- rcrack_cl_gui.exe：利用 AMD GPU 加速（OpenCL 技术）的图形化界面的彩虹表查找工具。
- charset.txt：密码字符的定义文件，供 rtgen.exe 生成彩虹表时参考。

彩虹表（Rainbow Table）是事先备妥的哈希值与明文的对照表，如果单纯采用一对一制作彩虹表，生成的彩虹表将占用极大的空间，假设密码由大小写字母及数字组成，长度为 8（8 码），这样的密码明文就有 62^8 种组合，每一组以明文占 8 字节、MD5 占 16 字节、分隔符占 1 字节估算，例如要建立一个“12345678”的 MD5 对照表“25d55ad283aa400af464c76d713c07ad12345678”，要占用 25 字节的存储空间，要得到 8 码组合的完整 MD5 哈希表大概需要占用 5458TB 的存储空间，想想你的硬盘容量有多大？因此，聪明的人就想出一种以时间换取空间的折中做法，借助哈希函数（Hash Function）与约简函数（Reduction Function）交替运算而产生一组串链（姑且称为彩虹链），彩虹表最终只记录此链的头尾数值，由于省去了串链中间的配对，可以大幅减少彩虹表的存储空间，有关彩虹表的基本原理可在因特网上搜索相关的参考资料。

因为彩虹表是以尽可能列举所有密码组合的方式来生成对照表，虽然反解成功率高，但是数据庞大、运行时间长，而且许多密码并不属于“懒人密码”，就算破解出来，也不能归类为系统弱点。彩虹表比较像黑客工具，反倒是对进行渗透测试帮助不大，但因其破解加密的功能强大，特在此提供给读者参考，至于要使用在何种场景下，尚请读者自行斟酌。

8.2.1　彩虹表的缺点

虽然彩虹表能比暴力猜测更快解出哈希明文，但是存储空间是它的致命伤，一份彩虹表只适用于一种哈希算法，进行渗透测试时，无法预先知道会碰到哪一种哈希，因此要备妥所有彩虹表，既不经济，也不实惠。

另一种应用场景是面对加盐（Salted）的哈希值，更让彩虹表捉襟见肘。盐值可以增加明文字符串的长度，若要攻击此类哈希，彩虹表就要占用更多存储空间，就算解出含有盐值的明文，还必须想办法剔除盐值才能得到原始密码。

只要上网搜索“rainbow table download”就可以找到许多免费的彩虹表供下载，要收集大量彩虹表的确很费工夫。如果确实需要彩虹表，要么自己生成（时间足够的话），要么花钱买，在 http://project-rainbowcrack.com/buy.htm 上有购买信息。

无论用对照表或个人计算机直接运算，都不太容易完全涵盖所有密码组合。切记，渗透测试的目的不是解出所有哈希密码，而是要发掘系统漏洞，以发现密码而言就是找出懒人密码。

8.2.2 建立自己的彩虹表

我们可以使用 rtgen.exe 建立自己的彩虹表，参考指令如下：

```
rtgen HASH CHARSET MIN_LEN MAX_LEN TABLE_INDEX CHAIN_LEN CHAIN_NUM PART_INDEX
```

指令选项说明如下：

- HASH：哈希值的格式，常用的有 lm、ntlm、md5、sha1、mysqlsha1、sha256。
- CHARSET：组合密码时会用到的字符范围，请参考上面介绍的 charset.txt 内容。指定 CHARSET 时可选择下列值之一：
  - numeric：由 0 至 9 的数字组成。
  - alpha：由大写英文字母组成。
  - alpha-numeric：由大写英文字母及数字组成。
  - loweralpha：由小写英文字母组成。
  - loweralpha-numeric：由小写英文字母及数字组成。
  - mixalpha：由大小写英文字母组成。
  - mixalpha-numeric：由大小写英文字母及数字组成。
  - ascii-32-95：由大小写字母、数字及特殊符号组成（ASCII 编码 32 至 95 之间的字符）。
  - ascii-32-65-123-4：与 ascii-32-95 相似，但排除小写英文字母。
  - alpha-numeric-symbol32-space：与 ascii-32-65-123-4 一样，只是字符排列顺序不一样。
- MIN_LEN：密码的最小长度，例如 8。
- MAX_LEN：密码的最大长度，例如 12。
- TABLE_INDEX：选择计算彩虹链的约简函数。由于密码的定义域很大，使用约简函数反转哈希值一定会遇到碰撞的情况，也就是说有些密码不会被编到彩虹链里。不同的约简函数会有不同的碰撞位置，使用多组约简函数生成彩虹表，就能扩大涵盖范围，进而提高破解哈希值的成功率。
- CHAIN_LEN：每条彩虹链的长度。因为彩虹表只会存储链的头尾，链的长度越大，表示一条彩虹链包含的哈希值越多，占用彩虹表的空间就越少，但相对反转计算的性能会降低，一般建议使用 5000 以下的值。
- CHAIN_NUM：每个彩虹表文件要存储几条彩虹链。
- PART_INDEX：文件的后缀数字，除非将 CHAIN_LEN 及 CHAIN_NUM 的值设得很大，否则单个文件无法存储所有密码的定义域。我们可以使用 PART_INDEX 将彩虹表分拆成许多文件来保存，PART_INDEX 就是将同一组彩虹表分割成不同文件的序号。

以生成 6 字符数值的 md5 彩虹表为例，使用指令如下：

```
rtgen md5 numeric 6 6 0 4000 655360 0
```

如果顺利完成，会在工作目录产生名称为“md5_numeric#6-6_0_4000x655360_0.rt”的文件。有关彩虹文件的命名规则如图 8-3 所示。

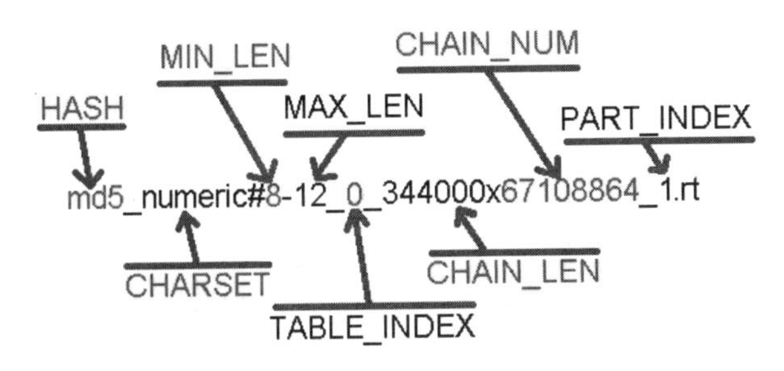

图 8-3　彩虹文件的文件命名规则

图 8-4 即为前面指令的执行过程，屏幕中显示的各字段的说明如表 8-2 所示。

图 8-4　rtgen 生成彩虹表

表 8-2　字段说明

工具类型或名称	主要用途
hash algorithm:　md5	选择的哈希算法为 md5
hash length:16	哈希值的长度为 16　字节
charset name:　numeric	选择的字符集名称为 numeric
charset data:　0123456789	生成密码的字符为 0123456789
charset data in hex: 30 31 32 33 34 35 36 37 38 39	生成密码的字符的 ASCII 编码
charset length:　10	生成密码的可用字符个数（10 个）
plaintext length range: 6 - 6	明文密码的长度最小值与最大值
reduce offset:　0x00000000	选用约简函数的偏移值，也就是 TABLE_INDEX
plaintext total:　1000000	总共可生成的明文密码个数
sequential starting point begin from 0	从第几条链开始计算，此字段的值恰为 PART_INDEX × CHAIN_NUM

8.2.3 排序彩虹表

在生成彩虹表后，为了加速查询，建议对每一组彩虹表进行排序，不然执行 rcrack 时可能会出现彩虹表未排序的错误信息，如图 8-5 所示。

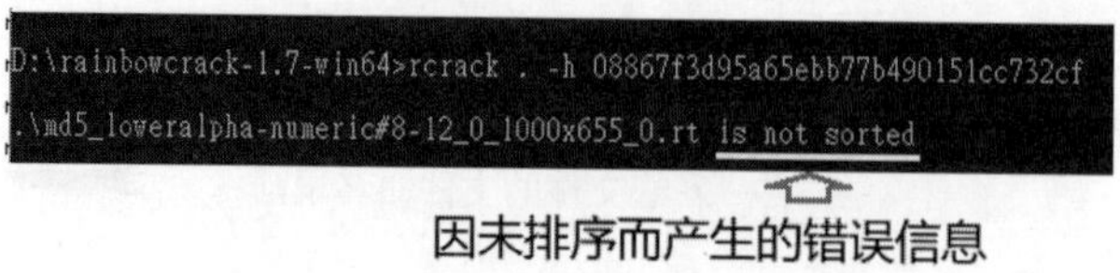

```
D:\rainbowcrack-1.7-win64>rcrack . -h 08867f3d95a65ebb77b490151cc732cf
.\md5_loweralpha-numeric#8-12_0_1000x655_0.rt is not sorted
```

因未排序而产生的错误信息

图 8-5 因彩虹表未排序而发生错误

彩虹表的排序指令如下：

```
rtsort RT_Path
```

RT_Path 是存放彩虹表的目录，如果直接排序工作目录中的彩虹表，要用点号“.”表示，例如：

```
rtsort D:\RAINBOW_TABLE      # 排序 D 盘的 RAINBOW_TABLE 目录中的所有彩虹表
rtsort RAINBOW_TABLE  # 排序工作目录的 RAINBOW_TABLE 子目录中的所有彩虹表
rtsort .    # 排序工作目录中的所有彩虹表
```

8.2.4 使用彩虹表破解哈希

1. 命令行工具

新版的工具包含命令行界面及图形化界面两种，命令行界面主要有 4 种方式(-h、-l、-lm、-ntlm)：

- rcrack RT_Path -h HASH：只查一个哈希值。
- rcrack RT_Path -l HASH_LIST_FILE：通过文件列表进行整批的查询。
- rcrack RT_Path -lm PWDUMP_FILE：查询由 pwdump 建立的 Windows 用户信息文件，LM 属于较旧的格式，容易破解。
- rcrack RT_Path -ntlm PWDUMP_FILE：查询由 pwdump 建立的 Windows 用户信息文件，NTLM 的保密能力比 LM 强。

RT_Path 是彩虹表文件所在的目录，如果彩虹表在当前工作目录，就要使用点号“.”表示，例如：

```
rcrack D:\RAINBOW_TABLE -l hash_list.txt
# 使用 D:\RAINBOW_TABLE 下的彩虹表破解 hash_list.txt 中的哈希值

rcrack . -h 08867f3d95a65ebb77b490151cc732cf
# 使用工作目录中的彩虹表破解“08867f3d95a65ebb77b490151cc732cf”这一个哈希值

rcrack . -ntlm D:\pwdump\SAM.lst
# 使用工作目录中的彩虹表破解 pwdump 取得的 Windows 本机账户/密码转储文件中的密码哈希值
```

以刚刚建立的 md5_numeric#6-6_?_4000x655360_0.rt 的彩虹表来查询

“08867f3d95a65ebb77b490151cc732cf” 这串 MD5，执行结果如图 8-6 所示，正确找出了原始值为 “365712”。

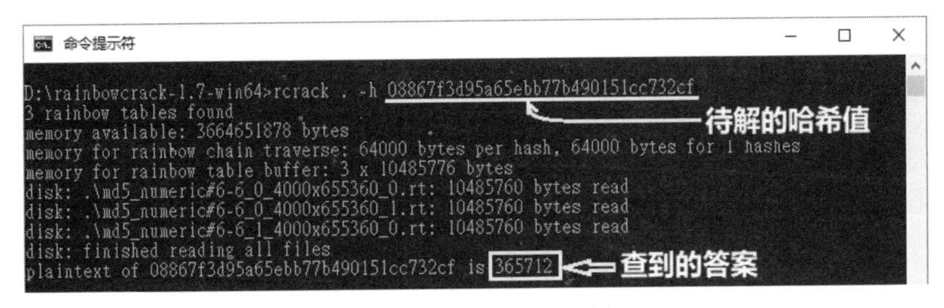

图 8-6　使用 RainbowCrack 猜解 MD5

2. 图形化工具

习惯使用图形化界面的读者可以选用 gui 版本的 rcrack，图形化版本需要 MSVCR110.dll，如果计算机不曾安装 Visual Studio 或 C++可再发行组件，就可能出现缺少 MSVCR110.dll 的错误信息，若遇到这种情况，请到 https:// www.microsoft.com/zh-cn/download/details.aspx?id=30679 下载 Visual Studio 2012 的 Visual C++可再发行组件，并完成安装。

图形界面的 rcrack 必须先从“File”菜单加载待破解的哈希值，共有 4 种加载类型（见图 8-7）：

- AddHashes：以哈希列表方式加载，如图 8-7 所示将哈希值逐个输入对话框中，最后单击 OK 按钮提交。相当于命令行模式的-h 选项。
- Load Hashes from File：如果哈希值已存储成文本文件（一行一个哈希值），可以使用此种方式进行整批破解，相当于命令行模式的-l 选项。
- Load LM Hashes from PWDUMP File 和 Load NTLM Hashes from PWDUMP File：类似 Load Hashes from File，只是导入对象为 PWDUMP（或类似工具）所生成的 Windows 本机账号列表文件。

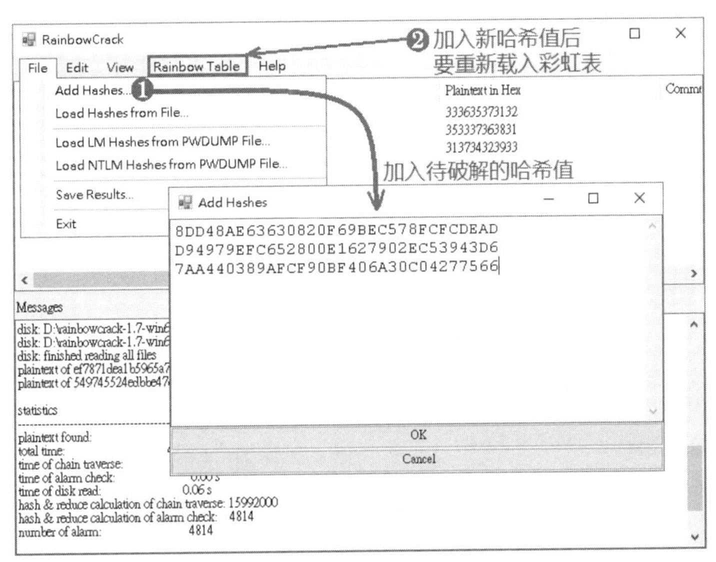

图 8-7　导入待破解的哈希列表

先导入哈希值的列表，接着用“Rainbow Table”指定彩虹表来源（见图 8-8），建议用“Search

Rainbow Tables in Directory”直接指定某个文件夹内的所有彩虹表。指定彩虹表来源后，就会尝试向彩虹表查询已知的哈希值。

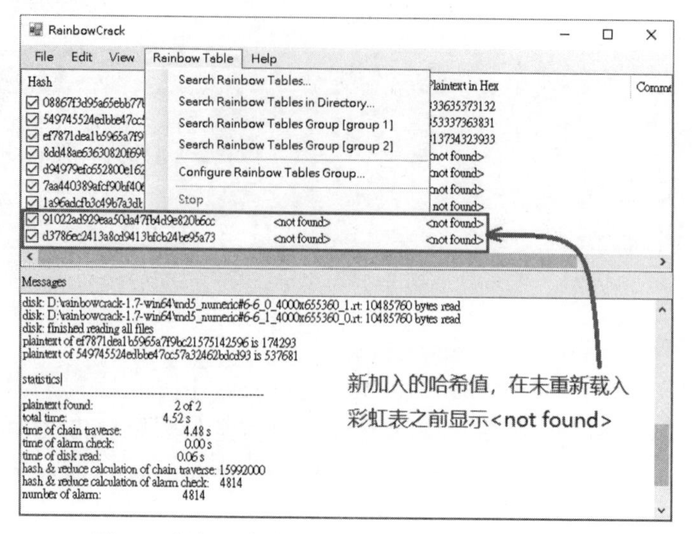

图 8-8　新加入待破解的哈希值会显示出<not found>

只要添加了待破解的哈希值，就必须重新指定彩虹表的来源，不然新加入的哈希值是不会被处理的。在图 8-7 中解出了 3 个哈希值之后，再加入 6 个哈希值（见图 8-8），可以看到新加入的 6 个哈希值的 Plaintext 字段显示为<not found>，必须重新载入彩虹表才会执行新加入的哈希值的破解操作。

处理完成后，会在下方 Messages 窗格显示操作过程，内容就如同命令行模式的终端机的输出，可以从这里复制查询结果再粘贴到文本文件中，或者直接选择“File”菜单中的“Save Results”菜单项将查询结果存成文本文件。

若读者的个人计算机安装了 NVIDIA 或 AMD 的图形显示适配器（显卡），且安装好了合适的驱动程序，则可以选用图形加速的 rcrack 程序，查询速度可以提高 5~10 倍。

8.3　Hashcat

工具来源： https://hashcat.net/hashcat/

虽然 RainbowCrack 非常强大，但是需要事先准备完整的彩虹表才能发挥功效，如果不是为了破解全部哈希密码，而只是想测试 1000 组常见的弱密码，其实不用搬出 RainbowCrack。下面介绍另一组命令行模式的离线密码破解工具：Hashcat。

Hashcat 号称目前最快、最先进的密码破解工具，早期分为 CPU 和 OpenCL 两种版本，分别称为 Hashcat 和 oclHashcat，现在这两个版本已经整合成一个程序了。本节以 5.1 版为基础，下载解压缩后会有 hashcat32.exe（32 位版）和 hashcat64.exe（64 位版）两个可执行文件，请读者根据自己计算机的规格选用合适的版本。本书为了方便解说，执行命令一律以 hashcat 来表示（表示执行命令时第一个字母小写），读者在使用书中范例时，请根据自己的实际环境将 hashcat 替换为

hashcat32 或 hashcat64。

Hashcat 的工作方式跟 RainbowCrack 不太一样，Hashcat 是使用字典文件或字符掩码来生成测试字符串，逐一计算测试字符串的哈希值，再将计算结果和待破解的哈希值进行对比。字典文件是以一行一组测试字符串组成的文本文件。

8.3.1　破解模式

Hashcat 有直接、组合、暴力、字典与暴力混合、暴力与字典混合 5 种破解模式。由于各种破解模式的语法略有差异，后面将分别介绍，在此先介绍一下命令语法的常用选项，其他部分请参考“Hashcat 常用选项”那一小节。

- -a N：指定破解模式，N 是破解模式的代码。例如，“-a 0”表示使用直接模式。
- -m HType：指定待破解哈希值的格式，HType 是哈希值格式的代码。例如，“-m 0”表示 md5 格式的哈希值，其他格式可参考“常见的 Hashcat 哈希类型”小节。
- hashText：单个哈希文字，例如“098f6bcd4621d373cade4e832627b4f6”，对于单个哈希值，建议用引号“" "”括住，执行单个哈希破解时，建议加上--force 选项。
- hashFile：当有许多个哈希值要破解时，可将它们集合在同一文件中，一行代表一个哈希值。
- WordsFile：一行一个明文字符串的字典文件。
- Mask：指示 Hashcat 动态生成测试字符串的字符串掩码。有关字符串掩码的简要说明，请参考下面介绍的暴力模式。

1. 直接模式（代号：0）

直接模式（Straight）就是从字典文件逐一读取测试字符串并计算其哈希值，借此和待破解目标进行对比。语法为：

```
hashcat -a 0 -m HType [Options] hashText|hashFile WordsFile
```

在 hashcat 目录中可找到它自带的 example.dict 字典文件，其中大约预建了 13 万个测试字符串，可以用它作为破解哈希的字典文件。

2. 组合模式（代号：1）

组合模式（Combination）的语法为：

```
hashcat -a 1 -m HType [Options] hashText|hashFile WordsFile1 WordsFile2
```

它需要指定两组字典文件，测试字符串是将第 2 组字典的列表逐一附加到第 1 组字典的文字列表组合而成的。例如，两组字典的内容如下：

第 1 组字典的内容	第 2 组字典的内容
abcd	1234
efgh	5678

则组合模式会生成 4 组测试字符串：

abcd1234
abcd5678
efgh1234
efgh5678

总测试数量是两组字典的文字列表项数的乘积。

3. 暴力模式（代号：3）

暴力模式（Brute-Force）又称为掩码模式（Mask）。Hashcat 命令使用字符集和字符串掩码自动生成测试字符串，语法为：

```
hashcat -a 3 -m HType [Options] hashText|hashFile [Mask]
```

Mask（字符串掩码）由各个字符集代码组成，若未指定字符串掩码，默认为“?1?2?2?2?2?2?2?3?3?3?3?d?d?d?d”，其中，?1（数字 1）是由“?l（字母L）?d?u”组成的字符集、?2 是由“?l?d”组成的、?3 是由“?l?d*!$@_”（请不要将?1［数字 1］和?l［字母L］搞混了）组成的。当指定字符串掩码时，Hashcat 会根据掩码对应位置的字符代码（如?d）填入字符而生成测试字串。例如，字符串掩码“?l?l?u?s?d?d”表示会生成 6 码的字符串，第 1、2 码为小写字母，第 3 码为大写字母，第 4 码为特殊符号，第 5、6 码为数字。由于只会生成 6 码的字符串，对于 5 码的明文密码不适用，故暴力模式通常还会搭配--increment（缩写为-i）、--increment-min 和--increment-max 选项来使用，有关选项的介绍，请参考“Hashcat 常用选项”小节。

有关字符串掩码的字符集代码如下所示：

<table>
<tr><th>字符集代码</th></tr>
<tr><td>?l = abcdefghijklmnopqrstuvwxyz</td></tr>
<tr><td>?u = ABCDEFGHIJKLMNOPQRSTUVWXYZ</td></tr>
<tr><td>?d = 0123456789</td></tr>
<tr><td>?h = 0123456789abcdef</td></tr>
<tr><td>?H = 0123456789ABCDEF</td></tr>
<tr><td>?s = !"#$%&'()*+,-./:;<=>?@[\]^_`{|}~</td></tr>
<tr><td>?a = ?l?u?d?s</td></tr>
<tr><td>?b = 0x00 至 0xff</td></tr>
</table>

4. 字典与暴力混合（代号：6）

此模式与组合模式相似，只是将第 2 组字典文件换成字符串掩码，由 Hashcat 自动生成字符串（参考暴力模式），语法为：

```
hashcat -a 6 -m HType [Options] hashText|hashFile WordsFile Mask
```

例如，“-a 6 Wordlist.lst ?d?d?d?d”就是在 Wordlist.lst 的每个字符串之后附加按“?d?d?d?d”掩码生成的字符串。

5. 暴力与字典混合（代号：7）

和字典与暴力混合相似，只是将字典文件和字符串掩码的位置调换，由 Hashcat 自动生成字符串（参考暴力模式），语法为：

```
hashcat -a 7 -m HType [Options] hashText|hashFile Mask WordsFile
```

例如，“-a 7 ?d?d?d?d Wordlist.lst”就是按“?d?d?d?d”所生成的 4 位数字之后再附加 Wordlist.lst 内的字符串。

8.3.2 整理字典文件

当需要限制密码字符串的长度时，Hashcat 的字典文件模式（模式 0、1、6、 7）并没有合适的选项可用，--increment、--increment-min 和--increment-max 选项只会规范由字符串掩码生成的字符串长度，并不会筛选字典文件的字符串，此时可以使用第 5 章介绍的 pw-inspector 从现有的字典文件中找出符合规格的字符串，并将它们另存成新的字典文件。

备　注

可以使用规则文件（Rule File）来过滤测试字符串的长度，但对初学者而言，建立规则文件的门槛不低，与其额外学习规则语法，不如使用简易工具来筛选。

8.3.3 Hashcat 常用选项

Hashcat 有 90 多个选项，这里仅列出渗透测试时常用的选项，其中-a 和-m 在之前的章节中已介绍过了，这里就不再重复介绍了。若对本节没有介绍的其他选项感兴趣，可以执行“hashcat –help”命令进行查看。

- -o OutputFile：将破解后的哈希值与对应的明文密码存储到指定文件，若不设置此选项，破解结果将显示在屏幕上。
- --outfile-format N：指定破解结果的输出格式，N 是格式代码，默认为 3。目前支持 15 种输出格式，常用的有 3（hash[:salt]:plain）和 7（hash[:salt]:plain:hex_plain）。
- --force：忽略破解过程中的警告信息。Hashcat 执行时会检测计算机中有多少资源（如 CPU、GPU），以便有效地运用资源，然而由于计算机环境的驱动程序版本的缘故，可能会出现一些警告信息而影响命令的执行，因此可以使用此选项忽略警告信息，让破解工作继续进行。
- --show：显示已经破解的哈希值及对应的明文。Hashcat 破解哈希后会记录在 hashcat.profile 文件中，此选项就是将待破解的哈希值和 hashcat.profile 内容进行对比。例如“hashcat --show d:\md5.lst”就是将 md5.lst 的内容与 hashcat.profile 的内容进行对比，找出已破解的哈希值。
- --remove：从待破解的哈希文件中将已破解的项移除。例如，执行“hashcat --remove d:\md5.lst”会裁剪 md5.lst 的内容。
- --left：类似--show 的功能，但反过来，列出待测哈希列表中尚未被破解的部分。
- --increment：可简写为“-i”，针对暴力模式，要求生成的字符串长度从最短递增到最长，若没有设置起止长度（见--increment-min 和--increment-max 选项），默认最小长度为 0、最大长度为字符串掩码的字符数。

备 注

为什么要使用--increment 选项?

暴力模式若不指定 increment 选项，Hashcat 只会按字符串掩码的字符数生成固定长度的测试字符串，如果字符串掩码的长度和哈希值的原始明文字符串长度不一致，那么永远都解不出答案，使用--increment 选项就可以生成不定长度的测试字符串，增加涵盖范围，但相对也会增加测试时间。

- --increment-min N：搭配--increment 选项使用，设置生成测试字符串的起始长度，例如“--increment-min 8”表示测试字符串至少有 8 码，字符串掩码的字符长度一定要大于等于 8。注意：--increment-min 指定的长度不能大于字符串掩码的字符长度。
- --increment-max M：搭配--increment 选项使用，设置生成测试字符串的结束长度，例如“--increment-max 12”表示测试字符串最多有 12 码，如果字符串掩码的字符长度小于--increment-max 设置值，则测试字符串最长只会到掩码的字符长度。
- --username：此选项告诉 Hashcat 在读取哈希值时略过账号这一栏。当从 Linux 或 Windows 取得系统用户信息时，第一栏通常是账号名称，但 Hashcat 期待纯的哈希值，面对这些哈希值，可以手动删除账号一栏或在 hashcat 命令中指定--username，让 Hashcat 跳过账号这一栏。
- -V：显示 Hashcat 的版本号。
- -h：显示帮助说明文字。
- --quiet：执行过程不显示信息，以-o 选项指定破解结果，或者执行后查看 hashcat.profile。
- --runtime N：设置 Hashcat 在执行 N 秒后就自动结束执行。
- --logfile-disable：关闭日志功能，执行过程就不会把日志记录到 hashcat.log 或 show.log 文件中。
- -I：执行“hashcat -I”，可列出 Hashcat 检测到的 OpenCL 平台及设备信息。
- --opencl-platforms=N：指定要使用哪一个 OpenCL 平台来执行破解工作，N 是指平台代码（可用-I 查询），如果指定多个平台，就以半角逗号“,”分隔开，例如“--opencl-platforms=1,2”。
- -d N：指定要使用哪个设置来执行破解工作，N 是指设置代码（可用-I 查询），如果指定多个设备，就以半角逗号“,”分隔开，例如“-d 1,2”。
- -D N：指定执行破解的 OpenCL 设备类型，N 是设备类型代码（1=CPU、2=GPU、3=FPGA,DSP,Co-Processor 等）。
- -O：在命令最后面加上-O 选项可以提高测试速度，但它限制了密码长度不超过 27 码。
- -s N：跳过前面 N 个测试字符串，从第 N+1 个字符串开始测试。

备 注

Hashcat 的某些选项名称较长，其实并不需要使用全名，输入前几个字符，只要能达到辨识目的即可，例如--help 可只输入--hel、--example-hashs 可只输入--ex，其余选项以此类推。

8.3.4　关于 OpenCL 信息

Hashcat 会使用到 OpenCL 的函数库，如果系统没有安装适用的 OpenCL 驱动程序，执行时就会出现错误。在前一小节讲到的 Hashcat 常用选项中，与 OpenCL 设备直接关联的有-I、--opencl-platforms、-d、-D。笔者平常习惯在虚拟机上操作，但虚拟机毕竟是虚拟出来的机器，不见得能完全使用于实际的硬件设备，使用 hashcat64 版本会出现“Cannot find an OpenCL ICD loader library.”的错误（见图 8-9），因此只能使用 hashcat32 版本。

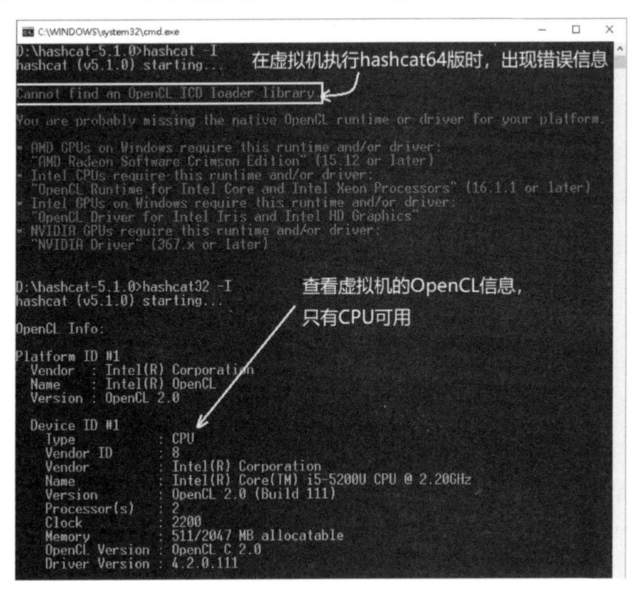

图 8-9　hashcat64 需要特定硬件才能执行

图 8-10 左侧是一台配备 Intel CPU 及 AMD 独立显卡的计算机，具有两个平台（Platform）及两个设备（Device）；右侧是一台使用 APU（AMD CPU+GPU）的计算机，它只有一个平台，但一样有两个设备。

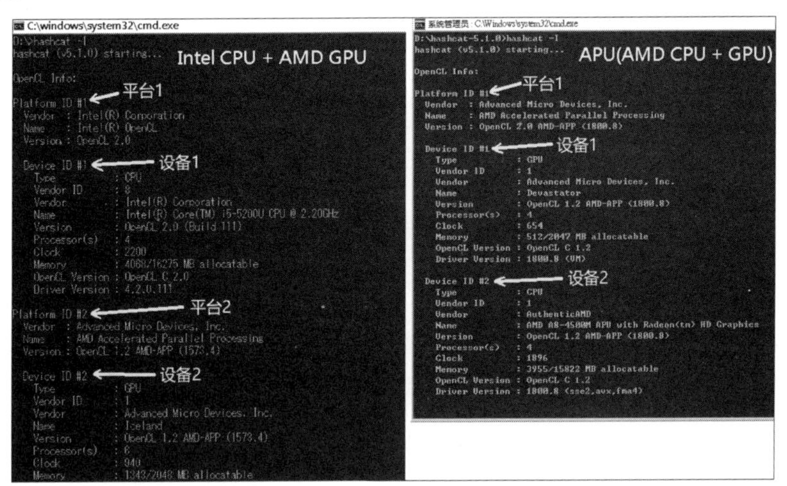

图 8-10　hashcat 命令检测计算机上可用的平台及运算设备

一般执行 hashcat 命令时并不会特别指定使用哪一个平台或设备，但对于安装多张图形加速卡（显卡）的计算机（采矿机），就可以使用-D 或-d 手动分配运算资源，让设备的使用更有效率。

8.3.5 命令范例

```
hashcat -a0 -m0 hashed.txt PwdDic1.lst PwdDict2.lst
```

说明：

- -a0：使用字典模式。
- -m0：哈希格式为单纯的 md5 格式。
- hashed.txt：待破解的哈希文件。
- PwdDic1.lst PwdDic2.lst：用来破解哈希的字典文件，可以指定一个以上，但一定要放在所有参数的最右边。

```
hashcat -a3 -m500 -i --increment-min 4 hashed.txt Pass?d?d?d?d?d
```

说明：

- -a3：使用暴力破解模式。
- -m500：哈希格式为 md5crypt 或 MD5-FreeBSD，范例格式为“$1$38652870$DUjsu4TTlTsOe/xxZ05uf/”。
- -i：表示按照字符串掩码采用递增长度方式自动生成测试字符串。
- --increment-min 4：自动递增的起始长度为 4 个字符。（本例未指定结束长度，所以最长为字符串掩码的长度，即 5 个字符。）
- hashed.txt：待破解的哈希文件。
- Pass?d?d?d?d?d：已知密码由 Pass 开头，后面会有 4 到 5 位的数字，所以字符串掩码使用?d?d?d?d?d。

```
hashcat -a6 -m0 -i --increment-min 3 hashed.txt PwdDic.lst ?d?d?d?d?d?d
```

说明：

- -a6：使用字典与暴力混合的破解模式。
- -m0：哈希格式为单纯 md5 格式。
- -i：表示按照字符串掩码采用递增长度方式自动生成测试字符串。
- --increment-min 3：自动递增的起始长度为 3 个字符。（本例未指定结束长度，所以最长为字符串掩码的长度，即 6 个字符。）
- hashed.txt：待破解的哈希文件。
- PwdDic.lst：测试字符串的前段将由字典文件生成。
- ?d?d?d?d?d?d：测试字符串的前段由 PwdDic.lst 生成，后面会跟上 3 到 6 位自动生成的数字。

其他破解范例可参阅本章后面的“破解文件加密”小节。

8.3.6　常见的 Hashcat 哈希类型

表 8-3 列出了渗透测试时常见的密码哈希类型。读者可先执行“hashcat--example-hashs > hashList.txt”命令，将 Hashcat 支持的所有类型写到 hashList.txt 文本文件中，再通过文本编辑器来查看。

表 8-3　常见的密码哈希类型

类型编号	类型
0	MD5 范例：8743b52063cd84097a65d1633f5c74f5
10	md5($pass.$salt) 范例：3d83c8e717ff0e7ecfe187f088d69954:343141
20	md5 ($salt.$pass) 范例：57ab8499d08c59a7211c77f557bf9425:4247
100	SHA1 范例：b89eaac7e61417341b710b727768294d0e6a277b
110	sha1($pass.$salt) 范例：848952984db93bdd2d0151d4ecca6ea44fcf4 9e3:30007548152
120	sha1($salt.$pass) 范例：a428863972744b16afef28e0087fc094b44bb 7b1:465727565
400	phpass、WordPress(MD5)、phpBB3(MD5)、Joomla(MD5) 范例：P946647711V1klyitUYhtB8Yw5DMA/w
500	md5crypt、MD5(Unix)、MD5(FreeBSD)、Cisco-IOS 1(MD5) 范例：$1$38652870$DUjsu4TTlTsOe/xxZ05uf/
900	MD4 范例：afe04867ec7a3845145579a95f72eca7
1000	NTLM 范例：b4b9b02e6f09a9bd760f388b67351e2b
1300	SHA2-224 范例：e4fa1555ad877bf0ec455483371867200eee89550a93eff2f9 5a6198
1400	SHA256 范例：127e6fbfe24a750e72930c220a8e138275656b8e5d8f48a98 c3c92df2caba935
1410	sha256($pass.$salt) 范例：5bb7456f43e3610363f68ad6de82b8b96f3fc9ad24e9d1f1f8 d8bd89638db7c0:12480864321
1420	sha256($salt.$pass) 范例：816d1ded1d621873595048912ea3405d9d42afd3b57665d 9f5a2db4d89720854:36176620

（续表）

类型编号	类型
1700	SHA512 范例：82a9dda829eb7f8ffe9fbe49e45d47d2dad9664fbb7adf7249 2e3c81ebd3e29134d9bc12212bf83c6840 f10e8246b9db54a4859 b7ccd0123d86e5872c1e5082f
1710	sha512($pass.$salt) 范例：3f749c84d00c6f94a6651b5c195c71dacae08f3cea6fed760 232856cef701f7bf60d7f38a587f69f159d 4e4cbe00435aeb9c8c0a4927b252d76a744e16e87e91:388026522082
1720	sha512($salt.$pass) 范例：efc5dd0e4145970917abdc311e1d4e23ba0afa9426d960cb 28569f4d585cb031af5c936f57fbcb0a0 8368a1b302573cf582100d 40bd7c632f3d8aecd1a1a8eb1:812
1800	sha512crypt 6、SHA512(Unix) 范例：$6$72820166$U4DVzpcYxgw7MVVDGGvB2/H5lRistD5.Ah4 upwENR5UtffLR4X4SxSzfREv 8z6wVl0jRFX40/KnYVvK4829kD1
4500	sha1(sha1($pass)) 范例：3db9184f5da4e463832b086211af8d2314919951
4700	sha1(md5($pass)) 范例：92d85978d884eb1d99a51652b1139c8279fa8663
5100	Half MD5 范例：8743b52063cd8409
9500	MS Office 2010 范例：$office$*2010*100000*128*16*34170046140146368675746031258762*de5bc114991bb3a 5679a6e24320bdb09*1b72a4ddf fba3dcd5395f6a5ff75b126cb832b733c298e86162028ca47a235a9
9600	MS Office 2013 范例：$office$*2013*100000*256*16*67805436882475302087847656644837*0c392d3b9ca889656 d1e615c54f9f3c9*612b79e33b96322c3253fc8a0f314463cd76bc4efe1352f7efffca0f374f7e4b

8.4 John the Ripper

工具来源：http://www.openwall.com/john/

John the Ripper（JtR）是和 Hashcat 类似的哈希破解工具，甚至两者使用相通的字符串掩码格式。openwall 网站可以下载 32 位和 64 位的 Windows 版本（见图 8-11）。下载后解压缩即可使用，但有些防病毒软件会将 john.exe 判定为恶意软件，所以是否使用还要自行斟酌。

JtR 的字典文件模式需要事先预备可用的密码字典文件（字典文件是以一行一个明文测试字符串组成的文本文件）。JtR 自带一组约 3000 个密码的 password.lst，我们可以直接编辑此文件，继续加入其他密码。当然也可以使用上一节介绍的 Hashcat 自带的 example.dict 字典文件。

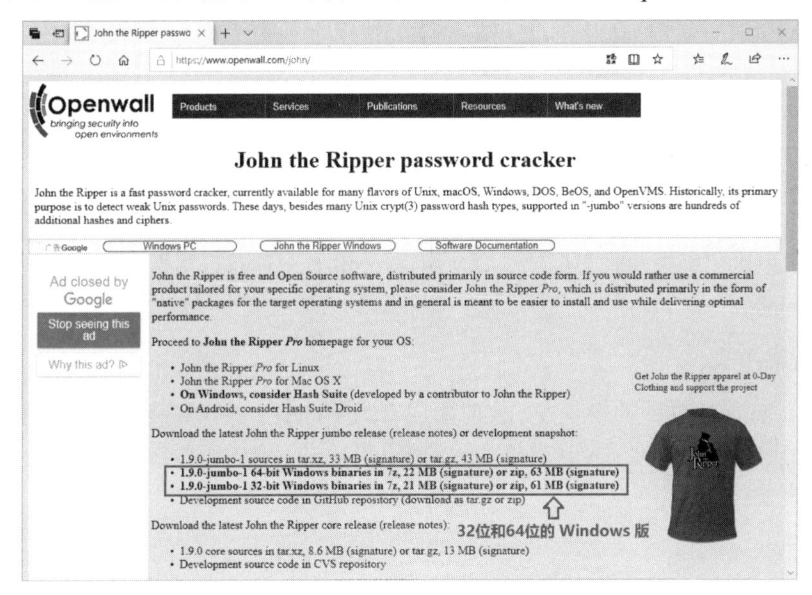

图 8-11　下载 John the Ripper

8.4.1　语法

语法如下：

```
john [OPTIONs] [ 译码模式 ] 哈希文件
```

john 有 4 种解码的模式，如果不指定解码模式，john 会按照配置文件（john.conf）按序使用简单模式、字典文件模式、暴力猜解模式及字符掩码模式破解哈希文件，也就是说可以简单地执行“john 哈希文件”，例如：

```
john hashs.lst
```

另外，要注意的是待破解的哈希文件要放在所有选项的最右边，这样可以一次破解多个哈希文件。例如：

```
john hash1.lst md_hast.lst ntlm.dump
```

上述 4 种译码模式说明如下：

1. 简单模式

如果哈希文件是由 PWDUMP 从操作系统取得的用户信息，在简单模式中，john 会将用户的账号搭配特定的字符串变型规则来生成猜测密码。

```
john --single pwdump.txt
```

--single 选项表示使用简单模式破解哈希值，pwdump.txt 是使用 pwdump 从操作系统中提取出来的用户账户/密码信息。若用户喜欢将账号变形作为密码，例如 root 账号用 roottoor 作为密码、admin 用 admin1234 作为密码，就适合用简单模式进行破解了。

2. 字典文件模式

这是渗透测试时最常用来检测弱密码的做法。使用字典文件模式时，必须先备妥一组密码字典（假设为 password.lst），语法如下：

```
john --wordlist=My_password.lst pwdump.txt john --wordlist pwdump.txt
```

在字典文件模式下，john 从字典文件中逐一读出密码字符串，然后按 pwdump.txt 的哈希数据格式实时计算密码字符串的哈希值，再跟 pwdump.txt 中的哈希值对比。密码字典收集的越多，破解的概率越大，但对比所需的时间也越长。使用--wordlist 选项，若不指定字典文件，john 会取用自带的 password.lst。

3. 暴力猜解模式

john 按照 john.conf 文件的设置方式实时生成密码字符串，并计算其哈希值来进行对比。利用这种方式破解密码，耗费的时间及计算机资源太庞大，除非必要，否则在渗透测试期间实在不建议使用暴力猜解模式。

```
john --incremental test01.txt
```

在暴力猜解时，默认是使用 ASCII 编码（由 95 个可视字符生成 13 位以下的字符串），可以通过“--incremental=字符集”方式指定别的字符集，可用的字符集有 ascii、lm_ascii、utf8、latin1、lanman、alnumspace、alnum、alpha、lowernum、uppernum、lowerspace、lower、upper、digits，详细内容可参考 john.conf 的“Incremental modes”区段。例如：

```
john --incremental=uppernum --min-len=5 --max-len=7 test01.txt
```

表示使用大写字母及数字生成 5 到 7 位的测试字符串来破解哈希值。

4. 字符串掩码模式

除了在--incremental 指定暴力猜解的字符集外，也可以利用类似 Hashcat 的字符串掩码机制生成测试字符串，但在笔者的计算机上，john 的字符串掩码模式比 Hashcat 慢很多。

```
john --mask[=MASK] [OPTIONs] test01.txt
```

字符串掩码（MASK）的语法与 Hashcat 相同，若使用--mask 选项但没有设置字符串掩码，就和 Hashcat 一样使用“?1?2?2?2?2?2?2?3?3?3?3?d?d?d?d”（详见 john.conf 的[Mask] 区段），除了兼容于 Hashcat 的?l、?u、?d、?h、?H、?s 及?a 的字符集外，john 还增加了下列代码：

- ?A：在当前执行环境所使用的代码页（code page）中的全部有效字符。
- ?L：除小写字母（?l）外的其他有效字符。
- ?U：除大写字母（?u）外的其他有效字符。
- ?D：除数字（?d）外的其他有效字符。
- ?S：除特殊符号（?s）外的其他有效字符。

Hashcat 只提供?1 到?4 的自定义字符集，john 可以自定义?1 到?9 组字符集。

除了使用字符集代码外，还可以使用[..]表示字符集的范围，例如[A..Z]等同于?u，[0..d]等同于?d，或者使用[aeiou]限用 5 个元音字母、[aeiou0..9]限用 5 个元音字母或数字，以此类推。

备　注

笔者在--incremental 模式搭配--mask 执行下列命令时：

```
john --inc --mask=?d?d?d?d?d?d?d --min-len=5 test01.txt
```

一直出现 “Hybrid mask must contain ?w” 错误，一定要将掩码改成 “?w?d?d?d?d?d?d” 才可正常执行。

当--mask 选项与其他破解模式搭配使用时，称为混合模式（Hybrid Mode）。在混合模式下，字符串掩码一定要加入 “?w”，代表由--incremental、--wordlist 或--single 生成的字符串，例如--wordlist 生成一个 “admin” 测试字符串，则 “?w?d?d” 代表会使用 admin 衍生出 “admin00” 到 “admin99” 的测试字符串。

8.4.2　指定加密格式

JtR 支持近 200 种加密格式，有些格式笔者连听都没听过，若想知道有哪些格式，则可执行“john --list=formats” 命令列出所有可用的格式，或执行 “john --list=format-tests” 命令列出 john 内建的测试数据，或者执行 “john” 命令查看可用的命令选项。

在多数情况下，john 会自动判断哈希的格式，并自动选择合适的算法，但如果可以事先指定哈希格式，不仅可以提高猜解的速度，也可以避免 john 的误判。例如，已知哈希格式为单纯（原生）MD5（或 SHA1），就可以指定“--format=Raw-MD5”，以字典文件模式为例，可使用下列指令：

```
john --wordlist --format=Raw-MD5 MD5.lst
```

就拿之前请读者使用 Google 查询的 4 组 MD5 来试试，把这 4 组 MD5 先存成 exam_pwd.txt（单纯 MD5）：

```
098f6bcd4621d373cade4e832627b4f6
0f359740bd1cda994f8b55330c86d845
161ebd7d45089b3446ee4e0d86dbcf92
5f4dcc3b5aa765d61d8327deb882cf99
```

或者以 USER:HASH 的配对模式存成 exam_password.txt：

```
user1:098f6bcd4621d373cade4e832627b4f6
user2:0f359740bd1cda994f8b55330c86d845
user3:161ebd7d45089b3446ee4e0d86dbcf92
user4:5f4dcc3b5aa765d61d8327deb882cf99
```

然后执行指令：

```
john --wordlist --format=raw-md5 exam_pwd.txt
```

从图 8-12 的执行结果可知，使用 JtR 自带的字典文件共猜解到 2 组密码：

```
password    (?)
test    (?)
```

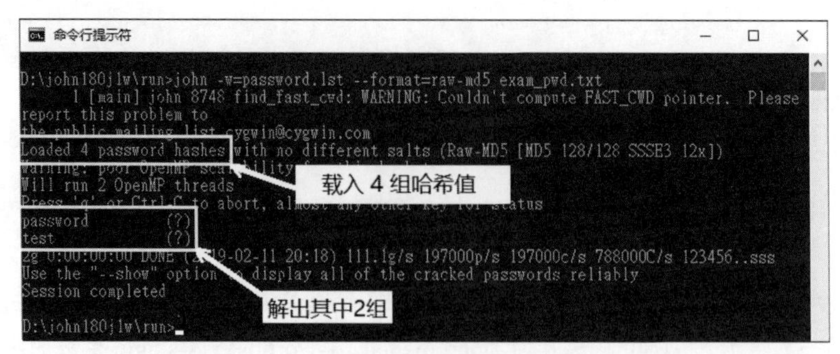

图 8-12 用 JtR 自带的密码字典文件猜解（1）

不过，因为密码来源（exam_pwd.txt）只有哈希值，所以用户信息显示为“(?)”，看不出来 password 到底是哪一组 md5 的答案。

重新执行猜解，并将猜解的标的改成 exam_password.txt（使用 USER:HASH 方式存储）。

```
john --wordlist --format=raw-md5 exam_password.txt
```

因为 exam_password.txt 的格式是 USER:HASH，如图 8-13 所示，猜解出来时会带出用户名。

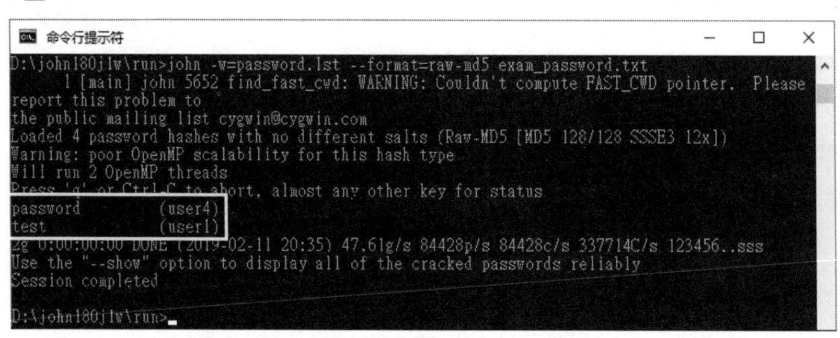

图 8-13 用 JtR 自带的密码字典文件猜解（2）

上面的例子是针对 md5 猜解，实际工作中还会遇到其他的哈希格式，常见的有：

```
--format=raw-md4
--format=raw-md5 （上面的范例就是用这一项）
--format=raw-md5-unicode
--format=raw-sha1
--format=raw-sha256
--format=raw-sha384
--format=raw-sha512
--format=lm （LM 格式）
--format=nt （NTLM 格式）
--format=nt2 （NTLMv2 格式）
```

备 注

john 的选项前导可以是一个减号或两个减号，选项文字除了全写外，也可以选择使用 2 个字符或 3 个字符的缩写形式，重点在于缩写形式不能造成混淆，例如--single 可以改用-single、-si，但--show 要使用-sho，因为使用-sh 无法判定是--show 还是--shell。

8.4.3　john.pot 与 show 选项

john 猜解密码后，除了显示在屏幕上，默认会逐次记录到 john.pot 文件中，下次再猜解哈希值时会先搜索 john.pot 文件，如果里面有已破解的哈希值，就略过不再猜解，以减少运算资源，因此，也可以使用“--show”选项快速搜索 john.pot 内容：

```
john --show --format=raw-md5 exam_password.txt
```

如图 8-14 所示，john 会从 john.pot 把 exam_password.txt 中已猜解的结果列出来。

```
D:\john180j1w\run>john --show --format=raw-md5 exam_password.txt
      1 [main] john 2096 find_fast_cwd: WARNING: Couldn't compute FAST_CWD pointer.  Please
report this problem to
the public mailing list cygwin@cygwin.com
user1:test
user4:password
2 password hashes cracked, 2 left

D:\john180j1w\run>
```


图 8-14　john --show 执行的结果

也可以使用“--pot=自定义 POT 文件”指定 POT 文件。

其实 john.pot 是一组对照表，每一行都存着哈希值及其解出来的明文，两者之间用“:”分隔开，而最前面用$括起来的是哈希格式，如图 8-15 所示。

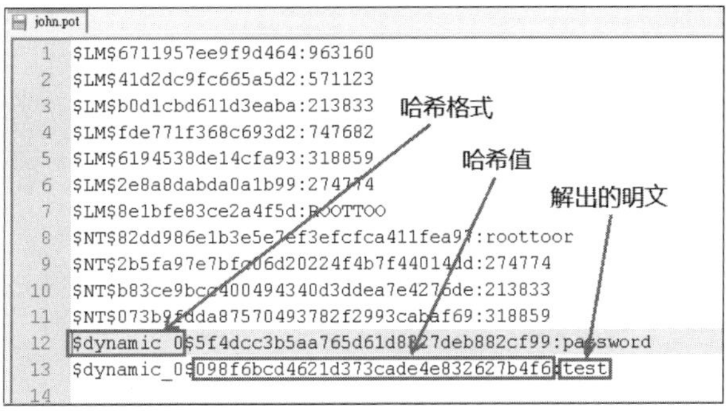

```
1  $LM$6711957ee9f9d464:963160
2  $LM$41d2dc9fc665a5d2:571123
3  $LM$b0d1cbd611d3eaba:213833
4  $LM$fde771f368c693d2:747682
5  $LM$6194538de14cfa93:318859
6  $LM$2e8a8dabda0a1b99:274774
7  $LM$8e1bfe83ce2a4f5d:ROOTTOO
8  $NT$82dd986e1b3e5e7ef3efcfca411fea97:roottoor
9  $NT$2b5fa97e7bfa06d20224f4b7f44014dd:274774
10 $NT$b83ce9bca400494340d3ddea7e4276de:213833
11 $NT$073b9fdda87570493782f2993cabaf69:318859
12 $dynamic_0$5f4dcc3b5aa765d61d8327deb882cf99:password
13 $dynamic_0$098f6bcd4621d373cade4e832627b4f6:test
14
```


图 8-15　john.pot 内容的格式

可以将许多人解出的结果合并到一个 john.pot 文件中，再通过“--show”选项直接把 exam_password.txt 的内容和合并后的 john.pot 对比（有点像 RainbowCrack），不用重新运算字典列表的哈希值，若能够搜集到越多的 john.pot 内容，那么直接对比出结果的概率就越高。

8.4.4　暂时中断执行

JtR 有时要花很长时间来执行，如果想中途停止，等有空时再继续处理，那么可以搭配使用“--session=NAME”和“--restore=NAME”两个选项，NAME 是指由我们自行命名的 session 名称。例如执行下列命令：

```
john -w=password.lst --session=PWD --format=raw-md5 exam_pwd.txt
```

执行过程中按【Ctrl+C】组合键将它中止，JtR 会将当下的状态记录到 PWD 中，下次通过“--restore=PWD”选项（如下命令）就可以继续之前的操作进度：

```
john --restore=PWD
```

如果不指定 session 名称，就是继续使用利用【Ctrl+C】组合键中止的操作。

```
john --restore
```

RainbowCrack 与 JtR 虽然都是离线式解密工具，处理的方法却不相同：RainbowCrack 是以“尽可能猜出所有密码”为前提，彩虹表会穷尽可能的密码组合；JtR 是以“检测是否为预先设置的密码”为目标，我们可以自行安排字典文件的内容，再按不同需要选用，例如 250 组弱密码、3000 组常见密码、终极 200000 组密码……

备　注
JtR 也可以使用字符串掩码或暴力猜解自动生成测试字符串，只是处理时间会比 RainbowCrack 长许多。

离线密码破解通常不是渗透测试操作的结束，如同第 2 章提到的，渗透测试按照 PDCA 循环，程度只在于渗透的深度要到哪儿，在现实黑客入侵的过程中，取得更多的账号、密码，意味着将发动更深层次的攻击。幸好，我们只是在做网站渗透，发现弱点或漏洞才是我们的目标，除非能找到更深层的漏洞，不然在结案期限内必须做个取舍。

8.5 破解文件加密

进行渗透测试，有时会下载被加密的文件，用户会加密文件，通常是因为内容具有敏感性，例如含有个人信息或者记载其他系统使用的账号及密码，如果能找出解开文件加密的钥匙，就能一窥其内容，本小节将介绍常见文件加密的破解方式。

破解文件加密并非直接将加密后的文件交由 john 或 Hashcat，必须多一道手续，先从加密码文件提取出密码哈希值，再将哈希值交给 john 或 Hashcat 处理。

8.5.1 破解加密的 MS Office 文件

使用 JtR 附带的 office2john.py 脚本提取出密码哈希值，命令格式为“office2john.py 加密的 MS_Office 文件”，此工具适用于 Office 2003 到 Office 2013 的加密文件。提取 categratory.xlsx（EXCEL 文件）的加密哈希值，指令如下：

```
py -2.7 d:\john180j1w\run\office2john.py categratory.xlsx >categratory.hash
```

取得哈希值后（转存到 categratory.hash），使用 type 指令查看其内容为“categratory.xlsx:$office$*2010*100000*128*16*1592f8ac02f348409aff2c26ef3ee986*c3149af632929 7793b21e45a97d2b6c9*da2b67c701824210a1320f2d446dc068bab28ee57a3302ae3b859b3bfc373b97 ”

（见图 8-16），可以和“hashcat -example-hashs”输出的哈希格式对比，其 Hashcat 哈希类型代码为：9500。

```
C:\WINDOWS\system32\cmd.exe
D:\sample_files>py -2.7 d:\john180j1w\run\office2john.py categratory.xlsx >categratory.has
h

D:\sample_files>type categratory.hash
categratory.xlsx:$office$*2010*100000*128*16*1592f8ac02f348409aff2c26ef3ee986*c3149af63292
97793b21e45a97d2b6c9*da2b67c701824210a1320f2d446dc068bab28ee57a3302ae3b859b3bfc373b97
```

图 8-16　office2john 提取 MS Office 加密哈希的结果

使用 john 破解，可以简单地执行命令“john -inc categratory.hash”，执行结果如图 8-17 所示。

```
C:\WINDOWS\system32\cmd.exe
D:\sample_files>d:\john180j1w\run\john -inc categratory.hash
      1 [main] john 1568 find_fast_cwd: WARNING: Couldn't compute FAST_CWD pointer.  Pleas
the public mailing list cygwin@cygwin.com
Loaded 1 password hash (Office, 2007/2010 (SHA-1) / 2013 (SHA-512), with AES [32/32 OpenSS
Will run 2 OpenMP threads
Press 'q' or Ctrl-C to abort, almost any other key for status
123456           (categratory.xlsx)   ← 密码是：123456
1g 0:00:00:01 DONE (2019-02-16 15:11) 0.7710g/s 6.168p/s 6.168c/s 6.168C/s 123456..121289
Use the "--show" option to display all of the cracked passwords reliably
Session completed
```

图 8-17　使用 john 破解 MS Office 密码哈希

office2john.py 转出来的哈希数据，前面带有用户名（categratory.xlsx），使用 Hashcat 破解时，记得要加入“--username”选项，可以执行命令“hashcat -a3 -m9500 --username categratory.hash ?d?d?d?d?d?d”，执行结果如图 8-18 所示。

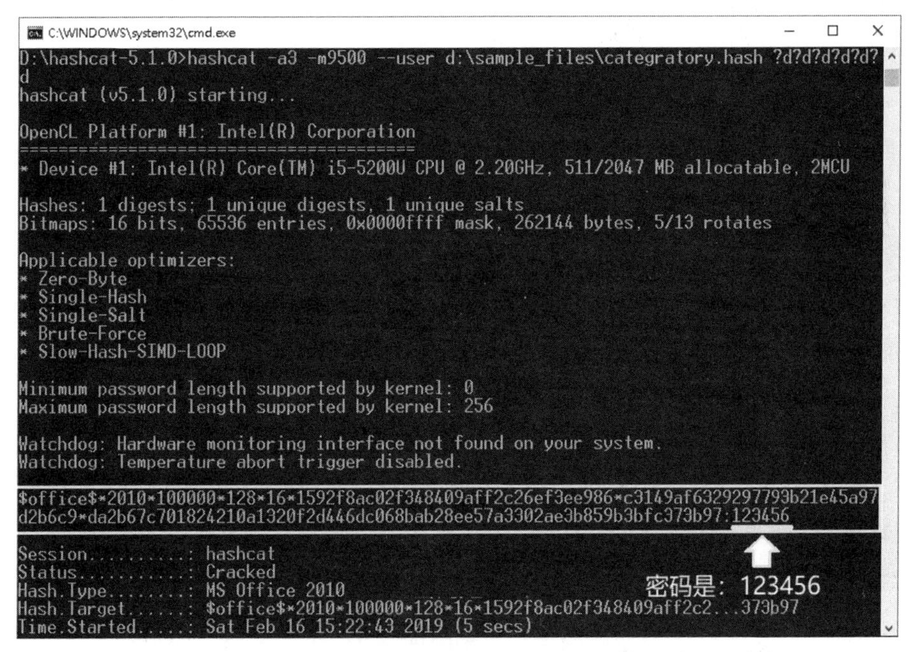

图 8-18　使用 Hashcat 破解 MS Office 密码哈希

备 注

(1)使用 Hashcat 破解时，需要指定正确的哈希类型及字符串掩码，本书的例子只是单纯使用 6 位数字作为密码，所以使用 "?d?d?d?d?d?d" 当作字符串掩码，读者应判断加密密码的字符串及长度，使用适当的字符串掩码及长度，或搭配--increment、--increment-min 和 --increment-max 选项生成变动长度的测试字符串。

(2)接下来的几种加密文件的破解步骤与上述的 MS Office 文件类似，只是使用的密码哈希提取工具不同而已，笔者就不再逐一截图了。

8.5.2 破解加密的 PDF

要提取密码哈希值，必须借助 pdf2john.py 脚本，请执行：

```
py -2.7 d:\john180j1w\run\pdf2john.py sample.pdf > sample_pdf.hash
```

对比 sample_pdf.hash 的内容与 Hashcat 的哈希格式范例，发现两者略有不同。

```
sample.pdf:$pdf$2*3*128*-4*1*16*34b1b6e593787af681a9b63fa8bf563b*32*289ece
9b5ce451a5d7064693dab3badf101112131415161718191a1b1c1d1e1f*32*badad1e
86442699427116d3e5d5271bc80a27814fc5e80f815efeef839354c5f:::: sample.pdf
```

如果直接将 sample_pdf.hash 丢给 hashcat 破解，它会回应“Separator unmatched”（分隔符不匹配）或“Token length exception”（令牌长度异常），所以要手动调整 pdf2john.py 导出的哈希值，将“sample. Pdf”删除。

使用 john 破解，请执行：

```
john --inc sample_pdf.hash
```

使用 Hashcat 破解，请执行：

```
hashcat -a3 -m10500 --username sample_pdf.hash ?l?l?l?l?l
```

备 注

Hashcat 虽然破解速度快，但是必须指定正确的哈希格式，有时哈希格式并不明确，必须不断更换格式代码。

8.5.3 破解加密的 ZIP

要提取密码哈希值，必须借助 zip2john.exe 程序，请执行：

```
d:\john180j1w\run\zip2john.exe sample.zip > sample_zip.hash
```

由于 ZIP 有 PKZIP 和 ZIP 格式，因此查看 sample_zip.hash 的内容，如果发现“$ZIP2$”，就表示 ZIP 格式；如果是“$PKZIP2$”，则为 PKZIP 格式。

使用 john 破解，请执行下列命令，它会自动检测哈希格式（见图 8-19），若能使用--format 手动指定格式，则可以加快执行速度：

```
john --inc sample_zip.hash
```

```
C:\WINDOWS\system32\cmd.exe

D:\sample_files>D:\john180j1w\run\john --inc sample_zip-ase.hash
      1 [main] john 8708 find_fast_cwd: WARNING: Couldn't compute FAST_CWD pointer.  Pl
the public mailing list cygwin@cygwin.com
Loaded 1 password hash (ZIP, WinZip [PBKDF2-SHA1 4x SSE2])
Will run 2 OpenMP threads
Press 'q' or Ctrl-C to abort, almost any other key for status
123456           (sample-ase.zip)
1g 0:00:00:03 DONE (2019-02-17 08:44) 0.3026g/s 929.7p/s 929.7c/s 929.7C/s 123456..0110
Use the "--show" option to display all of the cracked passwords reliably
Session completed

D:\sample_files>D:\john180j1w\run\john --inc sample_zip-crypto.hash
      1 [main] john 7284 find_fast_cwd: WARNING: Couldn't compute FAST_CWD pointer.  Pl
the public mailing list cygwin@cygwin.com
Loaded 1 password hash (PKZIP [32/32])
Will run 2 OpenMP threads
Press 'q' or Ctrl-C to abort, almost any other key for status
123456           (sample-crypto.zip)
1g 0:00:00:02 DONE (2019-02-17 08:44) 0.4182g/s 3426p/s 3426c/s 3426C/s 123456..11021
Use the "--show" option to display all of the cracked passwords reliably
Session completed

D:\sample_files>
```

john会自动判断哈希格式

图 8-19　john 自动判断 zip2john 导出的哈希格式

Hashcat 虽支持 WinZIP 和 7z 的哈希格式，却不认得 zip2john.exe 导出的哈希值（见图 8-20），会出现“Signature unmatched”（特征不符）的错误信息，因此无法交由 Hashcat 破解。

```
1 MODE: 13600(WinZip)
2 HASH:
  $zip2$*0*3*0*74705614874758221371566185145124*1605*0**75bf9be92e8ab1
  06ff67*$/zip2$
3
4 TYPE: 11600(7-Zip)
5 HASH:
  $7z$0$14$0$$11$33363437353138333138300000000000$2365089182$16$12$d00
  321533b483f54a523f624a5f63269
6
7 sample-ase.zip:
  $zip2$*0*3*0*54f26e15dc44c655128e8dfa1ee85a8a*0abf*9935*ZFILE*sample
  -ase.zip*0*43*95cef44ae8e2eb72057e*$/zip2$::::sample-ase.zip
8
9 sample-crypto.zip:
  $pkzip2$1*1*3*0*9941*13df2*af42410d*0*26*8*11*af42*4835*sample-crypt
  o.zip*$/pkzip2$::::sample-crypto.zip
```


图 8-20　Hashcat 无法识别 zip2john 导出的 ZIP 密码哈希

8.5.4　破解加密的 7z

要提取 7z 文件的密码哈希值，必须借助 7z2john.py 脚本。当前版本的 7z2john.py 只能提取连同文件名加密的 7z 密码哈希，若加密时没有勾选“加密文件名”，则将无法顺利提取密码哈希值。

要提取 7z 加密文件的密码哈希值，请执行如下命令：

```
py -2.7 d:\john180j1w\run\7z2john.py sample.7z > sample_7z.hash
```

使用 john 破解，请执行下列命令，它会自动检测哈希格式：

```
john --inc sample_7z.hash
```

7z2john.py 并没有在 sample_7z.hash 的哈希值尾部附加“sample.7z”，导出的文件可以直接交

由 Hashcat 处理，命令如下：

```
hashcat -a3 -m11600 --user --force sample_7z.hash ?d?d?d?d?d?d
```

8.5.5 破解加密的 RAR

要提取密码哈希值，必须借助 rar2john.exe 程序，命令如下：

```
d:\john180j1w\run\rar2john.exe sample.rar > sample_rar.hash
```

使用 john 破解，请执行下列命令，它会自动检测哈希格式：

```
john --inc sample_rar.hash
```

要交给 Hashcat 处理之前，先手动删除哈希值尾端的“:”及之后的文字。Hashcat 支持 RAR3（代码 12500）和 RAR5（13000）格式，要先判断哈希格式，再执行 Hashcat，命令如下：

```
hashcat -a3 -m12500 --user --force sample_rar.hash ?d?d?d?d?d?d
```

8.5.6 破解加密的 SSH 私钥

了解了前面几种加密文件的破解方法之后，相信读者已预知要提取 SSH 私钥的保护密码的哈希值，必须借助 ssh2john.exe 程序，命令如下：

```
d:\john180j1w\run\ssh2.exe sample.rar > sample_rar.hash
```

使用 john 破解，请执行下列命令，它会自动检测哈希格式：

```
john --inc sample_rar.hash
```

8.5.7 破解 WebDAV 连接密码

在第 5 章的“Google Hacking”小节提到搜索 FrontPage Extensions 的 service.pwd，里面有连接 WebDAV 服务的账户/密码，让我们能够通过 WebDAV 从远程管理及发布网页。但 service.pwd 中的密码是经过 DES 加密的，可以试着使用 john 或 Hashcat 破解，记得只要留下 service.pwd 账户/密码就好，清除第一行“# -FrontPage-”的注释文字，若要用 Hashcat 处理时，请将账号及冒号“:”删除，只留下密码。

读者可以试试把从 service.pwd 整理出来的下列账户/密码的左边部分直接交由 john 处理，右边部分交由 Hashcat 整理，假设将这些数据存成 service.txt 的文本文件：

john 可以直接处理的格式	Hashcat 可处理的格式
stpeters:ROCqME19S7QDI	ROCqME19S7QDI
e-scan.com:kLAsITPJ8AsaQ	kLAsITPJ8AsaQ
rebco:Kqyk8RgefNC0o	Kqyk8RgefNC0o
clpagec:Abzi8Mvb3Nj/2	Abzi8Mvb3Nj/2

使用 john 破解的语法：

```
john --inc service.txt
```

使用 Hashcat 破解的语法：

```
hashcat32 -a 3 -m 1500 --force -i --increment-min 6 --increment-max 8 service.
txt ?d?d?d?d?d?d?d?d
```

8.6　重点提示

- 在有限的时间内，只能完成重要的事项，离线破解通常只针对弱密码及常见密码进行破解验证。
- 目前使用 Google 搜索仍是最有效率的哈希破解方法。
- Hashcat 和 john 各有长处，利用各种工具的优劣互补，渗透测试工作才会得心应手。
- 使用彩虹表破解密码哈希虽然快速，但是一种彩虹表只能应付一种密码哈希，除非已有现成的彩虹表，否则在进行渗透测试时不要将时间浪费在生成彩虹表上。
- 网络上也有许多破解加密文件的专用工具，“萝卜青菜各有所爱”，若不习惯 JtR 或 Hashcat，读者也可以上网寻找其他工具。总之，用得顺手最重要！

第 9 章

渗透测试报告

本章重点

- 准备好渗透测试记录
- 撰写渗透测试报告书
- 报告书的撰写建议
- 文件复核

学习完第 5~8 章，我们的网站渗透测试也就告一段落了，在执行过程中搜集了许多数据，这些数据必须过滤，其中跟当前渗透测试没有直接关联且不会对测试结果造成影响的，可以先排除，接着按照执行测试的顺序及发现漏洞的严重性进行分类，以便撰写渗透测试报告书。

9.1 准备好渗透测试记录

测试记录是执行过程的日志，在每日测试工作结束后，应将当日的成果做成记录，虽然内容不必巨细靡遗，但是测试的重点必须记录在案：

- 拟检测的项目
- 使用的工具或方法
- 检测过程描述
- 检测结果说明
- 过程的重点截图（有结果的界面）

渗透测试记录的目的是为了忠实呈现执行过程，以供日后（甲方修补系统漏洞后）重新检测系统的依据，如果没有翔实的渗透测试记录，就很难重现测试过程。有了渗透测试记录，甲方可以按照这些步骤重新检测漏洞，因此所有内容要符合测试的目的。

9.2 撰写渗透测试报告书

报告书是整个渗透测试操作结果的汇总，大概会以下列大纲来撰写：

一、前言

说明执行测试的目的。

二、声明

依照渗透测试同意书协商的事项，列举于此，通常作为乙方的免责声明。

三、摘要

将本次渗透测试所发现的弱点及漏洞做一个汇总性的说明，如果系统有良好的防护机制，亦可书写于此，提供给甲方的其他网站系统作为管理参考。

四、执行方式

"大致"说明测试的方法论、测试的方法、执行时间以及测试的评定方式。评定方式依双方约定的条件为准，例如：发现中高风险项目、能提升权限成功、能完成插旗（在目标网站中上传指定的文件或修改网页内容）、中断系统服务……

五、执行过程说明

依照双方议定的项目，说明测试"结果"，不论可以渗透成功或无法成功，都应说明执行的过程。至于详细内容，通常会以"详细执行步骤如《渗透测试记录表》"方式带过，以便将渗透测试记录表的内容引入报告书，避免文字重复而造成前后不一的窘况。

同时说明本次测试操作的风险高低的评定方式。例如，测试完成后，乙方人员针对所有测试目标评定其风险等级，以该测试目标所造成的冲击程度及发生的可能性作为因子，相乘得出风险等级。评定标准如下：

冲击程度 被利用的可能性	轻微	严重	非常严重
该漏洞被利用的可能性高	中风险	高风险	高风险
该漏洞被利用的可能性中	低风险	中风险	高风险
该漏洞较不易被利用	低风险	低风险	中风险

六、发现事项与建议改善说明

这是整份报告书中最重要的部分，任何渗透测试都必须提供客户防护或漏洞修正建议，其实只要能界定漏洞的类型即可，因为防护建议内容通过搜索都可查到，所以这里最好能详细说明建议内容，以提高客户的满意度。

七、附件或参考文件（如无，可省）

有些公司会将小组成员的资历或使用工具列在此处，供甲方参考。

在描述网站漏洞时，通常会引用 OWASP 发布的 Top 10 作为漏洞分类，但 OWASP Top 10 的漏洞界线并不是那么明确。例如，2017 的 Broken Authentication（A2）是指应用系统未能有效保护用户身份，让黑客有机会利用他人的身份从事不法活动，但可能引发 A2 漏洞的途径有 Injection（A1）、Sensitive Data（A3）、XXE（A4）、Security Misconfiguration（A6）、XSS（A7）、Insecure Deserialization（A8）及 Using Components with Known Vulnerabilities Exposure（A9）。利用 A1 Injection 绕过身份认证就会造成 A2 的漏洞，若因 A1 而取得账户信息或读取数据库的敏感数据，将造成敏感数据外泄，引发 A3 漏洞。假如管理上未有效监控或记录上述的漏洞利用过程（日志记录），就会造成 Insufficient Logging & Monitoring（A10）的缺失。

在对漏洞分类时，可以考虑从冲击面来判断。例如，以最有效的修补方式作为分类依据，假使修正 SQL Injection 就能修补漏洞，就将它归为 A1；如果使用加密手段能够阻止机密性被破坏，就将它归为 A3；若只要调整系统的配置，就能提高系统安全性，则归类为 A6。

9.3 报告书的撰写建议

一份好的报告可以为测试操作加分，一份不好的报告会毁了测试人员的努力，所以撰写测试报告不可太随便，下面提供 4 个撰写要领，以供参考。

1. 重点与废话

报告书的读者有两类：一类是主管，主管有决策权，但通常没有耐心查看技术文件（当然有例外的人），报告书最好一开始就节选所发现的“重点漏洞”，这些重点漏洞要用直白的话写，让主管一目了然，翻开报告书就能感受到渗透测试的价值，例如“系统存在注入漏洞（A1 SQL Injection）会让系统数据被偷光，影响机构声誉”；另一类是系统负责人（经办人员），他们在意的是弱点或漏洞要如何修补，因此要给这类人阅读的内容应落在前一节所提大纲的第 6 项“发现事项与建议改善说明”中，对修补建议最好言之有物，并附上修补范例。选择修补范例时也要用心，如果受测系统是用 PHP 开发的，则至少要包含 PHP 范例。

至于描述执行过程的说明文字则可以详细些，尤其是专业术语的说明，用以展现测试团队的技术“高深”，不过自己没有把握解释清楚的术语就不要写进去了，免得弄巧成拙。虽然这一部分看的人不多，但是可以增加报告书的版面分量。

2. 图表重于文字

想要提示客户重视的地方，尽量附图佐证，数据的对比或汇总可采用列表式或表格式编排，让阅读报告的人感觉条理清晰、言之有物，避免造成抓不到重点的遗憾。

笔者早期直接附上屏幕的原始截图，但整张截图想表达的信息可能只占界面一小部分，阅读的人要花许多时间才能找到重点，因而失去了阅读的耐心，后来附在报告上的截图则另作加工，以画线及文字强调信息的重点（就如本书中的插图），但仍会保留一份未加工的原图供甲方对比。

3. 结果与建议

测试结果、弱点、漏洞务必要提出来，并且给予修正的建议。在测试过程中，如果发现受测系统设置了不错的防护机制，也可以将该方式作为优点列入报告中，供客户的其他系统参考。

4. 术语的应用

报告中的术语尽量采用中英文对照，例如采用“入侵检测系统（IDS）”，而不要只写 IDS，考虑阅读者的专业领域，不见得每个人都看得懂外文术语或缩写，笔者就习惯整理一份“术语缩写——全文中英对照表”附在报告书后面，并在报告书前言表明“有关缩写术语的全文及中文对照请参考附表”，让阅读者可以快速找到术语缩写的原文。

9.4　文件复核

交付客户的文件一定要经过内部人员复核，最好有二级复核，先由项目经理审核技术的可行性及执行过程的合理性，避免内容自相矛盾或专业用语不一致，交付政府机关的报告更要注意文字的前后一致。

第二级最好由文案（专门写公文或写报告）人员审校文字叙述的流畅性。技术人员的文笔通常不太好，有时文句过于拗口、不顺，或者语义不连贯，或者冗长，或者过于简约而不着重点，若能经文案人员的润色，则可大大提升渗透测试报告的可读性，让渗透测试项目圆满成功！

9.5　重点提示

- 渗透测试记录可以根据项目时程，按时间顺序排列。
- 记录内容要据实陈述，切莫加油添醋，或以臆测的情景代替事实。报告内容应力求图文并茂，尽量以截图佐证测试结果。
- 报告书内容先摘录重点事项，再详述测试过程。
- 不仅提出发现的弱点或漏洞，还要为弱点或漏洞提供防护或修补建议。
- 遣词用字要兼顾专业与通俗，难以用浅显易懂的文字陈述的专有名词可以跟客户商定，并另外于附录中提供术语说明。

第 10 章

持续精进技巧

本章重点

- 理论及操作基础
- Web 调试及追踪技巧
- 经验分享
- 浏览器插件与在线工具
- 延伸阅读

认真学完前面章节的技巧后，应该已具备执行网站渗透测试的基本能力，不过网站渗透测试只是完整渗透测试程序中的一个项目，事实上渗透测试范围比本书所谈的还要广、还要深，从攻防的角度来看，入侵（或渗透测试）的路径包括网络设备、操作系统、服务平台、应用程序、数据库系统，甚至是移动设备（手机、平板），很少有人能精通各领域的渗透测试技巧，至少到目前为止笔者还未遇见过。

应用程序（指 Web 网页）原本就是开放给外部用户操作的，不用通过网络或操作系统的漏洞就可以对应用程序进行测试，加上各类型的应用程序设计者的功力及知识背景不同，信息安全的警觉性也有落差，多少会留下系统弱点或漏洞，从网站应用程序找到漏洞的机会相对比其他途径大很多，这也是为什么学渗透测试要从 Web 网站开始的原因。

本书虽然只谈网站的渗透测试，但若要让项目执行顺利，除了工具外，也需要佐以丰富的知识作为后盾。作为一位渗透测试员，必须时时精进技巧，追求工具的操作，更应该充实弱点、漏洞的相关知识，以及 Web 应用程序的运行原理。

接触初学者时，最常听到的问题是：根本不懂指令，哪会想到要用这种方法？所以执行渗透测试要有效率，很多基本知识是必备的，不见得要会写多么惊人的 SQL 脚本，但 SQL 的基本指令总要懂吧？要不，如何运行 SQL Injection 呢？同理，其他的基础知识也必须从多个方面学习，精进渗透测试技巧是一条没有止境的路，本书提及的工具或许足以应付 80%的网站弱点或漏洞，但书中无法详述各类工具的完整用法，亦无法针对各种应用场景说明如何运用工具，这部分需要读者自行去探索。

10.1　理论及操作基础

如果要让渗透测试得心应手，下面的知识不可或缺：

- 网络原理：TCP/IP 及其端口对应的服务类型，例如端口 80 对应 HTTP、端口 443 对应 HTTPS，需要了解这些服务的基本功能。
- 密码学：有时渗透执行中必须提升权限，除了利用网页（站）设置不完善脱离权限的控制外，另一种方式是从数据库取得用户账户/密码信息，但密码通常会是以“加密”形态存储，若要解出密码（参考第 8 章），则需要一些密码学知识。
- 漏洞：OWASP TOP 10 只是统计出最常被攻击的前十名弱点或漏洞，其实 Web 应用程序还有许多漏洞可以利用，这些知识可以从网络上搜索到，尤其以 OWASP 整理的最齐全。读者可以参考 http://www.owasp.org 的 Reference 区段，只是信息太多，若只想研究可利用的弱点，https://www.owasp.org/index.php/Category:Vulnerability 已经做好分类，目前大约有 200 项主题。
- 注入技巧：找到疑似漏洞并不保证可以渗透成功，虽然有许多工具可以辅助操作，但有时标准化的扫描或注入只会尝试使用预定的攻击载荷及按照默认的响应条件判定是否成功，为了提高注入的成功率，常常需要人力介入判断，再调整注入的方式。
- 数据管理：渗透测试通常是一组人共同操作，彼此都会收集到一些数据，这些数据必须整合或交叉应用，或许你的团队已经开发了一套管理工具（哪怕是用 Word 或 Excel 来管理这些数据），好的管理方法可以让我们事半功倍。dradis 就是一套不错的渗透测试协同操作数据管理工具，有关 dradis 的相关信息可参考：http://dradisframework.org/。
- 报告及 PPT：除非做自己系统的渗透测试，用不着撰写测试报告书，不然测试终了都要给客户一份结果报告（参考第 9 章），甚至要给客户进行 PPT 演示（做简报）。报告或 PPT 质量太差，可能造成客户对渗透测试结果的误解，以至于下一个年度拿不到项目。

除了以上列出的重点外，熟练工具操作也很重要，经过第 3 章的介绍，也建立了若干测试网站，可以把这些测试网站设定为目标，把本书介绍的工具好好练习练习，即便无法变成渗透测试专家，也能成为网站安全高手！

10.2　Web 调试及追踪技巧

既然要进行网站渗透测试，就不可能不用浏览器操作及检测网页的内容，当前主流的浏览器都提供了开发者工具，在 IE 浏览器中叫“开发人员工具”、在 Firefox 浏览器中叫“Web 开发者”、在 Chrome 浏览器中叫“开发者工具”，虽然名称和操作界面不同，但是功能大同小异，都可以通过按【F12】快捷键启动。笔者主要使用它修改 Cookie 及被隐藏或禁用（Disabled）的网页字段、寻找网页的特定组件或字段的位置、调试 JavaScript，例如设计人员将字段设置为 Disabled，从浏览页面无法修改字段内容，通过“开发者工具”就可以直接将 Disabled 移除，让该字段变成可操作。从渗透测试的角度来看，“开发者工具”有点像作弊工具。善用“开发者工具”，有时会有不错的收获。例如，要如何验证 Cookie Hijacking？最简单的步骤就是：

（1）使用 IE 浏览器正常浏览系统，并复制 IE 的 Cookie 值。

（2）将 IE 的 Cookie 值移到 Firefox 浏览器上。

（3）接着在 IE 上刷新网页或浏览到同一系统的其他页面，以便重新取得 Cookie。

（4）从 IE 浏览器复制须登录后才能浏览的网址，然后粘贴到 Firefox 浏览器的网址栏。

（5）如果 Firefox 能够和 IE 打开相同的网页，则此系统就可能被 Cookie Hijacking。

这种验证方式不需要借助其他特殊工具，也不必编写脚本或程序，只要使用两种不同浏览器的“开发者工具”就能达到检测目的。

10.3 经验分享

很多人执行渗透测试，只是在验证漏洞扫描工具得到的结果，渗透测试人员要有一种体悟：使用漏洞扫描工具就能进行渗透测试，那我还有什么价值呢？我们应该以个人专业及思考能力为主、工具为辅，不该被工具牵着鼻子走，当前的扫描工具都有其极限，尚无法取代专业人士的专业技巧，有些地方是工具测试不到的，例如：

- 弱密码：扫描工具可以利用暴力猜测或字典文件尝试登录系统，但很难判断系统是否允许使用不安全的密码。人工检测时，则可以使用变更密码的功能来测试系统弱密码的检核规则。
- 手册/说明书中的秘密：有些定制的网站会在登录页提供操作手册（或类似文件）或教学视频。在制作教学文件时，为了让截图符合实际网站的界面，这些文件一定是在系统开发完成后才制作，在制作文件后却常常忘了删除系统中创建的测试账号，浏览这些说明文件，有时可找到能用的账号，甚至从密码一栏的小黑点（●）个数可猜出密码的长度，如果小黑点少于 8 位，就可大胆假设此系统没有严格的密码要求。
- 忘记密码功能防护不足：多数设计人员会对网站的登录（Login）功能加入许多保护措施，例如超过错误次数锁定账号、多重身份认证。相对地，对忘记密码的保护就弱得多，我们可以先从忘记密码找出有用的用户账号，再对这些账号尝试弱密码猜解，有时可以找到一、两组可用的账户/密码；甚至有些忘记密码的功能，只是单纯将指定账号的密码重置为共享的默认值。
- 潜藏在 JavaScript 里的红利：有些设计人员会在 JavaScript 中利用系统返回的代号来弹出指示信息。例如，0 表示登录成功、-1 表示账号错误、-2 表示密码错误，只要代号小于 0，指示信息就都显示为“登录失败”，如果只看界面显示的信息，则无法判断到底是账号错误还是密码错误，但从背后的 JavaScript 程序代码能得到明确的状态。这和不当的错误处理方式（Improper Error Handling）有何不同？

- 跨页式漏洞：扫描工具是利用请求（Request）发送攻击载荷，再从响应（Response）的内容判断是否有漏洞。然而，很多时候，在编辑页输入的内容会出现在其他数据页面，编辑页上的漏洞容易被漏洞扫描工具找出来，设计人员一定会完成修补，如果其他数据页面本身没有可输入的字段，漏洞扫描工具就很难找出它的漏洞，但黑客可以通过结合这两个页面的功能而达到攻击的目的。例如，供客户回馈建议事项的“反应意见”页面，客户提交意见后并不会再提示输入的内容，因此扫描工具无法判断此页面是否有漏洞；而提交的意见会送到服务人员的“信息通知”页面，信息通知页面只单纯显示文字，没有可输入的字段，扫描工具无法对它传送攻击载荷，所以也找不到漏洞。个别扫描“反应意见”和“信息通知”都不会发现漏洞，可是在“反应意见”输入的 JavaScript 却可能在“信息通知”上出问题。跨页式漏洞是一种逻辑相关的现象，扫描工具通常很难正确判断这种关联性，不知人工智能（AI）是否可以做到。

这些都是笔者亲身经历，其实并没有运用到高深的技术，只是转换看待漏洞的角度，只要愿意比扫描工具多走两个步骤，就能发现扫描工具看不到的地方。

10.4　浏览器插件与在线工具

本节提供一些建议性工具，不使用也不会影响渗透测试的进行，借助浏览器插件只是图个方便，有时简易的测试直接在浏览器上就能处理，用不着大费周章地启动其他工具，若能熟悉这些插件的使用技巧，可让 Web 渗透测试工作更有效率。

进行渗透测试时，Firefox 浏览器是笔者的首选，因为它的插件众多，且开发者工具较容易操作。下面只介绍 Firefox 浏览器的插件，喜欢用 Chrome 浏览器的朋友从 Chrome 在线应用程序商店应该可以找到类似的插件：

（1）Cookie Quick Manager：管理 Cookie 的工具，包括对 Cookie 中的数据项进行删除、修改或添加（见图 10-1），可以设置启动后成为独立窗口或设置成浏览器上的页签。如果设计人员将用户身份记录在 Cookie，渗透测试时就可以通过篡改 Cookie 的内容尝试绕过身份权限的管制。

（2）IP Address and Domain Information：可以快速取得当前所浏览的网站的网络信息，包括和它相邻的其他 IP 及 DNS 注册信息，可作为渗透测试前期信息搜集的工具。

（3）HackBar：提供整合型工具箱，方便手动执行 SQL Injection、XSS 测试及数据编码/解码功能。在安装 HackBar 后，它会直接成为 Firefox 浏览器网页工具箱的成员。HackBar 的某些操作会使用较大界面，可视屏幕尺寸调整网页工具箱停靠的位置（见图 10-2），宽屏幕可选择停靠于左侧或右侧，若有双屏幕，可设置独立窗口。

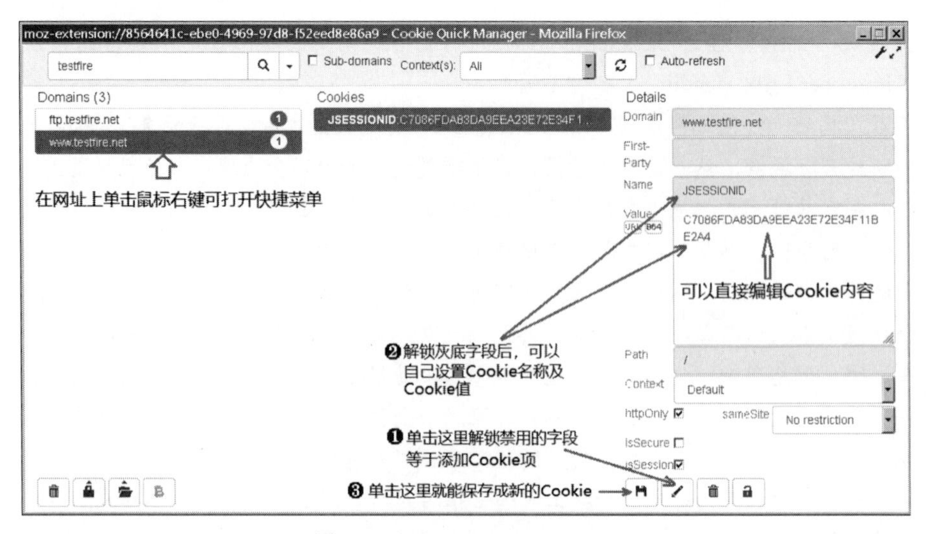

图 10-1　Cookie Quick Manager

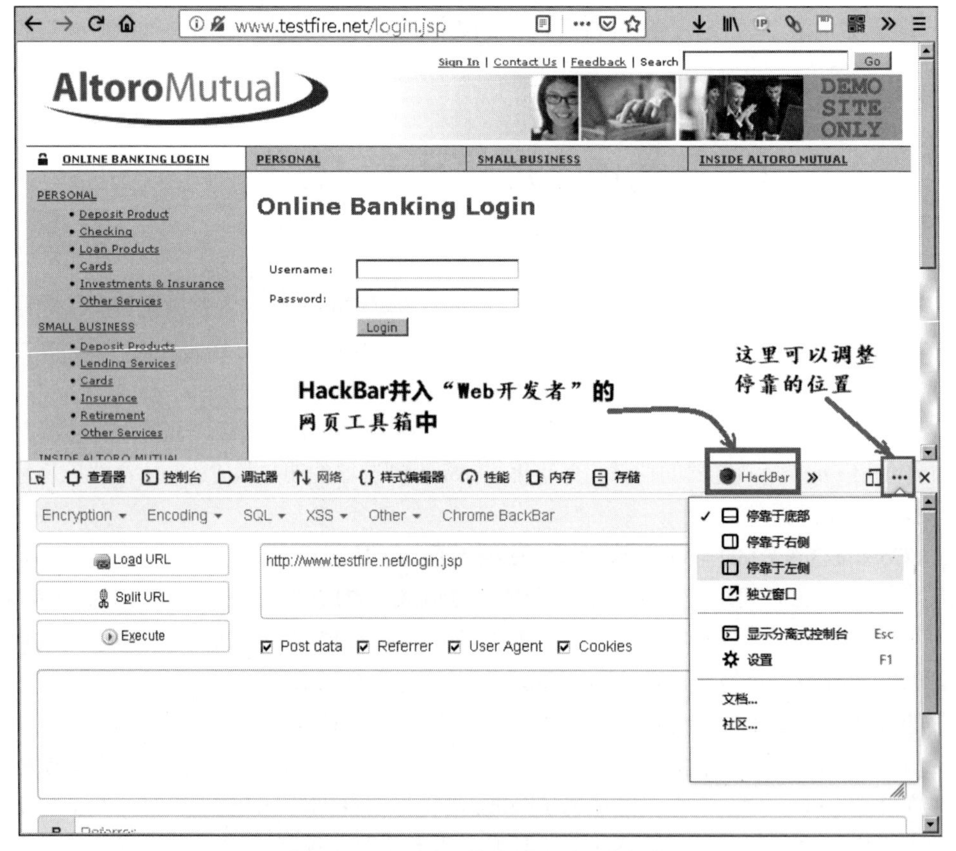

图 10-2　HackBar 整合到网页工具箱中

（4）Tamper Data for FF Quantum：可以拦截浏览器最近一次请求的内容，以便修改内容后再放行（见图 10-3），类似 ZAP 的中断功能，也可以记录对网站的请求（Request）历程，并可随时修改某一回的 Request 内容后再重新提交给服务器处理，功能跟 ZAP 的 Resend（重发）相似。

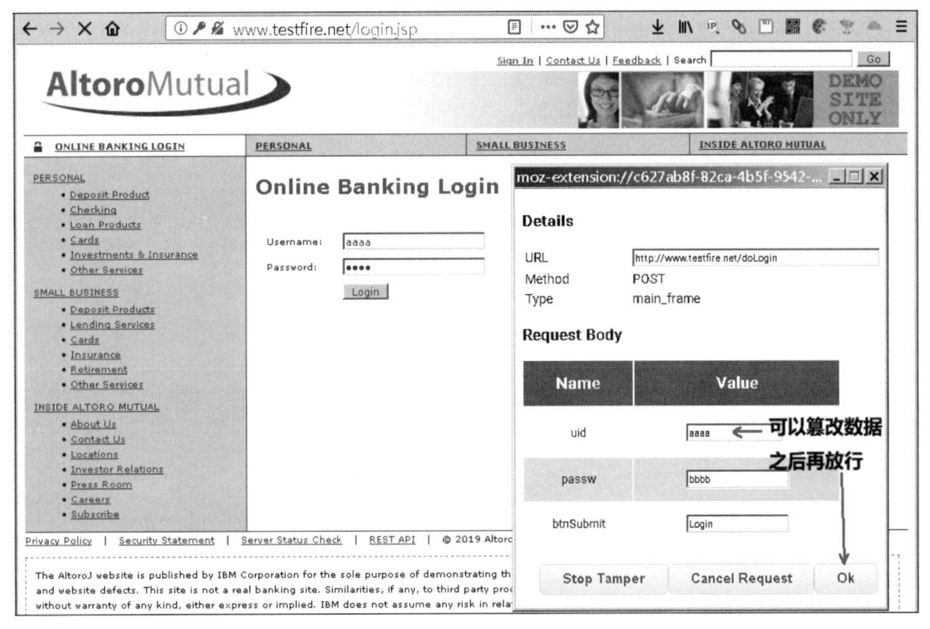

图 10-3　使用 Tamper Data for FF Quantum 篡改请求数据

（5）User Agent Switcher：用来更改请求标头（Header）的 User-Agent 字段内容，将 Firefox 浏览器伪装成别的浏览器（如 Apple 的 Safari 浏览器）。

10.5　延伸阅读

本书所介绍的工具足以供一般 Web 渗透测试操作所需，若读者欲追求更高层次的工具及技巧，则推荐学习：

- KALI Linux：针对渗透测试（可以是黑客用途）所发布的 Linux 环境，里面已预先帮我们安装了数百组黑客工具。读者可由 http://www.kali.org/downloads/下载 ISO 文档，ISO 可刻录成 DVD 或直接挂载到虚拟机中执行，建议挂载到虚拟机中，并执行安装程序，将 KALI 设置成独立的虚拟机，这样做的好处是可以随时进行版本更新（包括预安装的工具）。对于刚入门的新手或对 Linux 不太熟悉的读者，可以直接下载 VMware 或 DropBox 的虚拟机镜像文件，直接挂载即可使用，但虚拟机镜像文件的磁盘容量很小（30GB 左右），使用一段时间后就会发生磁盘空间不足的问题。
- Nessus 弱扫描工具：跟 ZAP 的漏洞扫描相比，ZAP 只针对网页应用程序，而 Nessus 则针对目标机器的整个环境进行扫描，也是目前多家承接渗透测试项目厂商经常使用的工具。Nessus 的商用版本分成个人版和企业版，必须按期支付租金，若只为了学习或进行小规模扫描，可以下载家用版（免费），当然功能也有所缩减和限制。有关 Nessus 的信息及下载请参考 http://www.tenable.com/products/nessus，下载后，可以到 https://www.tenable.com/products/nessus/activation-code 申请家庭版启动码。

- OpenVAS 弱扫描工具：据说 OpenVAS 是 Nessus 的分支，目前仍维持开放源码授权，且 Plugins 不断更新，使用目的与 Nessus 相同，算是 Nessus 之外的另一个选择，有兴趣者可以从 http://www.openvas.org 网站下载使用。
- Metasploit 框架：此工具的功能很强大，是以框架（Framework）模式开发的，可以通过 Plugin 一直扩展功能，而且 Metasploit 不只具备扫描模块，针对各种漏洞还提供对应的漏洞利用模块。记得第 6 章的 w3af 吗？w3af 是针对 Web 所开发的测试框架，而 Metasploit 则是针对所有信息系统漏洞所开发的框架，如果要提升到渗透测试专家等级，那么 Metasploit 绝对不能错过。若习惯使用 Windows 环境，则可到网站 http://www.rapid7.com/products/metasploit/download/下载 Windows 版本。

KALI Linux 已预安装了上面介绍的 3 套工具。学会 KALI，很多渗透测试工具就不必再自己一套一套地搜索和安装了。笔者衷心建议，若想更上一层楼，就别轻忽了 KALI。

10.6 重点提示

- 若要熟悉一项技巧，最好的方法就是不断练习。
- 渗透测试易懂难精，必须广泛涉及各种领域的技能，平时自我充实不可少，有心最重要。
- 红客必须文武双全，除了攻击的技巧外，沟通、撰写报告的能力也非常重要。
- 本书只能带你跨进这道门，若想成功，则必须自己投注心力。

附录

渗透测试足迹搜集检查表

查核	检查项目	备注
	网络信息	
□	对外网络	
□	内部网络	
□	网络边界	
□	相关网站	
□	开放的协议	
□	访问控制机制	
□	VPN 服务	
□	IDS 状态	
□	身份认证信息	
□	电子邮件表头	
□	whois 信息	
□	DNS 信息	
	系统信息	
□	操作系统	
□	路由表	
□	SNMP	
□	用户与群组	
□	已知的账号与密码	
□	搜索缓存网页、历史网页	
	组织信息	
□	员工信息	
□	E-mail	
□	电话	
□	社区信息	

（续表）

查核	检查项目	备注
网站信息		
□	网站类型系统	
□	子目录	
□	DB 类型	
□	联络人、客服、开发人员、管理员	
□	第三方套件信息	
□	网页表头	
□	Cookie	
□	DNS 信息	
□	相关链接	
□	专长